华为

快速上手物联网应用开发

LiteOS

朱有鹏 樊心昊 左新戈 涂小平◎著

U0341605

人民邮电出版社

北 京

图书在版编目（ＣＩＰ）数据

华为LiteOS：快速上手物联网应用开发 / 朱有鹏等
著. -- 北京：人民邮电出版社，2021.8
ISBN 978-7-115-56104-6

Ⅰ. ①华… Ⅱ. ①朱… Ⅲ. ①物联网—操作系统—系
统开发 Ⅳ. ①TP393.4

中国版本图书馆CIP数据核字(2021)第053531号

内 容 提 要

　　本书基于华为 LiteOS 编写，循序渐进地带领读者利用 LiteOS 快速开发自己的物联网产品，内容讲解上逐步递进。首先讲解物联网的典型案例、物联网的技术架构、产品开发流程，以及华为公司全套物联网解决方案的主要产品。然后深入浅出地讲述操作系统的原理，以及物联网操作系统的发展历程、特征特点。随后开始聚焦 LiteOS 的软件框架，分别细致解读了 LiteOS 的内核源代码和外围组件源代码。最后在介绍本书所使用的硬件平台和移植技术的基础上，以温湿度传感器的实战案例讲解了基于 LiteOS 和华为云 IoT 的物联网解决方案的开发过程，并在本书最后一章介绍了 LiteOS 的后续发展方向。

　　本书适合对 LiteOS 感兴趣的初学者和相关技术人员阅读。

◆ 著　　　朱有鹏　樊心昊　左新戈　涂小平

　　责任编辑　赵祥妮

　　责任印制　王 郁　陈 犇

◆ 人民邮电出版社出版发行　北京市丰台区成寿寺路 11 号

　　邮编　100164　电子邮件　315@ptpress.com.cn

　　网址　https://www.ptpress.com.cn

　　三河市祥达印刷包装有限公司印刷

◆ 开本：800×1000　1/16

　　印张：16.5　　　　　　　　2021 年 8 月第 1 版

　　字数：376 千字　　　　　　2021 年 8 月河北第 1 次印刷

定价：69.90 元

读者服务热线：(010)81055410　印装质量热线：(010)81055316
反盗版热线：(010)81055315
广告经营许可证：京东市监广登字 20170147 号

前　言

我开始研究物联网（IoT）是在 2014 年初，当时我已算得上是一名经验丰富的单片机和嵌入式 Linux 软件开发工程师，也参与过大大小小十来个产品和项目的研发。但是与物联网的相遇，那种久违的、得遇新技术的兴奋与躁动让我"寝食难安"。尤其是共享单车的火爆，让"高大上""不食人间烟火"的物联网瞬间接了地气儿，让资本圈和技术圈都惊叹：物联网技术潜力无限，"造化"无穷。

近几年，随着 5G、人工智能、大数据等技术的发展和逐步商用，物联网技术和产业飞速发展，各行各业涌现出一批世界级的优秀物联网解决方案厂商，这其中又以华为技术有限公司（简称华为）为杰出代表。大多数消费者只知道华为手机好用，华为 5G 世界领先，实际上，华为在物联网领域也有一套成体系的解决方案，其核心产品有物联网平台华为云 IoT、物联网操作系统 LiteOS、华为海思 NB-IoT 芯片等，分别覆盖物联网的平台层和感知层。这套解决方案已经广泛应用在智能仪表、智慧路灯、智能家居等产品中，可以极大助力传统电子产品厂商的物联网化转型。

本书的主要目标是向读者全面介绍 LiteOS，读完本书，你可对 LiteOS 有深度和广度两方面的全新认知，并且有一定能力利用 LiteOS 快速开发自己的物联网解决方案和产品。为了实现这一目标，本书为大家带来逐步递进的讲解。

本书可供零基础起步的读者阅读。第 1 章和第 2 章讲解物联网的概念和典型案例、物联网的技术架构及产品开发流程等，希望加深读者对物联网的认识和理解。第 3 章全面介绍华为全套物联网解决方案的主要产品，目的是让读者对华为物联网解决方案有整体性和框架性认识，从而能对物联网的特点有更深刻的认识，对物联网系统开发中的重点和难点有所了解。第 4 章和第 5 章是本书的重点和特色，融合了我多年的一线研发经验与在线教学经验，深入浅出地讲解了操作系统的原理，以及物联网操作系统的发展历程、特征特点。这两章会解决大部分读者一直以来面临的"操作系统究竟是什么""操作系统有什么用""为什么要使用操作系统""什么是物联网操作系统"等疑问，拉近读者与物联网操作系统技术之间的距离。

　　以上是本书的上半部分，占了全书超过 1/3 的篇幅，讲明了物联网和物联网操作系统这两个概念。而本书的下半部分将聚焦 LiteOS，"条分缕析"。

　　第 6 章是 LiteOS 的框架性讲解，我的理念是"画人先画骨"，本章就是 LiteOS 的"骨架"解析，让读者建立对 LiteOS 的整体性认识，站在更高层次了解整个 LiteOS，加深理解。这种有高度的视角非常关键，如人对城市的认识，即使是你生活了几十年的城市，你也无法整体把握，而当你用无人机航拍、在更高的高度俯视整座城市时，你才能建立一种"整体把握"。LiteOS 这样一个物联网操作系统，对新手开发者来说就像是一座城市。

　　第 7 章和第 8 章分别细致地解读 LiteOS 的内核源代码和外围组件源代码，这两章内容技术性比较强。限于篇幅，我们不能带读者逐字逐句分析源代码，所以本书选择了这些源代码中的难点和设计的关键处（如任务管理、内存管理、组件使用和挂接等）。Linux 的创始人林纳斯·托瓦兹（Linus Torvalds）有一句名言"Talk is cheap, show me the code"，这两章践行"源代码至上"的原则，带领读者从源代码级别深度地理解 LiteOS。

　　第 9 ~ 11 章为 LiteOS 的实战篇。其中，第 9 章简要介绍本书所使用的硬件平台和开发板。第 10 章是移植专题，贴心地为大家准备了 LiteOS 在传统单片机开发者喜欢的 Keil MDK 软件中的移植案例，以及在华为向物联网开发者提供的专用 IDE 软件 IoT Studio 中的移植案例。这两个开发环境中的移植案例和重点解析内容足以让读者完全掌握 LiteOS 的移植技术。第 11 章以温湿度传感器和断电监测报警器项目为大家演示一个典型的基于 LiteOS 和华为云 IoT 的物联网解决方案的开发过程，并详细分析其中细节和技术点。通过本章读者可以更加直观和深刻地理解如何基于 LiteOS 和华为云 IoT 快速搭建自己的物联网产品和解决方案。

　　第 12 章简单介绍了 LiteOS 的后续发展方向，展示一些未来的更新计划。物联网是当前科技最前沿的阵地之一，每年都会有很大变化，以及出现很多新功能、新特性。在华为强大的资源和技术团队支持下，LiteOS 与华为云 IoT 也在不断进化、快速发展和更新。未来我们将为大家带来这些新技术进展的讲解。

朱有鹏

2021 年 6 月

目　　录

第 1 章

快速理解什么是物联网

"信息革命"深刻改变了人类社会，计算机的诞生解决了数据信息运算与处理的大部分问题，互联网实现了数据与信息的快速传输，在此基础上产生的大量业务与应用几乎影响了每一个人。目前我们正处于"第三次信息化浪潮"——物联网爆发的前夜。什么是物联网？它有什么样的应用？它将如何改变人类社会？本章将和您一起探讨。

本章主要介绍物联网的概念和发展历程、物联网的典型案例，以及物联网的分支应用领域，从而使读者初步理解什么是物联网。

1.1 物联网的概念和发展历程

1.1.1 认识物联网

百度百科相关词条给出的定义："物联网（Internet of Things，简称 IoT）是指通过各种信息传感器、射频识别技术、全球定位系统、红外传感器、激光扫描器等各种装置与技术，实时采集任何需要监控、连接、互动的物体或过程，采集其声、光、热、电、力学、化学、生物、位置等各种需要的信息，通过各类可能的网络接入，实现物与物、物与人的泛在连接，实现对物品和过程的智能化感知、识别和管理。物联网是一个基于互联网、传统电信网等的信息承载体，它让所有能够被独立寻址的普通物理对象形成互联互通的网络。"

上述定义准确地表达了物联网的目的是实现对物品和过程的智能化感知、识别和管理。其中的关键是"实现物与物、物与人的泛在连接"，这一概念将互联网以"人"为本的思路拓宽到能够通过电子手段接入网络产生价值的"物"的层面。也就是说，物联网的本质依旧是互联网，并且物联网将传感器技术与智能化技术相结合，使"人"或"物"进行连接和互动，提升数据信息加工处理的效率。

智能穿戴设备可获悉用户的各项健康数据，并对数据进行识别、分析及管理，让用户对自身健康有直观的认识。这其中涉及的"人与物""物与物""物与人"的连接是物联网连接的典型方式。

维基百科词条给出的定义："物联网是一种计算设备、机械、数字机器相互关联的系统，具备通用唯一识别码（UUID），并具有通过网络传输数据的能力，无须人与人或是人与设备交互。物联网将现实世界数字化，应用范围十分广泛。物联网可拉近分散的资料，统整物与物的数字信息。物联网的应用领域主要包括以下方面：运输和物流、工业制造、健康医疗、智能环境（家庭、办公、工厂）、个人和社会领域等。"

维基百科深刻地指出物联网是现实世界数字化的基石，区别于互联网时代信息传播完全依赖于人，即使是计算机、手机这类超级计算机也只是人类感官的延伸，而物联网则是将连接的本质拓宽至"物"的层面，让连接范围更广泛、种类更丰富、功能更强大。

物联网的本质是"物"，物联网技术赋予"物"感知、连接及处理的能力，实现让"物"去获取数据，让"物"去传输数据，让"物"去处理数据，最终作用于人与物。

从以上的定义中不难发现，大家对物联网的基本看法是一致的，本书认为物联网具有更丰富的内涵与鲜明的特征。

物联网是互联网的延伸，而不是取代品，所以物联网不会颠覆互联网。物联网技术是互联网技术发展的产物，其基础技术与核心仍然是互联网。二者的关系是相互依存，共同发展。

互联网注重"人与人"之间的连接，而物联网更注重"人与物""物与物"之间的连接。互联网关注的重点是"人与人"，信息的采集与传播的每一步都离不开"人"。一旦"人"消失了，那么信息的传播链就会断开。物联网更加注重"物"的存在，"物与物"的连接让信息传播得更快捷，"人与物"的连接让信息处理得更准确。

连接是物联网的基础和实现手段，基于连接之上的业务和应用才是物联网的价值。就好像互联网，计算机、手机、光传输、4G 是实现连接的手段，在这之上创造了数十万亿的市场规模的业务与应用才是其价值。

物联网是融合性学科，而非单一性学科。物联网是将各种通信技术、感知技术、自动化技术、云计算、大数据及人工智能等多种技术聚合与集成应用的学科。

1.1.2　物联网的发展历程

物联网的鼻祖，可算 1990 年施乐公司推出的可乐售货机。程序员为了能够买到可乐，在可乐售货机上安装传感器再接入网络，并编写了配套软件用于监测可乐售货机有没有补货。在此基础上，1990 年施乐公司推出了网络可乐售货机，开创了物联网的先河。

但真正意义上的物联网术语出现在 1991 年，麻省理工学院（Massachusetts Institute of Technology,

MIT）首次提出物联网概念。1999 年，麻省理工学院建立了自动识别中心（Auto-ID Center），提出了"万物皆可通过网络互联"，阐明了物联网的基本含义，从此物联网进入大众视野。值得注意的是，早期的物联网是依托射频识别（Radio Frequency Identification，RFID）技术的，与主要依赖网络交换数据的设备有着显著的不同。尽管 RFID 技术提供的功能有限，但它是更便宜和更可行的方案，已经融入现代人的生活习惯之中。

2005 年 11 月 17 日，国际电信联盟（International Telecommunication Union，ITU）发布了《ITU 互联网报告 2005：物联网》，正式提出了物联网的概念，报告指出无所不在的物联网通信时代即将来临，世界上所有的物体，从轮胎到牙刷、从房屋到纸巾都可以通过物联网主动进行信息交换。RFID 技术、传感器技术、纳米技术、智能嵌入技术得到更加广泛的应用，使物联网覆盖范围有了较大的拓展，此时物联网已经不再局限于 RFID 技术，产品集成入网模块技术成为物联网设备的主流技术。物联网的广泛运用已经成为现实，不再局限于少数的高端家电。现如今，大到家电、小到可穿戴设备，物联网技术与人们的生活息息相关。

2009 年 8 月，时任国务院总理温家宝到无锡视察传感网技术的研究，提出建设"感知中国"中心，从此拉开了中国物联网技术发展的大幕。2015 年 5 月，国务院印发《中国制造 2025》的通知，其核心是物联网与制造业的有机结合，引发了中国物联网技术发展与应用的浪潮。

2015 年至今，物联网发展进入了"快车道"，国内外"巨头"公司不断在物联网领域发力。我们有理由相信，未来 10 年是属于物联网的。

回顾物联网发展历程，大家可以发现物联网由来已久，它是逐步衍生发展而来的。其实任何主流科技都是这样的。互联网技术自诞生以来也经历了起起落落，甚至遭遇过"互联网泡沫破裂"。随着时间的推移，互联网迎来了大发展时期，引发了"第二次信息革命"的浪潮，造就了我们现在的生活。

而物联网已经经历"泡沫期"和"幻灭期"，如今正在高速发展中。物联网发展的过程起起伏伏，直到 2015 年左右，国内外很多公司纷纷布局物联网产生。国外参与物联网建设的公司有亚马逊、IBM、思科等，国内积极布局物联网产业的公司有华为、阿里巴巴、海尔、中国移动及中国联通等。

物联网是重要技术，国内华为、阿里巴巴及"三大运营商"等都投入巨资和制订重磅计划。华为首推"1+8+N"的"全场景智慧化战略"，在标准制定与产品落地方面促进物联网产业发展。阿里巴巴将物联网战略上升至第五大战略，在人工智能物联网（Artificial Intelligence &Internet of Things，AIoT）方向持续发力，为物联网产业发展提供新的可能。三大运营商加快 5G 与基于蜂窝的窄带物联网（Narrow Band Internet of Things，NB-IoT）网络的建设，并推出各自的物联网云平台，提升企业与应用上云的效率。

得益于良好的互联网产业和电子设备研发制造产业基础，我国发展物联网有天然优势。我国在互联网产业发展过程中诞生了一批像阿里巴巴、腾讯、华为等优秀的公司，在技术与应用上有着丰厚的积累，同时我国拥有大量的应用开发者。在电子设备研发制造领域，我国有着产品设计、项目开发、原材料采购、生产制造、物流、测试及售后服务等完整产业链。这些积累，会成为我国物联网发展的强劲助力。

1.2 物联网的典型案例

1.2.1 共享单车

共享单车的实质是自行车租赁。目前，共享单车面临管理成本高、维护成本高、收费难的问题。物联网技术的出现解决了随时随地低成本有偿租赁自行车的问题，共享单车工作原理和过程如图 1.1 所示。

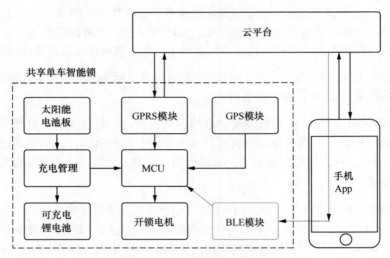

图 1.1 共享单车工作原理和过程

共享单车三大模块包括智能锁、云平台及手机应用程序（Application，App）。智能锁本身是一块单片机，由太阳能电池板供电；GPS 模块通过通信模块向云平台上报测量到的定位位置；GPRS 模块负责与云平台通信；BLE 模块辅助智能锁与云平台连接。手机通过 4G 或 5G 网络与云平台通信，智能锁通过 GPRS 模块与云平台建立连接，获取或上传开、关锁的命令，实现车锁的开关功能。

借车流程如下。

- 步骤一：打开手机 App 扫描共享单车上的二维码，通过 4G 或 5G 网络向云平台发起解锁请求。

- 步骤二：云平台对用户请求和共享单车的信息进行核查，云平台与共享单车通过 GPRS 模块建立连接并将解锁指令发送给智能锁，智能锁的微控制单元（Micro Control Unit，MCU）收到命令，控制电机开锁。智能锁开启后向云平台回复"解锁成功"，云平台通知用户手机 App，并开始计费。

还车流程如下。

- 步骤一：手动将智能锁锁住，触发智能锁锁车传感器。
- 步骤二：MCU 通过 GPRS 模块向云平台上报锁车指令。
- 步骤三：云平台计算费用，发送到用户手机 App。

共享单车智能锁是"人与物"通信的典型代表，手机作为"人"感官的延伸打破了"人与物"的隔阂。手机通过网络云平台，智能锁通过 GPRS 模块或 BLE 模块连接到云平台，实现了"人"与"物"的连接。在连接的基础上，构建了借车还车、按时长计费的商业模式。

我们认为此类应用是"人与物"连接与应用的模型。此外，共享充电宝、扫码支付零售机、扫码支付抓娃娃机等均属于此类物联网应用。

1.2.2 断电监测报警器

城市监控设备维护主要有两个方面，网络维护和电源维护，其中电源维护人力成本高、时间成本高。物联网技术能够判断电源故障，降低监控设备的运维成本。

断电监测报警器会持续监测断电事件并单向报警。断电监测设备与被监测设备的电源电力线连接，当监测设备断电时切换到电池供电，同时断电监测报警器的 MCU 控制通信模块上报这一问题。接警人员接到问题上报后，可以确定故障类型与故障发生点，这样就达到了设备电源故障能够准确通知有关人员的目的，降低了人力成本。

断电监测设备是一种典型的"传感器型"物联网应用。传感器型物联网的应用特点是业务通信以单向上传为主。为了提高部署的便利性和降低运维成本，大多数此类产品需要电池供电，因此常有低功耗的需求。低功耗是物联网应用的重要特性，尤其是在智慧农业与公共事业领域。人们希望在这些场景中部署的设备在线时间足够长，达到降低人力成本的目的。低功耗要求开发者从每一个细节考虑降低功率消耗。现在的物联网系统集成了低功耗设计，可延长物联网设备电池的使用时间。

1.2.3 智慧城市停车系统

智慧城市停车系统是一种先进的交通管理系统，它针对城市停车位不足、停车位资源利用率低等问题进行规划设计，并结合物联网技术提出车位共享的解决方法。

智慧城市停车系统提出了提高车位利用率的方法。室内外停车场采用超声波传感器、地磁传感器、摄像头等监测车位是否空闲，结合出入场识别收费系统，用合理的方法将空闲车位出租给需要车位的人使用，实现动态管理停车位和收取停车费用。

智慧城市停车系统是智慧城市的一个分支，也是智慧城市的缩影，其本质是让城市管理更高效、让城市生活更方便。物联网技术为智慧城市停车系统的实现提供了技术基础，体现了物联网在未来智慧城市建设中的重要性。

目前，智慧城市停车系统建设面临许多挑战。一方面，现有技术研发和应用处在初级阶段，控制系统成本难度大、产品迭代速度慢；另一方面，智慧城市项目落地是一个信息技术、社会观念、管理体系等协调和合作的过程，在这个过程中需要政府引导、企业主导，共同建立多方共赢的商业模式，才能够实现长久发展。

以上案例只是物联网技术很小的一部分应用，实际还有非常多的场景的应用。物联网技术应用必须指定具体场景，因为传感器、连接方案及应用开发都由应用场景决定。

1.3 物联网的分支应用领域

1.3.1 智慧城市

1. 智慧交通

智慧交通指对城市交通进行人性化和智能化管理。它采用物联网技术获取车辆信息，实时向云平台汇报数据。云平台使用人工智能技术对收集到的信息进行处理，实现对车辆、交通的有效控制，如路灯弹性控制、车辆到站预测、停车位信息、车流量及拥堵预测等；可提前给车主规划路径，避免交通拥堵。

阿里巴巴自主研发的“城市大脑”可以对整个城市进行全局实时分析，利用城市的数据资源优化调配公共资源。以杭州为例，城市交通数据源于摄像头的流媒体数据，以及私家车和公交车上的 GPS 数据。利用人工智能技术分析这些数据，可预测道路上的拥堵情况，从而提前调控交通资源，避免或缓解交通拥堵。受其影响，2018 年杭州从全国拥堵指数第 5 位下降到了第 57 位。

2. 智慧安防

将部署在城市大街小巷的摄像头与城市重点建筑统一接入，融合智能化图像识别、大数据分析等多种能力，对城市的安防工作进行智慧化管理，可实现主动事前预防、快速事件管控、事后复盘的高效运作，保障社会安全。

3. 智慧建筑

智慧建筑是在设计阶段就引入的智慧化理念，可以被认为是一个过程或一种系统。利用物联网技术将建筑有关的各个子系统有机地结合，可实现对水、电、气的监控，对公共资源的智慧化管理，提高安防能力，使建筑具有"智慧"。

1.3.2　智能家居

1. 智慧酒店、商场、展厅、场馆

物联网技术在商业领域会率先实现突破，利用物联网技术可对商业进行数字化管理服务，降低企业的管理成本，改进服务质量，增强商业竞争力。它能够实现用户画像分析，精确分析用户需求，帮助商家精准识别用户，解决客流、活动、推广等问题。

2. 智慧办公和智慧大楼

智慧办公通过物联网技术将办公业务中的软硬件结合，同时对员工进行数字化管理，使员工从重复，低效的工作中解放出来。智慧办公系统可以与智慧大楼系统相结合，解决传统办公中保密权限、安全管理等维护成本高的问题。

3. 智慧家庭

智慧家庭可以被定义为一个系统，利用物联网技术将与家居生活有关的各个子系统结合，实现家电设备、生活用品的自动化管理与控制。它可帮助用户进行水、电、气以及安保等的监控，降低人力维护成本。

1.3.3　智慧医疗

1. 输液监控系统

物联网技术在医疗卫生领域的应用体现在医疗设备管理、患者管理等方面。典型应用如输液监控系统，它可以实现医疗设备管理、医院数据化管理、病人自动监控等功能，能够降低护士工作强度，提高护士监护效率。

2. 监测报警手环

物联网技术在养老医疗应用中大有用武之地，如可以通过监测报警手环对独居老人、重症患者、老弱患者进行健康监测，掌握他们的空间位置、身体状态等重要信息，做到问题早发现、早报警，对医院的救治水平和效率的提高大有帮助。

1.3.4　智慧物流

物联网技术改变了物流信息的采集方式，从传统的数据人力采集发展到数据自动化采集。这能够实现从生产、运输、仓储到销售各个环节中物品的监控和动态管理，提高物流效率。

物流车管理系统就是一种智慧物流的典型应用。该系统通过物联网技术对车辆进行统一管理、实时监测，从而达到规范司机操作的目的，能够有效地提高运输效率，降低运输成本。

1.3.5　智慧农业

智慧农业可以应用于生产和销售阶段。在生产阶段，物联网技术通过光敏、温度、湿度等多种传感器，对农作物生产环境中的光照强度、温湿度、土壤条件、二氧化碳浓度等进行监控。用户可以通过计算机或手机随时查看现场数据，并可以远程控制或自动化控制温室卷帘设备或灌溉系统等，实现农业无人化管理。

同时，智慧农业在销售阶段可起到安全保障作用，将每个农副产品的生产、运输信息存储在各自唯一的电子标识中。一旦产品出现了质量问题，那么消费者可以追根溯源，保障自身权益。

1.3.6　智能制造与产业互联网

一方面，智能制造可以实现企业内部信息的整合，如对材料采购、车间加工制造、库存、销售等环节的业务信息进行整合，让数据智能流动，帮助企业做出合理决策，降低企业成本；另一方面，智能制造推动整个产业链的横向集成，可将生产要素联网，实现数据实时的存储共享，有效降低企业风险。

典型的应用有智能制造系统 MES。MES 使用信息化的高效管理模式，拥有生产过程全程监控、生产质量全程追溯的能力，可帮助制造业解决生产管理成本高、生产质量要求高的难题，也可为制造业的升级指明出路。

1.3.7　智慧零售

1. 快递柜

快递柜属于智慧零售与智慧物流的交叉应用，为快递行业提供"最后一公里"解决方案，可在提高快递员的派送效率的同时保障消费者的安全。

2. 无人零售终端

"无人化"是智慧零售发展的重要趋势之一。"无人化"不是完全自动化，而是减少人与人接触的"无接触化"。无人零售终端可以通过摄像头、扫码设备获取消费者信息与商品信息，再由智能家居通过物联网技术获取消费者所购商品的消耗速度，通过人工智能系统预测商品需求，将消费者需求传递给商家。商家依据数据对无人零售终端进行补货，提高货柜的使用率，获得最大的商业利益。同时商家补货的信息会传递给消费者，消费者可以在相应区域的无人零售终端购买到需要的商品。

3. 物流配送机器人

物流配送机器人在物流配送领域、医疗领域得到了广泛的使用，在不同的场景下形成了不同的应用。其中，医疗领域的配送机器人是应用的典型代表，由智慧林医疗（原木木机器人）、华为技术有限公司、联通湖北分公司、武汉亚心总医院 4 家单位联合攻关，率先实现了搭载 5G 网络功能的诺亚医院物流机器人。此类物流机器人可以在无人控制的情况下，依靠人工智能技术，实现自动识路、躲避障碍、运送物资等功能，解决传统人力运输的低效、差错率高的问题。同时，此类物流机器人可提供医院低成本升级的解决方案，使用它是智慧医院发展的必然趋势。

1.4　总结：究竟该如何理解物联网

①物联网技术是互联网技术不断发展的结果，是建立在计算机技术、网络技术等技术之上的又一次"信息技术革命"。它的本质特点是将连接对象从"人"拓展到"物"。

②物联网的核心是基于连接的应用，连接是通道，应用是目的。

③物联网具有"+"的属性，它本身只是一些技术的集合，而能为传统行业赋能、产生经济效益才是关键。

④物联网技术会产生巨额经济效益，应用领域广阔，甚至蕴含多个万亿级市场，发展潜力巨大，是未来最重要的变革技术之一。

第2章

从技术实现看物联网

我们已经理解了物联网的基本概念，知道了物联网的价值所在。那么物联网有一种怎样的结构？物联网又用到哪些关键技术？本章会从物联网"云–管–端"3层架构与典型4层架构出发，探究物联网应用的关键技术。

2.1 物联网的"云–管–端"架构

物联网是为了解决特定场景下的特殊问题而出现的，其在发展初期并没有形成统一规范的标准，造成了物联网应用碎片化、场景分散化的问题。初期的物联网设备简单、功能单一，同时特定场景的需求不需要与其他的场景进行联动，制订的解决方案大多采用本地化的原则。再加上底层协议不统一，这些因素使物联网在发展初期面临工作效率低、场景联动效率低的难题。

随着物联网产业的发展，网络技术和云计算技术的突破，物联网厂商在不断探索商业模式的过程中，产生了"云–管–端"的架构，并将其广泛应用于物联网产业。"云–管–端"架构成为现代的物联网厂商开发物联网应用的主流架构标准。

2.1.1 "云"

此处的"云"是指物联网云平台，是未来信息服务架构的核心。它负责端侧的设备接入和管理、应用部署，解决数据存储、检索、安全、维护、业务等问题，也为上层的应用提供强大的计算能力与开放的应用程序接口（Application Programming Interface，API）。

"云"是物联网的"大脑"，能够根据实际需求来安排服务器的运算资源，让整个计算中心保持高效的运作，避免运算资源的浪费。2019年天猫双11全天成交额为2684亿元，当天1小时03分59秒成交额便已突破1000亿元，创下了双11历年纪录的新高。看得见的狂欢背后是看不见的云，2019年天猫双11数字经济狂欢的背后，是对云计算能力的挑战。阿里云作为数字经济的基础设施和引擎，用技术成功护航各大"战场"，用云计算产品完成了万物狂欢的挑战。

2.1.2　"管"

"管"是指通信管道，对应各种有线、无线网络通信技术，负责设备与云平台进行通信。物联网常用的通信方式有蓝牙（Bluetooth）、近场通信（Near Field Communication，NFC）、紫蜂（ZigBee）、无线局域网（Wi-Fi）、窄带物联网（Narrow Band Internet of Things，NB-IoT）等，如图 2.1 所示。

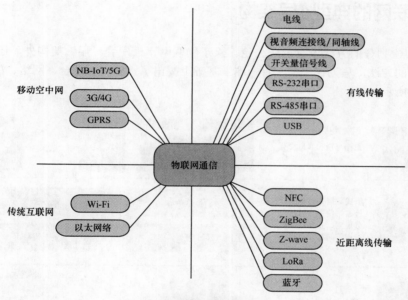

图 2.1　常用的物联网通信方式

以物联网通信为例，共享单车之所以能够与云平台联通，是依靠 2G 通信模块背后的蜂窝移动通信网络，通过基站与核心网实现设备与云平台的间接连接，让我们的信息能够传送到云平台。对于用户而言，设备与云平台实现连接的方式是透明的。为了便于理解，我们将众多的通信方式的概念抽象成管道。

2.1.3　"端"

"端"是指物联网设备端，其核心部分一般由 MCU、电源、传感器等模块构成，负责数据信息采集和信号处理等。

传感器是物联网设备的"感知器官"，有用的信息需要通过它才能被采集到。根据物联网设备应用的场景需要搭配合适的传感器，如温度检测的设备要搭配温度传感器，断电检测设备要搭配断电传感器，因此传感器是整个物联网系统工作的基础。正是因为有了传感器，物联网系统才有内容传递给云平台。

我们可以将物联网"云-管-端"架构用人来类比，"云"是人的大脑，"管"是人的神经网络，"端"是人的眼耳口鼻。物联网以人为蓝本，让物获得像人一样思考、行动的能力，这是物联网让物智慧化的原因。因此我们将物联网 + 交通称为智慧交通，物联网 + 医疗称为智慧医疗，物联网 + 家居称为智慧家庭。

2.2　物联网的典型4层架构

物联网层次划分的方法没有形成公论。除了物联网"云-管-端"架构外，还有一种典型4层架构划分的方法，华为在"云-管-端"基础上提出了"应用、平台、网络、感知"4层架构，如图 2.2 所示。

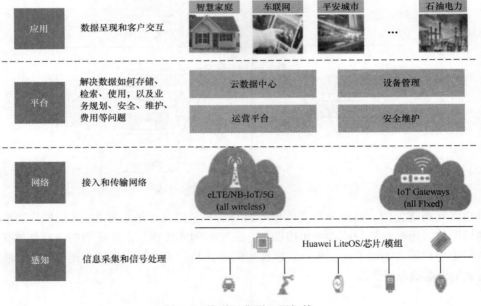

图 2.2　物联网典型 4 层架构

物联网 4 层架构与其 3 层架构没有本质区别，只有功能划分细节上的差异。在"应用、平台、网络、感知"4 层架构中，应用层处在整个架构的上层，作为物联网的核心，承担数据呈现和客户交互的功能。如当我们打开共享单车的 App 时，通过软件我们可以知道周边有哪些可用的共享单车。虽然这一切好像都是在手机上完成的，但其实手机只是"显示器"，真正的数据源于云平台的应用层。

实际上应用层就是云计算平台层，应用指的是部署在云计算平台的 App。上文提到的"云－管－端"3 层架构中，"云"承担着部署应用的功能。在 4 层架构中，应用与云平台剥离形成独立的功能层，可以有效地减小云计算平台的规模、降低复杂度，让整个架构变得更灵活、更易于拓展。

应用层在智慧家庭场景中可以表现为一个按钮，可以是车联网的实时导航地图，也可以是平安城市的摄像头监控平台。拓展性强的应用层能够最大限度地发挥物联网定制化的能力，克服物联网应用碎片化、场景分散化的困难。

平台层位于应用层的下层，为应用层提供接口和服务，拥有云数据中心、设备管理、运营平台、安全维护等多种能力，功能与 3 层架构中的"云"是一样的。

网络层提供平台接入与设备数据传输的服务，包含以 NB-IoT、5G 为主的广域蜂窝网络和以 Wi-Fi 为主的基于 IoT 网关通信的短距离无线通信网络。IoT 网关作为网络节点是一种低成本短距离的通信方式。在智慧家庭中，如果采用基于蜂窝网络技术，每个设备必须搭载移动通信模块与 SIM 卡，用户会付出较高昂的设备运行成本。采用 Wi-Fi 这类基于 IoT 网关的通信技术，能够以较低的成本实现物联网功能。因此在智慧家庭中，IoT 网关通信方式是主流的解决方案。

以传感器感知信号为主要特征的设备端称为感知层。感知层采集大量的信号，经网络层汇聚到平台层，应用层基于平台层管理的设备与汇集的数据进行分析，判断需要给用户提供的服务。感知层设备一般采用搭载 LiteOS 这类物联网操作系统的 MCU 作为核心控制器，物联网操作系统能够辅助 MCU 管理传感器设备，并为接入网络提供便利。

2.3　物联网各层次涉及的核心技术

2.3.1　感知层

感知层主要由物联网设备组成，它又称为物联网设备端。根据应用场景的不同，感知层搭载的设备是多种多样的：温湿度监控器中采用温湿度传感器，在监控设备中使用摄像头，使用车载智能终端辅助驾驶，而与我们常打交道的电视机也在向着物联网控制中枢——智慧屏方向发展。

这些设备都工作在物联网感知层，开发者研发物联网设备需要关注 MCU 及其编程技术、传感器技术、电池及低功耗技术、通信模组、物联网操作系统及其生态这五大核心技术。这样才能通过多种传感器的组合实现信息采集，让搭载物联网操作系统的设备能够拓展应用服务，增强设备间的联动。

1.　核心技术 1：MCU 及其编程技术

MCU 又称单片机，是感知层设备的"大脑"，如图 2.3 所示。它的本质是带有丰富组件的处理器，一般由运算部件和控制部件两大部分组成。通常，MCU 的运算部件能完成数据的算术逻辑运算与数据传送操作，控制部件可以对指令按一定时序进行分析和执行。

图 2.3　单片机

MCU 能够通过 C 语言、C++ 语言等计算机编程语言进行功能开发。MCU 会把硬件上的各种寄存器映射到某一块内存地址空间上，用户可通过 C 语言去读写这一段内存地址空间达到操作硬件的目的。单片机及其编程技术其实是传统的电子产品开发技术，已经融入了人们生活的方方面面，为物联网实现感知能力奠定了基础。

2. 核心技术 2：传感器技术

传感器技术犹如人类的感官，是实现人与设备和物质世界交换信息的关键技术。传感器的种类很多，如图 2.4 所示。它的分类方法有很多，按照用途划分有压敏传感器、GPS 传感器、液位传感器、功率传感器、速度传感器、加速度传感器、射线辐射传感器、热敏传感器等。

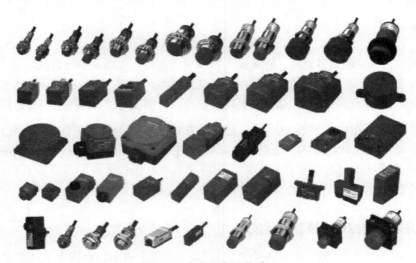

图 2.4　种类丰富的传感器

3. 核心技术 3: 电池及低功耗技术

物联网设备的大多数应用场景需要具有小型、易部署、便携性等特点，这时就需要用到电池及低功耗技术。低功耗是物联网设备开发者关注的重点，需要开发者做到降低产品功率损耗，延长设备使用时间，这可以有效增强产品的竞争力。

4. 核心技术 4: 通信模组

通信模组是物联网设备入网的关键，在不同的场景下有多种类型。常见的通信模组有蓝牙模组、ZigBee 模组、NB-IoT 模组等，它们的特点如表 2.1 所示。

表 2.1　物联网通信模组

	NB-IoT	蓝牙 4.2	蓝牙 5.2	ZigBee 3.0	Z-Wave	SigFox	LoRa
频段	800MHz（中国电信）900MHz（中国联通、中国移动）	2.4GHz	2.4GHz	868/915MHz 和 2.4GHz	908.42MHz（美国）868.42MHz（欧元区）	902MHz（美国）868MHz（欧元区）	470～510MHz（中国 LoRa 联盟）
最大传输速率	下行速率：大于 160kbps 小于 250kbps 上行速率：大于 160kbps 小于 250kbps（多载波）或 200kbps（单载波）	1000kbps	2000kbps	868MHz：20kbps 915MHz：40kbps 2.4GHz：250kbps	9.6kbps	100bps	0.3～50kbps
覆盖距离	20km	50m	300m	300m	30m（室内）100m（室外）	50km	20km
发射功率	低于 100mW	1～100mW	1～100mW	1～100mW	1mW	1～100mW	1～100mW

5. 核心技术 5: 物联网操作系统及其生态

操作系统由系统内核与系统组件构成，得益于种类丰富的系统组件，搭载操作系统的设备可实现功能比传统裸机更加复杂，如模组对接、驱动管理、文件管理、协议栈管理等功能。基于操作系统内核与组件开放的应用接口，可以根据场景需求开发相应的应用软件。

我们经常听到"硬件与产品容易做，但软件和生态不容易做"这样的话，这里的软件和生态分别指的是操作系统及其周边生态。操作系统的生态越好，操作系统应用的场景就会越多，会吸引更多的开发者加入。关于操作系统的生态的具体内容会在后续章节详细讲解。

2.3.2　网络层

网络层是物联网中间层，为物联网系统提供通信管道，是包含了基础设施、软硬件及运维服务等的集合体。以蜂窝网络为例，它依靠基站等基础硬件设施和通信软件来实现用户接入与数据传输服务。蜂窝网络模型如图 2.5 所示。

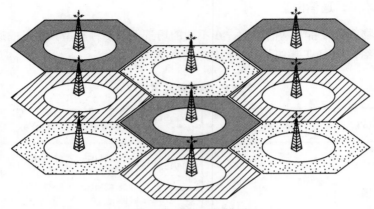

图 2.5　蜂窝网络模型

1.　由多种系统连接构成

网络并不是用户与用户直接连接的。在网络层内部，网络是由多种系统连接构成的，用户的消息可能经过无线传输、有线传输或二者交替传输才送达其他用户。

物联网设备发送消息的方式与自身搭载的模块相关。如果是 NB-IoT 连接，消息先由无线通信的方式送到基站，基站通过有线传输的方式将信息送到运营商核心网，最后由核心网将消息送入互联网。虽然消息传递的过程对于用户来说是透明的，但对于开发者来说，要考虑到由多段过程组成的网络环境，避免因网络传输方式的变化，造成设备数据丢失。

2.　有多种实现架构

网络层是由多个组网方式不同、实现手段不同的局域网连接起来构成的，其中包含了蜂窝网络、网关式网络、组网式网络等多种架构。常见的蜂窝网络有 2G、3G、4G、5G 以及 NB-IoT 等，网关式网络以 Wi-Fi 为代表，ZigBee、Bluetooth 5.0 mesh 都属于组网式网络。

3.　关注参数

根据自身功耗与覆盖能力，我们将覆盖范围广、功耗需求低的通信技术称为低功耗广域（Low Power Wide Area，LPWA）技术，如 NB-IoT、LoRa、Sigfox 等。LPWA 技术可以满足不同领域的垂直市场的需要，如工业、公共事业、智慧城市等。

对于网络层，开发者需要关注不同网络架构的通信距离、稳定性、延迟、带宽、速度、建设成本及运维成本等因素，并根据不同场景下的具体需求，使用合适的入网模块。

互联网技术产业推动了网络技术的发展，产生了许多成熟的网络技术。物联网的发展也带动了许多为物联网设计的网络技术的出现，如 NB-IoT、ZigBee 等。这些技术已经进入建设阶段，随着时间的推移，它们将会成为物联网组网方式的主流。

2.3.3 平台层

物联网云平台是云计算发展的产物，具有向用户提供强大的计算、存储及应用的能力，从而降低用户对本地设备计算力的要求。

物联网云平台专门对接物联网设备，能够解决物联网新业务上线周期长、终端种类多、网络连接复杂的问题。国内主流的物联网云平台有华为云 IoT、阿里云 IoT、腾讯云 IoT 等。

华为云 IoT 是华为为物联网提供服务的云平台，它依托于华为云自身优势，向用户提供可靠的云服务。我们会在第 3 章详细讲解华为云 IoT 的多种特性。

1．提供设备接入、管理等常用功能

当新设备申请接入云平台时，物联网网关携带云平台分配的合法会话信息创建相应的传感器信息，由物联网平台对其合法性进行检查。检查通过后，将新的传感器加入网关，以便进行传感器的数据上报。

网关可携带物联网平台分配的合法会话信息上报传感器数据，由物联网平台对其合法性进行检查。检查通过后，将传感器数据记录在物联网平台并上报给最终用户，确保数据安全。

云平台还提供规则引擎，能够根据设备上传的数据进行判断。如果设备上传的数据达到了触发的条件，云平台会智能地向区域内设备下发命令。在智慧家庭案例中，当户主下班到家推开门时，传感器会上报这个信息，云平台会向房间内的物联网下发命令，如开灯、打开热水器等，让主人感受到科技的"温暖"。

不论是在智慧交通还是在智慧医疗应用中，设备接入、管理、安全、数据、人工智能等都是通用功能。一个良好的物联网云平台在具备这些功能的同时，对多种设备终端、传感器还有着良好的兼容性，这样可确保平台不会出现因自身问题而导致设备连接丢失的问题。

2．提供应用开发和部署能力

云平台不仅可提供基础功能，而且允许开发者直接基于云平台进行应用开发与部署。华为云 IoT 提供丰富的开放 API，第三方应用通过集成这些开放 API，可节省开发时间。以温度报

警系统为例，应用可以调用华为云 IoT 的接口进行开发，开发完成后直接部署在华为云 IoT 上。传感器检测到的信号会发送到云平台，当信号超过预设值，云平台直接将报警信息推送到应用上来。云平台与应用是内部关联的，可提高数据传输效率。

3. 提供对接能力

物联网云平台提供开放的 API 能够对接外部应用允许非软件编制方的其他组织或个人开发相关软件应用。

云平台核心的功能是设备管理，它的应用能力是可以拓展外延的。我们推荐采用华为云 IoT "一站式"的解决方案，将应用部署在云平台上，设备搭载 LiteOS，实现一体化对接，可以有效地降低数据传输的延迟与风险。

2.3.4　应用层

1. 直接面向客户需求

应用层直接面向客户需求，解决客户问题，向客户提供服务的。物联网应用是物联网的价值所在。华为云 IoT 直接面向需求，为合作伙伴提供预集成行业高价值服务，包括智慧家庭、车联网、智能抄表等，帮助客户降低开发成本，解决实际问题。

2. 内部构成

物联网应用内部构成一般有服务端后台、前端前台、手机客户端、专用设备客户端等。

服务端后台是部署在服务器的 App，用于实现应用主体功能。服务器可以是私有云或是云平台，因此客户可以直接将应用部署在云平台，也可以部署在私有云上，通过调用开放的接口实现与云平台的对接。

前端前台是为计算机客户提供的交互界面，针对客户的需求定制化提供可视的命令空间。一般前端前台与服务端后台需要配合使用。客户通过前端前台的控件发出命令，服务端后台接收命令并执行，然后将执行的结果返回给前端前台并展示给客户。

手机客户端是为手机用户提供的前端前台，相比于计算机，手机的使用频率更高，也更方便。建立在手机基础上的前端前台可以有更多的应用，如及时的消息推送。当然手机客户端不仅可以是 App，也可以是微信小程序或者其他。

专用设备客户端形态更加丰富，也更加贴近物联网设备的概念。物联网抓娃娃机就是一种典型的专用设备，用户通过扫描二维码支付一定金额，收到支付成功的消息的云平台会下发开机的命令，然后用户就可以操作抓娃娃机。以此类推，专用设备客户端还可以是物联网售货机、共享汽车、共享快递柜等。

3．不同行业不同应用的差异很大

不同行业不同应用的差异很大，为某一行业开发的物联网设备无法在另一个行业使用，如警用执法仪或快递收取扫码器，即便是同一个行业，不同客户也会有不同需求。与平台层、网络层相比，应用层开发者的工作会根据客户需求的变化而变化。这是物联网应用碎片化的原因。因此开发者需要借助物联网云平台开放的业务应用扩展能力，针对不同设备操作系统和硬件进行适配，节省开发时间，有效解决物联网应用碎片化问题。

4．物联网的直接价值和间接价值

物联网的直接价值是系统本身提供服务带来的价值，间接价值是系统服务衍生的价值。应用层直接面向客户需求，直接为物联网产生价值；平台层、网络层、感知层是应用层的支撑，随着应用一起打包卖给客户，是物联网的间接价值。

第 3 章

华为物联网解决方案一览

华为围绕着物联网产品开发在"云－管－端"各个架构内提出对应的技术与解决方案。这些技术与解决方案在物联网开发中形成技术闭环。解决方案之间相互支撑，为物联网开发者带来"一站式"开发体验。

本章会从华为云 IoT、华为物联网操作系统 LiteOS、IoT Studio 和 iotlink SDK、华为物联网认证、NB-IoT 芯片这 5 个方面介绍华为物联网解决方案。

3.1 华为云IoT

华为云隶属华为技术有限公司，为企业提供云服务器、云数据库、云存储、大数据、云安全、人工智能等服务。公司以华为云平台为基础，为华为全栈全场景 AI 战略提供强大的运算能力和更易用的开发平台。华为云服务覆盖面广泛，华为云 IoT 是华为云面向物联网的主要产品之一。

华为云 IoT 的前称是 OceanConnect 平台云服务，是华为云推出的以 IoT 联接管理平台为核心的 IoT 生态圈。它基于统一的 IoT 联接管理平台，可通过开放的 API 和系列化代理（Agent）技术，实现与上下游产品能力的无缝连接。华为云 IoT 能够兼容海量的终端传感器，实现复杂网络环境下的连接，帮助企业解决新业务上线周期长、应用集成困难等难题。

华为云 IoT 具有接入无关、高可靠、安全、弹性伸缩、能力开放等特点。平台向上层应用提供丰富的开放 API，便于第三方应用进行集成，节省开发时间。平台向下层设备提供代理，针对不同设备的操作系统和硬件进行适配，开放兼容不同厂商的各种物联网设备。

3.1.1 华为云IoT服务框架

华为云 IoT 提供的服务有 IoT 联接服务、IoT 数据分析服务、IoT 行业使能服务。华为云 IoT 全栈云服务如图 3.1 所示。

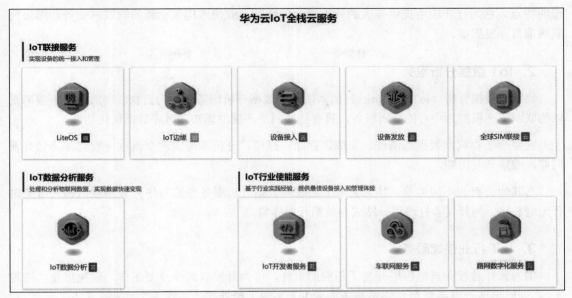

图 3.1　华为云 IoT 全栈云服务

1. IoT 联接服务

LiteOS 是驱动"万物"感知、连接、智能化的物联网系统。LiteOS 具有轻量级低功耗、快速启动、互联互通、安全等关键能力，常用于典型物联网瘦客户端，是华为云 IoT 的组件之一。

IoT 边缘的本质是边缘计算，通常物联网设备本身并不具有很强的计算能力。IoT 边缘在网络的边缘靠近物或数据的一侧，为物联网设备提供存储、计算及智能服务。同时，IoT 边缘处在云平台与设备之间，能够很好地分担云平台的部分功能，起到降低延时的作用。

全球 SIM 联接（OceanConnect Global SIM Link）提供"一站式"设备连接管理服务，在全球范围支持嵌入式 SIM 卡和 vSIM 卡，通过定向流量、空中写卡及远程设备发放技术，实现就近站点可靠接入。云平台能够对设备接入、设备发放进行统一管理。

设备接入（IoTDA）是华为云 IoT 针对海量设备进行连接、数据采集或转发、远程控制提供的云服务。它能够实现海量设备与云端双向通信连接，支持上层应用通过调用 API 远程控制设备。

设备发放用于华为云 IoT 管理跨多区域海量设备的发放工作，实现一次对接、全球上线的业务。

设备管理是对智能设备进行管理的云服务，具有对产品模型定义、设备生命周期可视化管理的特点。它为行业应用提供强大的开放能力，帮助企业快速构建创新的物联网业务，缩短物联网项目开发周期。

2. IoT 数据分析服务

物联网数据分析（IoT Analytics）的本质是大数据分析服务。华为云物联网数据分析服务是以物联网资产模型为中心的分析服务，具有物联网资产模型感知、时序数据优化功能。

它整合了物联网数据源清洗、集成、存储、建模、分析，可实现全流程可视化，降低开发门槛，缩短开发周期。

与其他公有云不同的是，华为云 IoT 物联网数据分析服务能够与华为云物联网相关服务进行无缝对接，为开发者打造"一站式"数据开发体验。

3. IoT 行业使能服务

华为云针对行业典型应用开发了相应的组件，可为开发者减少重复工作，避免重复"造轮子"。同时这些行业典型组件能够与华为云 IoT 实现无缝连接，实现多个行业一个 IoT 云平台，为企业提供"一站式"物联网行业解决方案。

车联网平台面向交通行业。它为企业实现车辆接入和管理提供帮助，协助交通管理者实现道路基础设施数字化和通行状态感知，围绕车主出行场景聚合伙伴提供丰富的出行服务。

车路协同平台实现人、车、路、网之间的数字化信息交互，为用户提供实时车况与最优路线，智能分配交通公共资源，提升驾驶安全性和道路通行效率。

园区物联网平台面向智慧园区业务场景，提供物联网平台服务。它为园区管理者提供园区设备运营中心、园区设备模型、跨系统联动规则等功能，针对园区人车通行、楼宇设施、环境监测等园区公共资源和场景提供统一接入和管理，并通过北向开放 API 向园区智慧应用开放平台能力，实现跨系统数据共享和业务联动。

物联网应用构建器（OC Studio）也是面向物联网开发者的"一站式"应用开发平台，通过可视化开发、在线应用托管服务，可帮助企业便捷、快速地构建 Web 端应用，轻松管理全球化设备。

3.1.2　华为云IoT功能架构

华为将物联网平台功能细分为 5 层，针对应用层、业务使能层、设备连接层、接入层及终端层提供开放 API 与代理等，华为云 IoT 功能架构如图 3.2 所示。

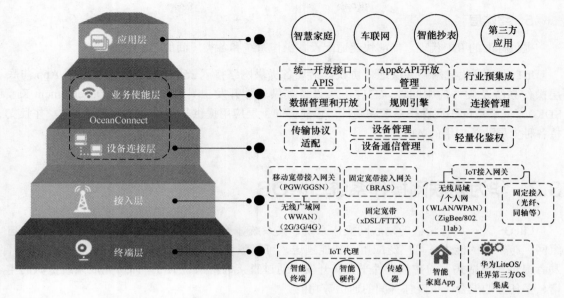

图 3.2　华为云 IoT 功能架构

1. 应用层

华为云 IoT 应用层支持多种开放 API，预集成多种典型行业应用，包括智慧家庭、车联网、智能抄表及第三方应用。它提供物联网端到端的解决方案，帮助企业快速集成行业业务，降低集成成本。

2. 业务使能层

业务使能层提供数据管理和开放、规则引擎及连接管理等功能。其中规则引擎是实现终端设备联动的基础，可预先设定规则，并通过特定条件触发设备响应。同时，华为云 IoT 能够与其他华为云服务无缝连接，设备数据转发和处理在一个平台上实现，可以引发多设备之间的协同反应，实现设备智能控制。

3. 设备连接层

设备连接层主要提供传输协议适配、设备管理、设备通信管理及轻量化鉴权等。其中轻量化鉴权服务能够简化鉴权流程，对设备入网与应用授权验证更加便捷，保证接入设备的安全性与可靠性。

4. 接入层

华为云 IoT 接入层支持无线、有线多种接入方式，能够屏蔽底层硬件差异，实现设备快速入网。

5. 终端层

提供标准的 IoT 代理，能够快速适配设备操作系统和各类厂商的智能终端。

IoT 代理可集成网络各层通信协议，给设备提供网络接入云平台能力，隔离上层 App 与底层操作系统及硬件的中间件。它向下层设备提供软件开发工具包（Software Development Kit，SDK），能够适配不同操作系统和硬件，也能够向上层应用提供与底层资源无关的 API，并且支持各种上层业务应用的 API。

3.2 华为物联网操作系统LiteOS

LiteOS 是一款轻量级的物联网操作系统，其系统体积轻巧，为 10KB 级，具备零配置、自组网、跨平台的能力，可广泛应用于智能家居、可穿戴设备、工业等领域。LiteOS 为物联网开发者提供"一站式"的完整软件平台。开发者通过直接调用系统 API，即可完成系统资源的申请、多任务的配合，以及任务间的通信等功能。

使用 LiteOS 能够帮助开发者降低物联网产品开发门槛，易于产品维护和管理，帮助企业缩短物联网项目的开发周期。

3.2.1 LiteOS发展历程

LiteOS 最早在 2012 年由华为自主研发，定位为华为消费类产品。2014 年，华为手机、可穿戴设备搭载了 LiteOS。华为手机在指纹模块中使用了 LiteOS，起到了降低功耗、延长手机使用时间的作用。

2015 年对 LiteOS 是重要的一年，这一年华为正式向全世界发布了 LiteOS，并将其定位为轻量级物联网操作系统。从此，LiteOS 在物联网领域有了新的拓展延伸。

2017 年，搭载 LiteOS 的物联网产品出货量达到了 100 万，搭载 LiteOS 的消费类产品出货量达到了 5000 万。2018 年，华为公布搭载 LiteOS 的 NB-IoT 产品出货量达到了 2000 万。

3.2.2 LiteOS内核特点

LiteOS 内核包括任务管理、内存管理、时间管理、通信机制、中断管理、队列管理、事件管理、定时器等操作系统基础组件。LiteOS 基础内核体积可以缩减至不到 10KB，具有高实时性、高稳定性、超小内核、低功耗等特点，并且内核组件支持动态加载、分散加载、功能静态裁剪等。LiteOS 内核架构如图 3.3 所示。

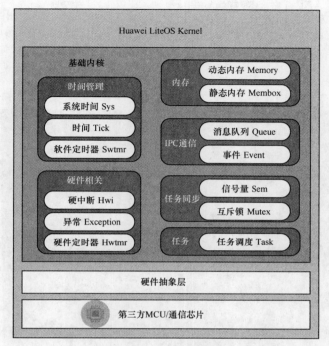

图 3.3 LiteOS 内核架构

3.2.3 LiteOS应用场景

LiteOS 本身可以单独运行，也就是说，LiteOS 可以广泛应用于智能家居、个人穿戴设备、车联网、城市公共服务、制造业等领域。

华为手机中的多种模块使用 LiteOS 取代了安卓（Android）的相应模块，包括搭载 LiteOS 的指纹识别模块和计步模块等。在功耗和性能上 LiteOS 有着显著的改善。除此之外，LiteOS 在其他物联网设备中也体现出巨大优势，比如搭载 LiteOS 的华为 WATCH GT 系列手表的有效续航时间能够达到两周。LiteOS 支持多摄像头协同工作，可以加快相机热启动速度。以搭载 LiteOS 的智能可视门铃为例，可实现 0.6 秒启动、0.9 秒抓拍、2.9 秒接通视频，为用户提供极速的视频体验。

3.3 IoT Studio和iotlink SDK

3.3.1 IoT Studio介绍

集成开发环境（Integrated Development Environment，IDE）是为程序提供开发环境的 App。

IoT Studio 是华为专为物联网开发工程师设计的"一站式"物联网 IDE，如图 3.4 所示。它集成了代码编写、分析、编译、调试功能等一体化开发软件服务，软件模块包括代码编写器、编译器、调试器、图形用户界面等。

图 3.4　IoT Studio

3.3.2　iotlink SDK介绍

iotlink SDK 是 LiteOS 在物联网领域演变的产物。iotlink SDK 是部署在具有入网模块、计算、存储有限的物联网瘦客户端上的轻量级互连互通中间件。

iotlink SDK 为瘦客户端提供了端云协同能力，集成封装了常用物联网通信协议栈，如 MQTT、LwM2M、CoAP、mbed TLS、LwIP，为开发者提供开放 API，使开发者只需关注自身应用需要调用的接口，而不必关注协议的实现细节。

iotlink SDK 拥有系统适配层，对 Linux、macOS、LiteOS 已经适配。以 Windows 为例，iotlink SDK 代码默认存放在 C:\Users\Administrator\.icode\sdk\IoT_LINK_1.0.0。Administrator 是计算机用户名，存放地址会根据用户名不同发生变化。

3.3.3　IoT Studio和iotlink SDK发展方向

1. 图像化

图像化是为开发者提供开发过程图形化、可视化的功能模块，开发者能够通过直观的操作方式完成物联网应用设计的开发工作。图像化不仅是 IoT Studio 与 LiteOS 的发展方向，也是华为云 IoT 的发展方向。

2. 组件化

组件化是指将软件内的各个功能发展为自由组合的功能模块，开发者可以根据产品开发的需要，自定义软件的组成。目前在 IoT Studio 可以实现的 iotlink SDK 组件配置如图 3.5 所示。

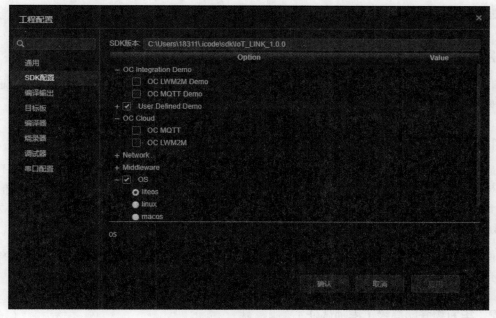

图 3.5　IoT Studio 配置 iotlink SDK

3. 松耦合

松耦合是指各个组件之间相互依赖的程度低。iotlink SDK 内部通过接口实现松耦合，开发者可以根据产品需要，调用相关接口完成产品开发。

4. 全栈式

全栈式是指小到芯片，大到云平台，从看不见的技术标准到看得见的用户界面，有一整套完整的解决方案。华为云 IoT 与华为云其他服务能够无缝连接，为企业、开发者提供"一站式"产品开发方案。

3.4 华为物联网认证

3.4.1 华为认证简介

华为认证是华为围绕"云－管－端"协同信息通信技术（Information and Communication Technology，ICT）架构推出的认证体系，是全覆盖 ICT 领域的认证体系。认证科目包含"行业 ICT 认证""平台与服务认证""ICT 技术架构认证"三大类。每一个科目根据 ICT 从业者的学习和进阶需求，认证等级从低到高分为工程师级别、高级工程师级别及专家级别。

3.4.2 华为物联网认证

华为物联网认证属于平台与服务认证。目前最高可以考取高级工程师级别，华为认证会在未来推出物联网专家级别的认证。

1．华为物联网工程师认证

面向物联网解决方案工程师与物联网开发工程师提供入门级认证。考试内容包括但不限于物联网概念、物联网层次架构、华为物联网解决方案、常见物联网通信技术、NB-IoT 通信技术及解决方案、eLTE-IoT 通信技术及解决方案、5G 通信技术及解决方案、工业物联网关等物联网相关知识等。

通过物联网工程师认证考试代表工程师掌握了物联网基础知识与华为物联网解决方案，具备基于华为物联网解决方案架构实现"端到端"的物联网应用开发能力。

2．华为物联网高级工程师认证

面向物联网解决方案高级工程师与物联网开发高级工程师提供的高级认证，认证内容包括华为物联网平台 OceanConnect 的操作、物联网通信技术、华为物联网操作系统 LiteOS、华为物联网网关、华为智能家居平台 HiLink 等。

高级工程师认证可以直接考取，而不以工程师级别为前提。但是对于想成为物联网开发高级工程师的人员，建议先完成工程师级别的学习认证。

通过物联网工程师认证考试代表工程师掌握了物联网技术原理和华为全栈物联网解决方案整体架构，具备在华为 IoT 平台线上构建数据模型和开发编解码插件的实战开发能力。

3.5　NB-IoT芯片

3.5.1　什么是NB-IoT

NB-IoT 是 3GPP 通信标准化组织制定的蜂窝网络通信技术标准之一，是针对低速率、深覆盖、低功耗、低成本的市场需求而实现的通信技术。与传统的 2G、3G、4G 通信技术相比，NB-IoT 支持大量的低吞吐率、超低成本设备的连接，并且具有低功耗、优化的网络架构等独特优势。

5G 的应用被 3GPP 通信标准化组织划分为三大场景：eMBB、URLLC 及 mMTC。eMBB 是增强移动宽带的应用场景，包含超高清视频、流媒体等大流量移动宽带业务。URLLC 是指高可靠、低时延，如无人驾驶、工业自动化等业务。mMTC 是指大规模机器通信，mMTC 针对海量连接、低功耗、低带宽、低成本及时延要求不高的场景而设计，与 NB-IoT 不谋而合。由于 NB-IoT 已经进入建设与商用阶段，而 mMTC 场景标准并没有冻结，因此 NB-IoT 成为 5G 中 mMTC 的事实标准。

3.5.2　NB-IoT特点

1. 低功耗

NB-IoT 引入了低功耗模式（Power Saving Mode，PSM）省电模式和非连续接收（extended Discontinuous Reception，eDRX）省电模式。

处在 PSM 省电模式的设备终端在非业务期间可进行深度休眠，不接收 IoT 平台下发的数据，此时 IoT 平台将下发的数据缓存。当设备终端上报接收数据时，IoT 平台下发缓存的数据。PSM 省电模式如图 3.6 所示。PSM 省电模式适合对下发数据无延时要求的业务，能够降低终端设备功耗，尤其是采取电池供电的物联网应用。

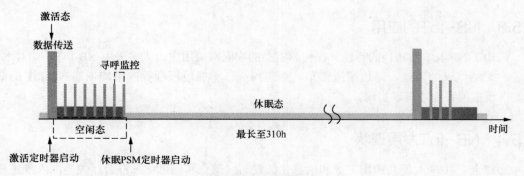

图 3.6　PSM 省电模式

　　eDRX 省电模式将寻呼周期从传统的 2.56s 扩展到最大 2.92h，减少空闲态 UE 周期监听寻呼信道的次数。在每个 eDRX 周期内，只有在设置的寻呼时间窗口内，终端可接收下行数据，而在其他时间处于低功耗深睡眠状态，节省设备耗电。eDRX 扩展非连续接收模式兼顾低功耗和对延时有一定要求的业务，该模式可在下行业务时延和功耗之间取得平衡，如图 3.7 所示。

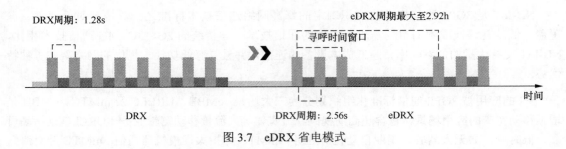

图 3.7　eDRX 省电模式

2．大连接

　　NB-IoT 通过减小空口信令开销、PSM/eDRX 来降低设备的资源使用情况与频率，优化核心网与基站，实现了每个覆盖小区大于 50 000 用户的接入量。

3．低成本

　　NB-IoT 采用 180kHz 的窄带宽，基带调制解调复杂度低。NB-IoT 通信芯片设计为单天线，采用半双工的工作方式，射频成本低。再加上协议栈简化，减少了片内 FLASH/RAM 存储需求。种种功能上的设计，使终端芯片成本较低。

4．强覆盖

　　与 2G、4G 相比，NB-IoT 覆盖增益高 20dB，即 NB-IoT 比 2G 网络的覆盖能力提升了 100 倍，即使是地下室、地下管道等 2G、4G 信号难以到达的地方，也能被 NB-IoT 网络信号覆盖。

3.5.3　NB-IoT的应用

　　归功于 NB-IoT 低功耗的特性，在传感器类的物联网应用中，大多采用 NB-IoT。如对水表、电表、天然气表的监控，路边智能停车，烟感探头、智能垃圾桶等应用均依靠 NB-IoT 的低功耗、广覆盖的特性才得以实现。

3.5.4　NB-IoT发展现状

　　2017 年，中华人民共和国工业和信息化部发布《工业和信息化部办公厅关于深入推进移动物联网建设发展的通知》，中国移动、中国电信、中国联通开始建设 NB-IoT 网络，目前已初步建成了全球覆盖范围最广的 NB-IoT 网络。

根据相关通信行业媒体发布的最新统计数据，NB-IoT 的用户数量已突破 6000 万，其中 NB-IoT 天然气表和 NB-IoT 水表用户数均超过 1000 万，NB-IoT 的用户每月增量已经超过 2G 网络在物联网领域的用户每月增量。随着 NB-IoT 网络的快速发展，未来运营商将加快 2G 网络退网工作，2G 网络用于物联网入网的功能将被 NB-IoT 所取代。

3.5.5　华为NB-IoT芯片

NB-IoT 标准的制定以及成为第三代合作伙伴计划（3rd Generation Partnership Project，3GPP）标准，经历了研究阶段（Study Item，SI）、技术报告（Technical Report，TR）、工作阶段（Work Item，WI）、技术规范（Technical Specification，TS）4 个漫长的阶段。从 2014 年 5 月开始的 SI 到 2016 年 6 月 NB-IoT 标准核心协议被冻结，华为、沃达丰、爱立信、高通共计贡献了 3205 项 NB-IoT 技术提案，获得通过的提案总共有 447 项。其中华为贡献提案 1008 项，184 项获得通过，占全部 447 项已通过提案的 41%，华为贡献提案数量位居全球第一。

在拥有大量技术积累的前提下，华为研发出商用 NB-IoT 网络芯片 Boudica 120，广泛应用在 NB-IoT 模组的生产中。截至 2019 年 4 月，Boudica 120 出货量突破 700 万，Boudica 150 出货量突破了 1300 万。

第 4 章

什么是操作系统

依托于计算机产业的飞速发展，操作系统目前也已形成了产业化。操作系统是承载各种设备和软件的应用与运行的基础平台，广泛应用于服务器应用、个人桌面、嵌入式开发、高性能计算等领域。

在物联网应用中，操作系统更是打通设备与云端联接壁垒的关键，理解操作系统的整体思路能为理解 LiteOS 设计思路奠定基础。本章分析操作系统的产生与公司管理层发展之间的异同，深入浅出地讲解操作系统的本质、优势及组成，带领读者快速理解操作系统。

4.1 从公司发展的案例说起

在创立初期，公司通常会面临资金短缺、人才匮乏、资源有限的困难，公司发展存在很多不确定性，导致很难招聘到足够的人才。在万众创业的时代，有时两三人或者法人自己就已经是一个公司的全部人员。这时候的公司需要做好基础的业务，所有的员工都要投入直接产生价值的工作中。

经过发展，企业进入上升期。运转良好的企业会逐步扩大规模，员工团队也在逐渐扩张。员工多起来，就产生了对内进行初期、简单的管理需求。以 10 人团队为例，此时的管理为扁平化管理，遇到问题可以直接进行内部沟通，无须为管理投入更多的精力与资源。

假设公司发展顺利形成一定规模，小团队发展成为大组织，此时，简单的管理已经满足不了需求。如果不能进行有效的管理，没有相应的管理制度，没有相应的管理部门，就会造成混乱。此时的企业应该设立专业的管理部门，并根据企业自身情况设立相应的制度，灵活采取事业部制、矩阵制、委员会制等科学的管理制度。

任何组织或系统都不是一成不变的，它们都在不断地改进、演变。所有的演变目的几乎都是相同的，都是为了达到组织或系统效率最大化、收益最大化。为了达到这一目的，就需要善用管理层，稳定内部，协调好内部关系，利用好自身的规模效应，统筹兼顾。在这个过程中，管理层就是纽带，可联系起整个组织，科学合理地安排各部门机构的任务和运转。

当组织或系统变得复杂时，内部会出现专门的分工，我们将形成分工的各个组织部分称为模块。模块化的好处在于让专门的人做专业的事，可以提高效率，减少资源浪费，适应快速的生产节奏，通过提高各个部分的生产力，推动系统整体的发展。

模块化思维在生活中处处都有体现，公司的管理蕴含着模块化思维，将组织按照职能细分为各个专门的部分，如对外业务、内部沟通、内部管理等，分级别管理，各负其责，再有效结合，从而降低内部运行成本，提高工作效率。

在计算机领域中有一句名言："计算机科学领域的任何问题，都可以间接地通过添加一个中间层来解决。"由此可见模块化思维的影响。

4.2　为什么要用操作系统

操作系统 (Operating System，OS) 是满足人们在计算机系统发展的过程中提高资源利用效率需求的产物，经历了半个多世纪的发展，从无到有，从简单到复杂，覆盖了个人计算机、工业应用以及移动端等领域。在不同应用场景之下，诞生了多种特点鲜明的操作系统。

操作系统是计算机系统的组成部分，也是计算机资源分配的管家。它可以帮助用户管理使用其他计算机资源，如中央处理器（Central Processing Unit，CPU）、内存（Memory）、输入输出（Input/Output，I/O）设备，还可以为上层 App 提供计算机资源使用规则，协调各个 App 对计算机硬件资源的使用。

如果将这些资源完全交给系统开发者去分配，那么开发者将面临许多甚至互相冲突的资源请求，难以正确使用计算机。因此操作系统为开发者提供虚拟的硬件平台，减小甚至消除底层硬件差异，其内核自带资源管理算法辅助开发者管理资源。

总之，操作系统是管理计算机硬件与协调软件资源的一种特殊程序。操作系统本身并不实现特定功能，而是为用户提供方便使用计算机的环境。操作系统与计算机系统如图 4.1 所示。

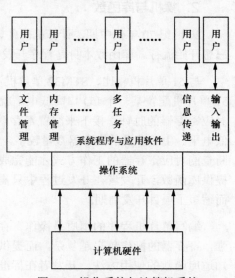

图 4.1　操作系统与计算机系统

4.2.1　从裸机到操作系统发展的必然路线

1. 裸机

早期的微型计算机拥有的资源有限，所有的软硬件资源都用来解决问题，一般将这类计算机称为裸机。根据裸机的特点，又可以将裸机称为单任务系统或轮询系统。最初只有简单的工具在裸机上创建和调试程序，它被单纯作为控制环使用，搭载的资源有限，但开发者完全有能力管理并实现功能。裸机处理任务时不需要操作系统，可以说，人就是裸机的操作系统。

51 单片机就是现在仍在使用的裸机的代表。51 单片机是指采用 8051 内核构架（MCS-51）的单片机，内部数据总线位长为 8 位，理论上它能够寻址的范围是 0 到 256（2^8）。以 AT89S51 单片机为例，其内部随机存储器（Random Access Memory，RAM）拥有 256 字节（Byte，单位符号为 B）的空间。其中高位 128B 空间用于特殊功能寄存器（Special Function Register，SFR），剩余的 128B 空间还要分成普通 RAM 区、位寻址区以及 4 组工作寄存器，用于存放程序运行所需要用到的变量。AT89S51 单片机拥有 4KB 的只读存储器（Read-Only Memory，ROM）用于存放程序。管理这些资源对于开发者来说相对轻松，因此不需要搭载操作系统。

当然现在的 51 单片机也可以搭载操作系统。有些极小的系统也可以在 51 单片机上运行，但是 51 单片机应用的场景中几乎只需控制功能，搭载操作系统会占用有限的资源。因此用 51 单片机运行操作系统是徒增成本的行为。

2. 裸机与库函数

20 世纪 70 年代中期，计算机硬件、微型计算机性能变强，采用软件块和标准库函数的编程思想开始流行。库函数本身是程序开发中的子函数集，为其他的代码功能提供支持的服务代码。

与 51 单片机相比，STM32 单片机资源更多，操作更复杂。同样是点亮一个 LED 灯的操作，51 单片机配置某一个 I/O 口高低电平就可以实现，但是在 STM32 单片机中，首先要打开 I/O 口对应寄存器的时钟，接下来配置寄存器工作模式和工作速度，最后配置寄存器对应 I/O 口的高低电平。由于涉及的寄存器数量较多，开发 STM32 寄存器离不开工作手册，因此开发者需要不断查阅对应寄存器的工作方式才能完成开发工作。于是意法半导体公司针对自家的单片机产品提供库函数，开发者在开发过程中只需调用相应的库函数，而不用关心底层寄存器的配置，从而缩短了项目开发周期。

编写单片机程序的本质是操作寄存器，库函数是寄存器的封装函数。随着单片机性能的增强，寄存器的操作越来越复杂，而提供库函数可以使开发者不必关心底层寄存器的配置，只需知道库函数的使用方法。开发者在标准库函数的支持下，能够合理分配计算机资源，这一时期裸机处理的任务类型还是单任务，对操作系统的要求不高。

不论是使用裸机还是使用标准库，都可以看作创业伊始，这时员工人数不多，公司的主营业务有限，每个人都要参与主营业务，老板一个人就可以管理全公司，不需要聘请管理人员。这一时期，裸机和公司都注重用有限的资源解决实际问题。

3. 裸机与状态机

随着计算机系统的发展，客户提出了多任务需求，开发者通过在裸机上编写状态机程序实现多任务操作。状态机本身不是实际设备，它本身是一种数学模型，其状态转换如图 4.2 所示。状态机在裸机上表现为一段特殊的代码，不参与解决实际问题，只为单片机提供多任务处理环境。

状态机的全称是有限状态自动机，自动化是状态机的重要特点。开发者预先设定一个状态机，同时给定它的当前状态以及输入，那么它输出状态时可以明确地将其运算出来。严格来说，状态机算是程序监控器，采用以事件为驱动的工作方式，可根据特定的事件与动作进行状态转换。状态机的工作是串行的，必须预知所有的状况才能规划代码。一旦遇到新的状态，状态机的所有代码都需要审核，以免遗漏状态切换。

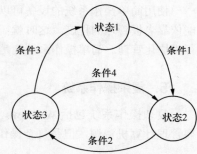

图 4.2　状态机的状态转换

状态机根据人事先设定的规则进行工作，适用于简单的多任务场景，不适合处理多线程任务。一旦场景需要用到多个状态机，各个状态机相互影响会使程序编写变得困难。

使用状态机的过程可以类比公司发展期，经营业务种类增多，公司内部形成多个不同的项目团队，老板可以聘请一个职业经理人。职业经理人并不需要参与到实际项目中，他的价值在于协调各个团队，协助老板管理公司资源。状态机就是公司专职管理的员工，不参与解决实际问题，而是帮助开发者管理计算机为多任务提供的运行环境。

4. 简单操作系统 RTOS

随着应用需求的复杂化，以及多任务需求、多线程需求的快速增长，操作系统开始蓬勃发展，根据使用环境和开发过程的不同，可以分成简单操作系统与复杂操作系统。

简单操作系统的代表是实时操作系统（Real-Time Operating System，RTOS），常用的 RTOS 有 µC/OS-II、FreeRTOS、VxWorks、LiteOS、TencentOS tiny、AliOS Things 等。

RTOS 与一般的操作系统相比具有"高实时性"。实时性是指事件触发或数据产生时，操作系统能够接受并快速处理，处理的结果能在确定时间内对处理系统做出响应。按照对实时性的响应速度不同，RTOS 又可以分为硬实时系统与软实时系统。

RTOS 必定包含实时任务调度器，这个任务调度器会严格按照优先级来分配 CPU 时间。这样的设计能够降低任务切换的开销，避免任务频繁切换时浪费 CPU 时间，同时保证重要的任务能够优先处理。

除此之外，RTOS 还包含同步、互斥、时钟等功能代码，提供新建任务、挂起任务、抢占调度等操作，可以帮助开发者自动管理计算机 CPU 时间、内存空间、文件存储空间、I/O 设备等资源。

在嵌入式领域中，设备及其操作系统是自动运行且不需要用户干预的。一般，这种计算机设备可能只有键盘作为输入设备，通过打开和关闭指示灯表示工作状态。RTOS 允许开发者根据场景需要和硬件减少或增加功能组件，是运行在瘦客户端上的极佳操作系统。

使用简单操作系统的设备可以看作小有规模的公司，其资产数量、员工规模已经达到了不可能依靠老板管理的程度。这时就需要雇用专业的管理团队，对行政、人事、财务、项目等内务进行模块化管理。简单操作系统就是瘦客户端的管理层，辅助开发者实现自动化管理计算机资源。

5. 复杂操作系统

复杂操作系统包括 Windows、Linux、Android 等。与简单操作系统一样，复杂操作系统需要管理计算机资源，但是复杂操作系统管理的资源极为繁杂，面对的市场需求更加复杂。

首先这些操作系统需要面对大量硬件需要兼容的难题，不仅包括现在与过去的设备，还包括未来不可知的各种其他设备。如果将兼容性的工作完全交给开发者，无异于将跨国公司的所有事务交给某一个员工。因此这类操作系统设计方式与使用方法更为复杂。以 Windows 为例，Windows 10 安装完成后占用硬盘空间达到 20GB。这是因为 Windows 不仅包含自身功能实现的组件，还包含各种计算机硬件的驱动程序，这是操作系统提前为用户准备的，保证用户安装完成后可以使用。

其次，复杂操作系统能够实现资源共享，通过对 CPU 时间资源进行分时处理，将处理器时间分成多个时间片，分配给用户与各个 App。时间片轮转的时间极短，让用户感到自己独享计算机资源，实际上只有等到用户的时间片计算机才会响应用户操作。因此复杂操作系统更注重及时性而不是实时性。分时系统使计算机用户能够交互操作 App，让用户可以一边听歌一边写文稿，给用户带来多任务体验。

复杂操作系统需要针对不同应用场景进行优化。在大多数用户的眼中，操作系统是个人计算机软件运行的平台，这样的操作系统要让用户使用方便，能够更好地工作与娱乐。因此操作系统要提供图形用户界面，降低用户上手门槛。

使用复杂操作系统的设备可以看作跨国公司，它面临着地区风俗习惯、市场政策不同带来的挑战。它的管理层需要根据不同地区的政策，因地制宜地制定公司管理办法，才能在当地发展壮大。复杂操作系统面临的难题也是如何给不同的用户良好的体验，在不断的发展历程中，其设计方法将变得更加复杂。

操作系统是"发展"这一客观规律影响下的产物，公司的管理层也是这样。二者都在发展的过程中由简单到复杂，管理的资源由少到多，处理的问题更加困难。同样是管理，管理层处理公司内部矛盾，统筹公司资源，协调内部组织，保障公司一线业务开展。操作系统提供计算机资源管理，保障开发者代码复用。不论是操作系统还是管理层，都是为提高工作效率、解决资源与需求不匹配的矛盾而生。

4.2.2　操作系统的优势

1. 轻松实现并行多任务

操作系统根据不同中断或优先级等条件，选择不同的任务调度方式。

CPU 核心数量是衡量 CPU 能够同时处理任务数量的指标，一般很少会出现处理任务的数量与 CPU 核心数量相等的情况，更多的是任务大于或小于 CPU 核心数量。针对这两种情况，操作系统分别提供了并发多任务与并行多任务的任务调度方式。

多线程并发执行是操作系统的最大优势。当需要处理的任务量多于 CPU 核心数量时，操作系统提供并发操作。由操作系统提供基准时钟，每个任务根据基准时钟的节拍相互交替运行，并发执行时序图如图 4.3 所示。一般基准时钟非常短，短到人类难以感知，给人每个任务都拥有整个 CPU 的感觉。

当任务量少于 CPU 核心数时，操作系统提供多线程并行执行方式，让每个任务同时运行在 CPU 的不同核心上，并行的多个任务是真实的且同时执行的。并行执行时序图如图 4.4 所示。

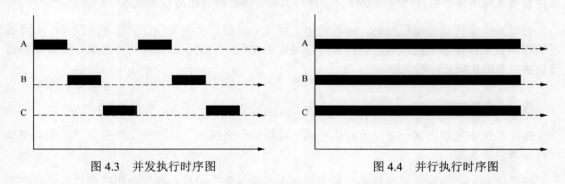

图 4.3　并发执行时序图　　　　　　图 4.4　并行执行时序图

并行与并发的操作会由操作系统判断并自动执行。相比状态机依赖人编写全部规则，操作系统并行与并发处理可以很容易实现多任务。

此外，App 调用计算机资源需要向操作系统申请权限。操作系统可以根据资源使用情况为 App 分配资源，这样就能最大化利用计算机资源，同时保障各种程序不会互相冲突。

2. 轻松借用很多第三方组件功能

操作系统不仅包含帮助用户管理计算机资源的内核程序，还提供一些基本的组件，如文本编辑器、编译器、驱动、网络通信、人机交互的程序等。每个组件有着特定的用途，调用这些外围组件，能够减少开发者工作量。

内核并不是操作系统的全部，它是操作系统的基础子程序，负责与硬件打交道，提供 CPU 管理、中断管理、内存管理、I/O 管理等。组件是运行在内核之上、与用户打交道的程序。组件的种类丰富多样，根据内核与组件的耦合程度，可以将操作系统分为宏内核与微内核的操作系统。

3. 更好地实现可移植

操作系统可移植包括硬件可移植与软件可移植。硬件可移植是指操作系统只需要少量的修改就能从一个硬件平台移到另一个平台上运行。软件可移植是指操作系统为 App 提供硬件底层接口和上层标准，"抹平"不同计算机之间的硬件差异，即硬件抽象层。只要操作系统相同，理论上这个软件就能互通。

在简单的 RTOS 中，操作系统会在硬件与软件之间提供中间件，保证操作系统对硬件的无关性。Linux 这种复杂的操作系统提供设备驱动层，以获得更好的硬件兼容性。

4. 降低项目开发复杂度

操作系统向用户提供图形化的操作界面，用容易识别的图标来将系统的各项功能、App 及文件直观表现出来；取代传统命令行的交互形式，提供鼠标取代命令的键入等功能。

同时操作系统提供进程控制、进程通信、调度、内存分配及文件存储管理的接口，为开发者的程序使用操作系统的服务、访问系统资源提供便利。它由一组系统调用组成，开发者只需调用接口就能实现相应的功能。

5. 操作系统的代价

操作系统本身要占据一定的计算机资源，使用操作系统的"代价"主要有启动时间、资源消耗、学习投入等。

硬件需要知道操作系统存放的位置才能使用操作系统，内核会提供引导程序以启动操作系统，引导程序的代码能定位内核，将操作系统装入内存，启动并开始运行。这个过程需要花费时间，如果硬件响应速度较慢，启动时间将会延长。

计算机安装操作系统后，内核程序会一直占据内存中的一部分空间，这样操作系统才能随时调用内核程序。内核运行空间如图 4.5 所示。

发者想要使用操作系统，必须要对操作系统有所了解，尤其是物联网领域的开发者，要掌握使用的操作系统的方方面面，才能在实际开发中将操作系统的性能发挥到最大。学习操作系统知识的过程并不能一蹴而就，掌握一个操作系统就更需要时间的积累。

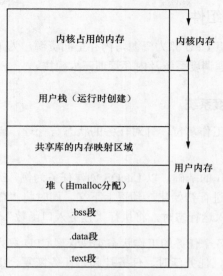

图 4.5　操作系统对内存分配示意图

因此，使用操作系统是效率与成本的博弈，开发者要懂得在两者中取舍，使产品发挥最大功用。

4.3　操作系统的组件

组件的概念是在宏内核、微内核的概念变得火热后才进入人们视野的。宏内核是将组件与内核强耦合，即内核与组件打包在一起。微内核遵循"内核极小化"的原则，将核心组件存放在权限最高的核心模式（Kernel Mode）中，将其他组件存放在权限较低的用户模式（User mode）中。宏内核与微内核架构如图 4.6 所示。

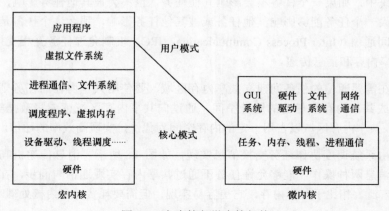

图 4.6　宏内核与微内核架构

4.3.1　操作系统的核心组件

计算机系统的核心资源有 CPU 算力资源与内存空间资源。为了管理这些资源，操作系统核心组件提供了任务创建、管理调度系统及内存管理三大模块。

1. 任务创建与管理调度系统

任务是操作系统的基本工作单位，针对任务的状态与管理，操作系统的核心必然包括任务创建与管理调度系统。

任务创建是操作系统工作的基础。以 LiteOS 创建任务为例，LiteOS 先申请任务需要的内存空间，申请成功后对任务栈进行初始化，预置上下文。同时将"任务入口函数"地址放在相应位置。当任务第一次启动进入运行态时，将执行"任务入口函数"。

管理调度系统通过控制各个任务的工作状态实现管理 CPU 算力资源。LiteOS 的管理调度系统提供任务创建、任务删除、任务延时、任务挂起、任务恢复、更改任务优先级等功能。根据任务优先级的高低，将任务运行时的状态划分为就绪（Ready）态、运行（Running）态、阻塞（Blocked）态、退出（Dead）态。当任务处在运行态时，CPU 才会处理相应的任务。

2. 内存管理

内存管理与操作系统是密不可分的。LiteOS 的内存管理分为静态内存管理和动态内存管理，提供内存初始化、分配、释放等功能。在系统运行过程中，内存管理模块通过对内存的申请或释放操作，来管理用户和 LiteOS 对内存的使用，使内存的利用率达到最高，同时最大限度地解决系统的内存碎片问题。

3. 任务间通信机制

在操作系统中，如果一个任务不会影响其他任务，也不会被其他任务影响，那么这个任务是独立的。如果一个任务能够影响其他任务或被其他任务影响，那么这个任务是协作的。任务协作需要进程间通信（Inter-Process Communication，IPC）机制允许任务互相交换数据与信息，实现方式有共享内存和消息传递。

共享内存在需要通信的任务间建立共享内存区域，要使用共享内存的任务则必须将它们的地址驻留在生成共享内存段任务的地址空间，通过向共享内存区域读或写数据实现任务通信，如图 4.7 所示。共享内存区域以占用一定的内存空间为代价，实现高效率的通信。

消息传递由系统调度协作任务交换信息实现，如图 4.8 所示。消息传递机制为任务提供发送消息与接收消息两种操作，能够允许任务不通过共享内存实现通信与同步，在网页浏览与聊天工具中使用广泛。相比于共享内存，它更容易实现，但需要耗费更多内核处理时间。

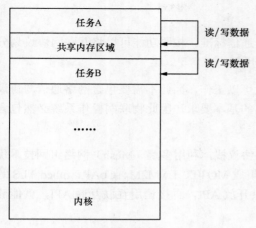

图 4.7 共享内存

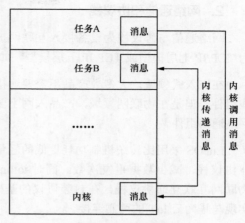

图 4.8 消息传递

4.3.2 操作系统的外围组件

使用外围组件的好处在于便于定制化操作系统。所有的新服务在用户空间增加，不需要修改内核，即便在移植操作系统的场合，也只需要极少的改动。由于组件是作为用户而不是内核进程运行，即便一个服务出错，操作系统的其他服务也不会受到影响，因此外围组件的设计可提供更好的安全性与可靠性。

1. HAL 和硬件驱动

硬件抽象层（Hardware Abstract Layer，HAL）的设计思路是将硬件与操作系统通过软件隔离，屏蔽硬件平台的接口细节，使操作系统具有硬件无关性，即便移植至多平台，也能够保证系统运行可靠。硬件驱动是唯一知道搭载操作系统的硬件平台特性的。这些硬件驱动能够"理解"设备，并提供设备与操作系统的统一接口，允许应用软件与硬件交互。

操作系统并非离不开 HAL，在计算机发展的过程中，有相当长一段时间操作系统与硬件是直接通信的。由于硬件平台种类繁多，系统运行通常极不稳定，因此诞生了HAL 的软件解决方案。

HAL 的设计思路在嵌入式操作系统领域被广泛使用。嵌入式操作系统分出 HAL 作为底层，如图 4.9 所示。操作系统提供虚拟硬件平台使硬件与软件接口标准化，为嵌入式操作系统在多种硬件平台可靠运行提供保障。

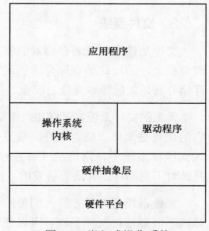

图 4.9 嵌入式操作系统

2. 网络通信和协议栈

网络通信与协议栈为设备接入互联网提供统一通信标准。按照功能可以将互联网协议划分为 TCP/IP 七层模型或 TCP/IP 五层模型，如图 4.10 所示。

在嵌入式领域，大多数产品不需要连接网络就可以工作，因此不需要包含网络通信与协议栈组件。但是在物联网领域，产品入网上云是产品的基本要求，因此物联网操作系统必然包含网络通信组件。

LiteOS 采用比传统机制功耗更低的轻量级网络协议栈，利用多跳（Mesh）网络组网技术优化协议栈，减少数据重发次数。同时 iotlink SDK 集成 MQTT、LwM2M、CoAP、mbed TLS 等物联网互联互通协议栈，在封装协议的基础上提供开放 API，直接调用互联互通 API，就能够实现与华为云 IoT 的可靠连接。

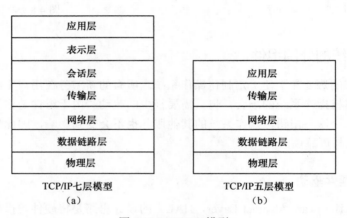

图 4.10　TCP/IP 模型

3. 文件系统

文件是操作系统对存储器的物理属性进行抽象的逻辑存储单元。文件系统将文件映射到物理介质上，通过这些存储介质访问文件。通常，文件以目录的形式组成，以方便使用。不同的存储介质，如磁带、光盘、硬盘，需要不同的文件管理系统才能发挥存储的最大效率。

常见的文件系统如 FAT32，指文件分配表采用 32 位二进制数进行记录管理的文件管理方式。它的优点是简单、稳定性好，缺点是最大只能支持 32GB 分区，单个文件不能超过 4GB。在嵌入式操作系统中，常用的文件系统有 JFFS2、YAFFS2 及 UBIFS 等。这些文件系统相对复杂，是针对不同的存储介质而研发的，能够提供掉电保护、高效读 / 写等功能。

文件系统是为了方便人们使用计算机进行大容量存储而发明出来的，对于存储内容少的计算机不需要使用文件系统，可以通过读取扇区访问存储文件。文件系统对于操作系统来说并不是核心组件，如果产品不需要存储大文件，可以裁剪掉文件系统，以减少操作系统占用的内存。

4．GUI 系统

图形用户界面（Graphical User Interface，GUI）为用户提供可视化计算机操作用户界面，是人与操作系统交互的方式之一。

GUI 系统可随系统的不同甚至是用户的不同发生变化，尤其是在物联网领域，存在物联网灯这种不需要 GUI 就能和用户交互的产品，也存在像智能魔镜这种需要 GUI 系统与用户交互的智能终端产品。因此友好且有用的 GUI 设计不再属于操作系统的核心组件，开发者根据产品需求移植即可。

5．其他第三方组件

第三方组件的丰富程度是衡量操作系统生态的标准，也是判断开发者是否使用某个操作系统的重要依据。通常，第三方组件越丰富，操作系统应用场景就越多，开发者开发效率就越高。如果操作系统缺少第三方组件的支持，就意味着开发者要承担开发过程中的所有工作，甚至是重复劳动的工作，开发者一般不会选用代码复用能力低的操作系统。

我们对核心组件与外围组件评判的标准是不同的。对于核心组件看的是性能，包括占用资源、调度算法、开销、内存碎片、通信效率等。随着计算机的发展，操作系统的核心组件逐渐发展成熟，不同操作系统内核的功能基本一致，内核性能也相差无几。

对于外围组件看的是生态，操作系统之间的差距体现在外围组件的数量、种类、应用场景等方面。在 Linux 的网络通信组件中，默认提供的协议不包含 NB-IoT 等物联网相关协议，需要开发者自行适配。而 LiteOS 集成了物联网通信协议，华为为 LiteOS 提供覆盖"云－管－端"的全套组件，是使用物联网首推的操作系统。

4.4　总结：究竟什么是操作系统

①操作系统本身是一套软件系统。

②操作系统负责内部管理而非外部业务。

③操作系统的本质是代码复用和功能复用。

④基于操作系统来设计项目是一种思路和技术观。

⑤操作系统自身的设计是一门学问。

第 5 章

什么是物联网操作系统

前文提到操作系统其实就是计算机软件中的管理者。常用的操作系统，如 iOS 和 Android，本身都是手机硬件的管理者，它们只需要给 App 提供运行环境即可，通常并不直接给手机用户带来任何功能和作用。

本章将以传统操作系统为切入点，讲述 RTOS 到物联网操作系统（Internet of Things Operating System，IoTOS）的进化过程，详细介绍 IoTOS 的本质特点。

5.1 传统两大类操作系统

传统的操作系统是对计算机硬件底层的资源（包括计算资源、存储资源、I/O 资源等）进行封装，在这基础之上进行合理管理；再给应用层的 App 提供一个统一化的运行环境，让 App 能够自由自在的运行；最后由 App 给用户提供各种服务。这样设计的好处在于将 App 开发程序员从复杂的计算机资源分配中解放出来，交由操作系统完成中央处理器（CPU）和内存等资源的分配。

根据应用场景的需求，一般认为传统操作系统主要有两大类：RTOS、桌面级和服务器级操作系统。

5.1.1 RTOS

正如前文所述，随着微控制器（MCU）在各式家电、工业自动化、实时控制、资料采集等领域的广泛应用，MCU 通过搭载 RTOS 运行控制任务，满足工控所需的实时（Real Time）控制、快速回应等需求。

1. RTOS 的定义和特征

RTOS 是运行在特定硬件上的实时操作系统，想要理解 RTOS 的设计思路，就先要了解其对应的硬件的特点。

一般来说，常见的处理器按照性能由强到弱可分为中央处理器（Central Processing Unit，CPU）、微处理器（Micro Processor Unit，MPU）及微控制器（Micro Control Unit，MCU）。

MCU 内部集成了千赫到兆赫级运算能力的处理器、千字节到兆字节级的存储器与 I/O 模块。由于 MCU 内部存储器容量小，因此 MCU 不可能搭载大型操作系统，如 Windows、Linux 等。同时 MCU 大多被应用在实时控制的场景，许多对内存容量需求小、实时性高的 RTOS 成了开发 MCU 的首选操作系统。

由于硬件的限制，RTOS 虽然在功能、复杂度上舍弃了许多，但换来了实时性强、系统结构不复杂、代码数量不庞大、可执行的任务数不多的特点。实时性是指系统处理中断时间的长短，即从硬件感受中断发生到操作系统切换上下文来处理中断的时间。实时性越强的系统，对中断的响应就越快。因此以实时性为主要特征的 RTOS 的最大优点就是对中断的响应快。

根据系统能否在规定时间完成工作，以及未完成工作带来的后果的严重性，可将 RTOS 分为两大类：硬实时操作系统（Hard Real-Time Operating System）和软实时操作系统（SoftReal-Time Operating System）。

硬实时操作系统要求各个任务必须在限定的时间内完成运算并得到正确的结果，完成任务的时限是由系统确定的，因此硬实时操作系统拥有比软实时操作系统更加严苛的时间约束条件。在航天领域，如果系统在规定的时间内未能得出运算结果，其产生的后果将是十分严重的，因此航天领域采用的是硬实时操作系统。

软实时操作系统对时间的限制并没有特别苛刻，即使响应的时间延迟，只要未超过最后规定时间冗余的范围，这样的运算结果都是可以接受的，而且不会产生严重的后果。

为了能够实现快速响应中断，RTOS 减少了可执行任务的数量，尽可能地将系统结构做得简单，如图 5.1 所示。事实上，硬实时与软实时的界限是十分模糊的，没有一个绝对的数字可以说明什么是硬实时或是软实时。它们之间的差异与选择具体的硬件，如 CPU 的主频、内存等参数有一定的关系。

图 5.1　RTOS 简明架构

2. 典型 RTOS 之 μC/OS

μC/OS（Micro-Controller Operating System）是 Micrium 公司开发的，具有可裁剪、抢占式、实时多任务等特点的系统内核。μC/OS 具有良好的可移植性，常用于 MCU 的开发。内核的最初版本由拉伯罗斯（Jean J. Labrosse）编写，于 1992 年正式发布 μC/OS，1999 年发布 μC/OS-II，2009 年发布 μC/OS-III。

μC/OS-II 是一个 RTOS 的内核，本身只包含了任务调度与管理、时间管理、内存管理及任务间的通信与同步的基本功能，没有提供 I/O 管理、文件系统及网络等外围组件。μC/OS-II 具有可移植与开源的特性，用户可以根据需要自己添加服务。

μC/OS-II 属于可剥夺型内核，可以管理多达 64 个任务。由于系统本身占用和保留了 8 个任务，所以留给用户 App 最多有 56 个任务。通过赋予各个任务不相同的优先级（即使两个任务的重要性是相同的，也必须有优先级上的差异）并为每个任务设置独立的堆栈空间，μC/OS-II 可以快速实现任务切换。为了让每时每刻都是优先级最高的任务先运行，μC/OS-II 在调用系统 API 函数、中断结束时执行调度算法。通过算法简化运算量使延时可预知，但 μC/OS-II 也因此不支持轮询调度法（Round-Robin Scheduling）。

μC/OS-II 采用 C 语言与汇编语言混合编写的方式，使它不论在 8 位还是 64 位的处理器上都可以运行，目前 μC/OS-II 已经在世界范围内，在包括手机、路由器、集线器、不间断电源、飞行器、医疗设备及工业控制等多个领域得到广泛应用，如今已有超过 40 种不同架构上的 MPU 可以运行 μC/OS-II 操作系统。

μC/OS-II 源代码开放，便于移植和维护。它通过了非常严格的测试，具有高稳定性和高可靠性。

3. 典型 RTOS 之 VxWorks、RTlinux

VxWorks 是风河（Wind River）公司于 1983 年推出的一个 RTOS，在实时性方面相当出色，常用于军事、航天领域。VxWorks 系统本身开放源代码，但风河公司会收取昂贵的设备授权费，因而普通公司开发设备时一般不会选用 VxWorks，这造成了 VxWorks 系统生态对新驱动、新芯片、通信方式上的支持相对缓慢。即便如此，VxWorks 仍支持几乎所有现代市场上的嵌入式硬件平台，包括 X86 系列、MIPS、PowerPC、Intel i960、ARM 等。

风河公司为 VxWorks 开发了强大的开发调试环境，对其进行了严格的测试，保证系统稳定性，并且提供了强大的售后支持，使它以良好的可靠性和卓越的实时性被广泛地应用在通信、军事、航空、航天等高精尖技术和对实时性要求极高的领域中。

良好的可持续发展能力、高性能的内核，让它在嵌入式实时操作系统领域占据一席之地，也深深地影响了嵌入式这个领域的发展。前文提到，由于定制化需求，硬件平台种类繁多，需要有操作系统支持众多的硬件以实现硬件无关性。然而嵌入式操作系统并不像桌面级操作系统有着广泛的统一标准，且完全由操作系统实现应用程序与硬件之间的无关性是不可能的，因此大多数 RTOS 都采用分层的设计方法，将系统与硬件直接相关的一层软件独立出来。VxWorks 的组件关系如图 5.2 所示。图中的板级支持包（Board Support Package，BSP）概念首先是由风河公司提出来的。

BSP 是针对特定的单板设计的，为操作系统提供基本、原始的硬件操作的软件模块，一般分为系统上电时硬件初始化、集成硬件相关和硬件无关的软件模块、为操作系统访问硬件驱动提供支持这三大部分。

对于开发者来说，BSP 是开放的，但是 BSP 软件有一整套模板和格式，虽然开发者可以根据不同的硬件需求对其进行二次开发，但是开发者必须严格遵守格式，不可以随意改动固定的文件与功能。BSP 层的分层设计让操作系统本身只需提供 CPU 内核的无关性。因此 BSP 在嵌入式操作系统中扮演着类似 BIOS 在 PC 操作系统中的角色。

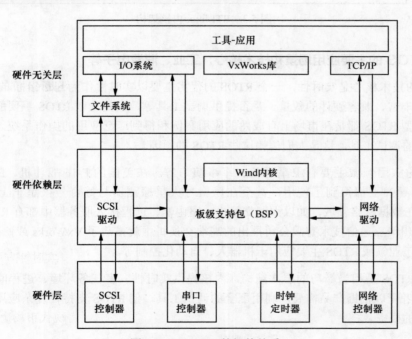

图 5.2　VxWorks 的组件关系

RTLinux（Real-Time Linux）是基于 Linux 内核修改的一种 RTOS，现已被风河公司收购。RTLinux 利用微内核的思想对 Linux 的内核代码做了一些修改，从而实现了双内核的架构，如图 5.3 所示。在 Linux 内核层与硬件层之间加入实时内核层，使实时任务作为优先级最高的任务在实时内核层运行，Linux 本身的任务与实时性不高的任务作为优先级低的任务运行在 Linux 普通内核上。

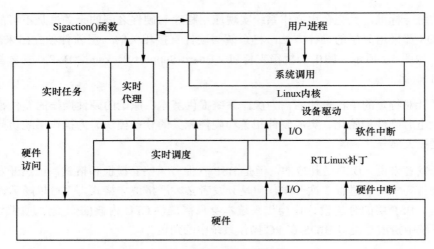

图 5.3　RTLinux 内核架构

4. RTOS 的主要应用场景和技术核心：工业、消费电子等

RTOS 的技术核心是实时性，一个 RTOS 的优劣主要以实时性作为判断指标，其他的特点，如功能是否丰富、兼容硬件的数量、是否提供调试工具等，也是选取 RTOS 重要的加分项。前文提到的典型 RTOS 都是在市场上有成熟的应用案例和得到广泛应用的操作系统，拥有丰富的生态与强大的调试工具，这是人们信赖这些 RTOS 的原因。

RTOS 的应用领域主要有卫星通信、军事演习等。在美国的 F-16 战斗机、B-2 隐形轰炸机及爱国者导弹上都得到了使用，甚至在凤凰号火星探测器与好奇号火星车上都使用到了 VxWorks。在数据网络领域，如以太网交换机、路由器、远程接入服务器中都有 RTOS 的身影，在华为或杭州华三通信技术有限公司推出的高端交换机中就搭载了 VxWorks 或修改后的 Linux 操作系统。工业领域 RTOS 主要应用于机器人、自动化控制等。

总之，RTOS 是相当精巧的层次结构，内核提供实时性、多任务环境、进程间通信和同步功能，开发者可以根据产品需要，利用配套的调试工具，使 RTOS 支持在复杂应用场景下提供强大的性能的要求。

5.1.2　桌面级和服务器级操作系统

桌面级和服务器级操作系统与 RTOS 最大的区别在于实时性。对于桌面用户来说，微秒级的响应与毫秒级的响应之间的差别感知不强，用户更关心能否实现多任务并发执行，而不是优先执行单个任务。为了实现多任务、多进程，桌面级和服务器级操作系统采用内存管理单元（Memory Management Unit，MMU）和虚拟地址映射机制，这些在 RTOS 上是没有使用的。

1.　基于 MMU 和虚拟地址映射的操作系统的特征

MMU 是虚拟存储器与物理存储器的桥梁，如图 5.4 所示，管理虚拟地址向物理地址映射的机制，也提供硬件机制的内存访问授权、多任务、多进程等功能。在没有使用虚拟存储器的机器上，虚拟地址被直接送到内存总线上，使具有相同地址的物理存储器被读写。而在使用了虚拟存储器的情况下，虚拟地址不是被直接送到内存地址总线上，而是送到 MMU 进行映射管理。

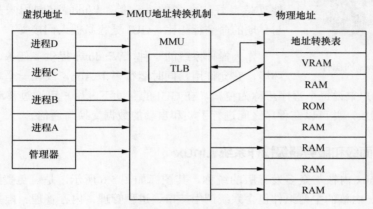

图 5.4　MMU 映射关系

MMU 与虚拟地址映射机制是计算机产业发展的结果。在计算机发展的初期，DOS 或更古老的操作系统是人们使用的主流操作系统，计算机的内存与程序规模都非常小，实际的物理地址几乎完全在操作系统的掌握之下。随着图形化界面的兴起与用户需求的不断增多，App 规模逐渐扩大，摆在程序员面前的是 App 太大、大到内存无法容纳程序的难题。程序员首先想到解决的办法是把程序分割成许多被称为覆盖块的片段。覆盖块 0 首先运行，结束时调用另一个覆盖块。虽然覆盖块的交换是由操作系统完成的，但是必须先由程序员把程序进行分割。这是一个费时费力的工作，而且相当枯燥。

很快有人提出了虚拟存储器的设计模型。虚拟存储器的基本思想是程序、数据及堆栈的总的大小可以超过物理存储器的大小，操作系统把当前使用的部分保留在内存中，而把其他未被使用的部分保存在磁盘上。如对一个 16MB 的程序和一个内存只有 4MB 的计算机，操作系统通过选择，可以决定各个时刻将哪 4MB 的内容保留在内存中，当需要时在内存和磁盘间交换程序片段。这样就可以把这个 16MB 的程序运行在一个只具有 4MB 内存的计算机上了，而这个 16MB 的程序在运行前不必由程序员进行分割。

2.　典型桌面操作系统 Windows

Windows 是美国微软公司于 1985 年发布的桌面操作系统，如图 5.5 所示。随着微软公司不断地更新、升级系统版本，从最初的 Windows 1.0 到大家熟知的 Windows 95、Windows 98、

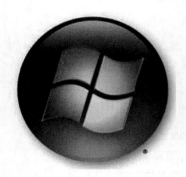

图 5.5 Windows 的图标

Windows 2000、 Windows XP、 Windows Vista、 Windows 7、Windows 8、Windows 8.1、Windows 10等，其操作系统架构从16位、32位再发展到64位，Windows成为当前应用最广的桌面操作系统。

Windows 的主要特点有 GUI、多任务、网络支持良好、硬件支持良好、众多的 App 等。Windows 向用户提供 GUI 系统，与早期的命令行相比，GUI 更容易被人们接受。

作为操作系统的一种，Windows 提供多任务、多进程的操作环境，它允许用户同时运行多个 App，或在一个程序中同时做几件事情。对于用户来说每个程序可称为窗口，在 GUI 的帮助下，用户可通过移动或切换窗口实现 App 之间的切换，并可以在程序之间进行手动和自动的数据交换与通信。

3. 典型桌面级和服务器级操作系统 Linux

Linux 是 Linux 内核与众多发行版的统称，其图标如图 5.6 所示，是可免费使用的类 UNIX 操作系统。Linux 内核的主要组件包含系统调用接口、进程管理、内存管理、虚拟文件系统、网络堆栈、设备驱动程序、硬件架构的相关代码。

Linux 继承了 UNIX 以网络为核心的设计思想，为多用户提供稳定的网络操作系统。Linux 有上百种不同的发行版，如基于社区开发的 Debian、Arch Linux，和基于商业开发的 Red Hat Enterprise Linux、SUSE、Oracle Linux 等。

Linux 的内核采用 C 语言与汇编语言混合编写方式，并采用了可移植的 UNIX 标准 API，所以它支持如 Alpha、AMD 等系统平台。不论是从个人计算机到大型主机，还是嵌入式操作系统在内的各种硬件设备，Linux 几乎都能轻松兼容。

某种程度上，与 Windows 伪多用户相比，Linux 是真正意义上的多任务操作系统。由于 Linux 操作系统调度的每一个进程是平等地访问处理器的，所以它能同时执行多个程序，而且各个程序的运行是互相独立的，更适合作为网络服务器使用。

图 5.6 Linux 的图标

Linux 开放源代码的举措让大量的开发者能够参与到系统源代码漏洞检查中来，一旦有人发现漏洞，就会提交到 Linux 开源项目组并打上补丁。因此 Linux 的每一行代码都是经过很多人严格检验的，所以产生错误的可能性比较小，可以确保其系统的稳定性。与 Windows 相比，安装 Linux 的主机可以像 UNIX 主机一样，长期不关闭却不会发生宕机的事故。

完善的网络功能、多用户多任务、良好的稳定性与兼

容性、众多开发者以及系统开源或免费等因素，使得越来越多的企业
选中Linux担任全方位的网络服务器。

4．典型智能手机操作系统 Android

Android 是由安迪·鲁宾（Andy Rubin）针对手机开发的操作系
统，2005 年 8 月被谷歌收购注资。紧接着谷歌与 84 家硬件制造商、
软件开发商及电信营运商组建开放手机联盟，共同研发改良 Android
操作系统，如图 5.7 所示。架构采用了分层设计，底层的 Linux 内核
只提供软件运行的基本环境，其他的应用软件交由各公司或个人自
行开发。2008 年 10 月，第一部搭载 Android 的智能手机问世，随后

图 5.7　Android 的图标

Android 逐渐扩展到平板电脑、电视、数码相机、游戏机、智能手表等多个领域。

和其他复杂操作系统相比，Android 的特点是开放，平台允许任何移动终端厂商加入
Android 联盟，这使其拥有众多的开发者。但这也导致了 Android 必须兼容大量功能各异的硬件
设备，还要保证在不同应用场景下系统的稳定性与软件的健壮性，使 Android 的操作系统结构
更加复杂，代码数量更加庞杂。

5．基于虚拟地址的操作系统的优势和技术核心

复杂操作系统能够实现多进程、动态更新、进程隔离的功能是 MMU 与虚拟地址机制带来
的。MMU 的优点在于将虚拟地址映射成为物理地址，然后访问实际的物理地址，同时提供访
问控制权限，做到进程间隔离，起到保障安全的作用。

基于 MMU 与虚拟地址映射，操作系统可以做到动态更新。以 Windows 为例，对操作系统
来说，我们安装应用软件的操作就是一次动态更新。基于 MMU 与虚拟地址映射，允许用户动
态增减进程、动态添加任务、动态创建新的程序，动态扩展功能。

RTOS 运行在实际物理地址内，任务、源代码及操作系统放在一起进行编译，生成一个可
执行程序。可执行程序下载到硬件后，无法再动态地添加任务。如果需要添加新的任务，需要
将整个系统重新编译下载。与传统手机相比，智能手机中运行的是基于 MMU 与虚拟地址映
射的复杂操作系统，因此智能手机可以通过应用市场动态安装新的软件。而传统手机运行的是
RTOS，软件与操作系统是一体的，用户无法增加或删减软件。如果有软件的需求，需要到相应
的售后中心申请刷系统的服务，只有升级整个系统，才能获取最新软件。

不同进程使用的虚拟地址彼此隔离，不仅能确保程序正常运行，还能保障我们的隐私安全。
当我们运行支付宝这类程序时，如果没有虚拟地址隔离应用，那么另一个进程就能够访问到正在运
行的进程使用的物理内存，这样我们的隐私就很容易泄露了。另一方面如果程序能直接访问物理地
址，也就能访问其他进程正在使用的物理内存区域，这可能会导致其他进程或者操作系统崩溃。

5.2　从RTOS到IoTOS

IoTOS 是 RTOS 向物联网演进的产物。当我们讨论 IoTOS 时，首先要认识到 IoTOS 与 UCOS、RTLinux 类似，但不能与 Windows 或 Linux 的概念混淆。

5.2.1　IoTOS在技术上属于RTOS

1. IoTOS 的硬件平台主要是单片机

大多数物联网设备功能简单，联网需求十分明显。尤其是应用在公共领域的物联网产品，大多只有监控与网络上报数据的功能，对设备性能的需求不高，因此搭载 IoTOS 选择 STM32 为主的硬件平台，而不是复杂的嵌入式硬件平台。

以物联网烟感探头为例，产品本身是烟雾探头，只有在监测到的烟雾浓度达到阈值时，才会通过 NB-IoT 模块向服务器报警，平时都处在睡眠中。这类设备功能非常简单，对单片机性能需求较低，设计产品时基本会采用成本低、资源有限的硬件平台。这样的硬件设备无法运行如 Linux 或 Windows 的操作系统，而 IoTOS 是非常适合这类应用产品的解决方案。

2. IoTOS 基于物理地址而非虚拟地址

虚拟地址的优势在于进程隔离与动态安装软件。在物联网产品中，设备的功能在出厂的时候已经被确定下来了。即便需要更新软件功能，在实际操作中也更倾向于进行包含系统在内的完全更新，因此 IoTOS 与 RTOS 一样，基于物理地址设计而非采用虚拟地址。

从技术角度来说，RTOS 更适合改造成为 IoTOS，成为运行在简单设备上的 IoTOS。当然，复杂的操作系统并不是不能作为 IoTOS，在少数复杂的应用场景如人脸识别功能的摄像头中，这类物联网设备功能复杂，IoTOS 不一定能够高效地实现应用需求，这时采用复杂操作系统更为合适。

5.2.2　IoTOS的本质特征

1. 面向物联网设备端场景

虽然从技术层面，IoTOS 与 RTOS 十分类似，但是 IoTOS 有着明显与 RTOS 相区别的特点。首先 IoTOS 是 RTOS 向物联网演进的成果，针对物联网场景进行了优化。如在 IoTOS SDK 中一般会封装 MQTT、LwM2M、CoAP、mbed TLS、LwIP 全套 IoT 互联互通协议栈，并且提供对应的开放 API 供开发者选用。

2. 注重周边生态

与 RTOS 不同的是，IoTOS 优劣评判标准在于 IoTOS 是否具有良好的物联网生态、封装的通信标准协议是否全面、兼容的硬件平台数量多少，而不是操作系统本身实时性参数的强弱。开发者在选择 IoTOS 时，更看重的是 IoTOS 的生态能否减少开发设备的工作量。

以开发烟感设备为例，烟感设备平时处在休眠态，在烟雾浓度达到阈值时才会报警，报警的动作是在 1ms 内还是 1s 内完成对于设备来说并不重要。但是设备如何接入云端、如何保证设备的网络安全性、如何缩短设备开发周期、如何提高开发效率等问题，是 IoTOS 及其周边生态需要解决的。物联网设备开发者在选取 IoTOS 开发设备时，更加关注是否存在成熟的组件模块可以直接使用，因此生态是选择 IoTOS 的重要标准。

无论是在互联网时代，还是在移动互联网时代，操作系统始终是计算机系统的核心。每个计算机是彼此独立地工作的，接入互联网只是外部连接的方式之一，并不是内生性需求。即便离开了网络，我们的计算机和手机依然可以正常运行，通常不会存在手机断开网络后彻底瘫痪，或者造成重大灾难和损失这种问题。因此可以认为操作系统就是计算机的"七寸"，谁能把握住操作系统，谁就站在了计算机行业的制高点上，这完全是"挟天子以令诸侯"。这才有了在互联网时代壮大的微软公司，在移动互联网时代腾飞的谷歌公司。

在万物互联的物联网时代，计算机不再像以前一样重视操作系统的概念了，或者说传统的操作系统管理单机的概念已经无法满足物联网时代的需求了。

在物联网时代，操作系统依然存在，功能与性质不会发生特别大的变化，只是某种程度上，它不再是厂商竞争和关注的焦点。近几年，美股 IT 大厂市值排名第一的不是微软公司或谷歌公司，而是注重云计算业务的亚马逊。微软公司在移动互联网时代日渐式微，这几年能重新振作起来也得益于调整策略重视云计算等新业务。云计算是物联网的一部分，是万物互联的关键节点。万物互联最终是互联到云计算平台中去，在云平台上创造数据与应用的价值。

IoTOS 本身包含多种操作系统，国内主要有华为 LiteOS、RT-Thread、TencentOS tiny、AliOS Things，国外有亚马逊 FreeRTOS。物联网产品选择不同的 IoTOS 的标准是能否提供"云－管－端一体化"的解决方案，使 IoTOS 对接云平台产生的数据、应用的价值更大，而不再是 IoTOS 自身的性能。

5.3　市场主流IoTOS介绍

1. 华为 LiteOS

华为 LiteOS 是华为云 IoT 生态中的一环，是 2015 华为网络大会上发布的轻量级操作系统。精简的 LiteOS 内核代码包括任务管理、内存管理、时间管理、通信机制、中断管理、队列管理、事件管理、定时器等操作系统基础组件，可以单独运行。

LiteOS 的 1 个轻量级内核加 N 个框架的设计思路为 LiteOS 提供了丰富的组件，如图 5.8 所示，包括互联框架、安全框架、传感器框架等。这些组件能够帮助开发者减少重复劳动，缩短产品开发周期。因此 LiteOS 广泛应用于智能家居、可穿戴设备、车联网、智能抄表、工业互联网等物联网领域的智能硬件上。

由于 LiteOS 实行开源策略，合作伙伴因此可以快速构建自己的物联网产品，让智能硬件的开发变得更加简单。LiteOS 开源项目目前支持 ARM Cortex-M0、Cortex-M3、Cortex-M4、Cortex-M7 等芯片架构，以及深圳海思半导体有限公司的 PLC 芯片 HCT3911、媒体芯片 3798M/C、IP Camera 芯片 Hi3516A，以及 LTE-M 芯片等。

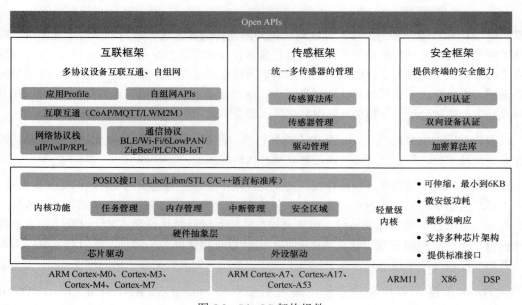

图 5.8　LiteOS 架构组件

2. RT-Thread

RT-Thread（Real Time-Thread）是一款国产 IoTOS，2006 年以开源的形式在开源社区发布 RT-Thread V0.0.1 版本。

目前 RT-Thread 拥有 RT-Thread IoT 与 RT-Thread Nano 两个版本。RT-Thread IoT 是 RT-Thread 全功能版本，由内核层、组件和服务层及软件包组成，重点突出安全、联网、低功耗、跨平台及智能化的特性。RT-Thread Nano 是一个极简版的硬实时内核，是一款可裁剪的、抢占式实时多任务的 RTOS。它的内存资源占用极小，包括任务处理、软件定时器、信号量、邮箱及实时调度等相对完整的 RTOS 特性，适用于家电、消费电子、医疗设备、工控等领域大量使用 32 位 ARM 入门级 MCU 的场合。

RT-Thread 与传统 RTOS 相比，不仅是一个实时内核，还具备丰富的中间层组件，如 GUI、网络协议栈、安全传输、低功耗组件等；支持市面上所有主流的编译工具，如 GCC、Keil、IAR 等；支持各类标准接口，如 POSIX、CMSIS、C++ 应用环境、JavaScript 执行环境等；支持所有主流 MCU 架构，如 ARM Cortex-M/R/A、MIPS、X86、Xtensa、C-Sky、RISC-V。RT-Thread 架构如图 5.9 所示。

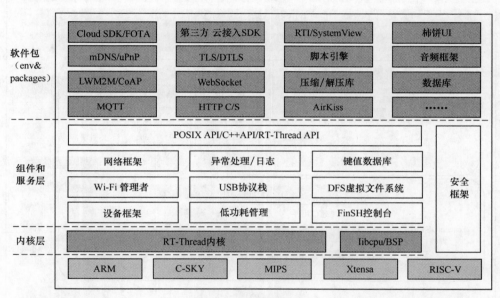

图 5.9　RT-Thread 架构

经过十几年的发展，RT-Thread 凭借其高可靠性、超低功耗、高可伸缩性及中间组件丰富易用等特性满足了物联网市场对操作系统的需求，在人工智能、无线连接、工业车载、安防、电力能源、可穿戴设备等领域都得到了应用，是国内以开源、中立、社区化形式发展起来的 IoTOS。

3. TencentOS tiny

2019 年 9 月，腾讯宣布将开源自主研发的轻量级物联网 RTOS——TencentOS tiny，它具有低功耗、低资源占用、模块化、可裁剪等特性。TencentOS tiny 为物联网终端厂家提供"一站式"软件解决方案，方便各种物联网设备快速接入腾讯云，可支撑智慧城市、智能水表、智能家居、智能穿戴设备、车联网等多种应用。

作为 IoTOS，TencentOS tiny 提供精简的 RTOS 内核，并且拥有丰富的外围组件，Tencent OS tiny 架构如图 5.10 所示。TencentOS tiny 最少资源占用为 RAM 0.6KB、ROM 1.8KB，可极大地减少硬件资源占用；同时在安全稳定等层面与 RTOS 相比极具竞争力。

该开源系统可大幅降低物联网应用开发成本，提升开发效率，同时支持一键连接腾讯云，对接云端海量资源。目前，TencentOS tiny 已支持意法半导体、恩智浦、华大半导体、瑞兴恒方、国民技术等主流厂商的多种芯片和模组。

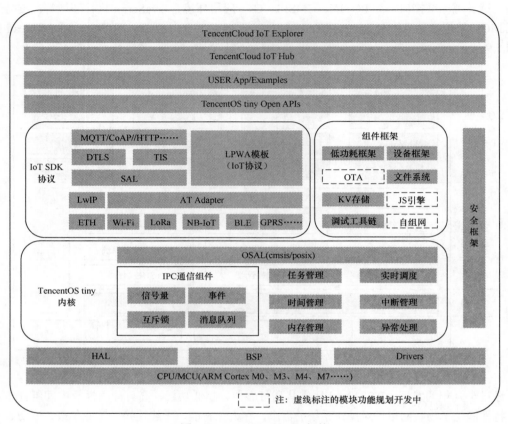

图 5.10　TencentOS tiny 架构

4. AliOS Things

阿里巴巴操作系统事业部整合之前互联网汽车、物联网、手机等业务使用的操作系统，统一为 AliOS；同时明确在 IoT 领域持续增加投入的发展方向，面向汽车、IoT 终端、IoT 芯片和工业领域研发 IoTOS。

AliOS Things 是面向 IoT 领域的轻量级物联网嵌入式操作系统，致力于搭建云端一体化 IoT 基础设备，具备极致性能、极简开发、云端一体、丰富组件、安全防护等关键能力，并支持终端设备连接到阿里云，可广泛应用在智能家居、智慧城市、新出行等领域。

AliOS Things 架构遵循分层设计的思想，从下到上分为硬件层、硬件抽象层、AliOS 操作系统层、操作系统 API 层、应用中间件层及应用层，下层组件为上层业务逻辑的实现提供支撑机制，如图 5.11 所示。

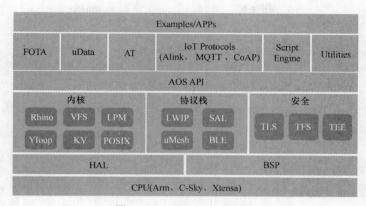

图 5.11 AliOS Things 架构

5. 亚马逊 FreeRTOS

FreeRTOS 是由理查德·巴里（Richard Barry）在 2003 年设计的，其内核设计得小巧简单，整个核心代码只有 3 个或 4 个 C 文件。FreeRTOS 在嵌入式市场异军突起，成为目前市场份额最高的 RTOS，它于 2018 年被亚马逊收购。

亚马逊网络服务（Amazon Web Services，AWS）在 2017 年、2018 年云计算市场的份额均占据第一，并不断扩展延伸经营范围，涵盖计算、分析、物联网及人工智能等云计算服务。 自亚马逊 2015 年推出 AWS IoT 服务以来，已有数百万台设备接入 AWS IoT，设备总量实现了 300% 同比增幅。而收购 FreeRTOS 是配合 AWS IoT 发展物联网战略中的一环。

亚马逊 FreeRTOS 通过软件库对 FreeRTOS 内核进行扩展，从而让小型低功耗设备安全连接到 AWS IoT Core 等 AWS。现在 FreeRTOS 已经支持 30 多种芯片，基本包含市场上所有的 MCU。目前，FreeRTOS 已经发展到支持包含 X86、Xilinx、Altera 等多达 30 种的硬件平台。

亚马逊 FreeRTOS 通常作为单个已编译映像，与设备 App 所需的所有组件一起，刷入设备。此映像中结合了嵌入式开发者针对该 App 编写的功能、亚马逊提供的软件库、FreeRTOS 内核，以及适用于硬件平台的驱动程序和板卡支持程序包，FreeRTOS 架构如图 5.12 所示。不论使用的

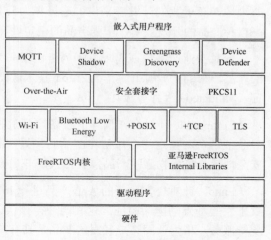

图 5.12 FreeRTOS 架构

是何种 MPU，对于 FreeRTOS 内核和所有亚马逊 FreeRTOS 软件库，嵌入式 App 开发者均可以采用相同的标准化接口。

5.4 LiteOS的竞争优势

从上述的 IoTOS 例子中，我们可以看出 IoTOS 本身的差异不大，都拥有对内存资源占用小、功能完善的内核以及丰富的外围组件。正如前文所说，IoTOS 竞争力不在系统本身，而在于 IoTOS 周边生态。

1. 短小精悍历经实战的内核

早在 2012 年，华为为了支持终端产品就启动了嵌入式操作系统的开发，并于 2014 年在华为 Mate 系列、P 系列、荣耀系列等手机中内置 Kirin 芯片，并在可穿戴产品如华为 GT 运动手表，以及海思半导体的摄像头解决方案上批量应用。

到 2016 年 9 月，华为发布了 Huawei LiteOS 开源版本。虽然 LiteOS 内核大小只有 10KB，但至今搭载 LiteOS 的产品出货量达到近亿台。LiteOS 内核是历经实战，在安全性与稳定性方面得到充分验证的优秀内核。

2. 华为云 IoT 技术认证体系

华为公司是 ICT 领域领先的公司，尤其是在 5G 数字通信技术、计算机技术等多种高新科技领域拥有丰富的专利。同时华为拥有优秀的产品团队，他们的产品在通信设备、网络设备、核心路由等多个行业内占据"龙头"地位，华为取得的成果是我们对华为物联网体系最大的信心来源。对于我们开发者来说，选择华为云 IoT 进行产品开发，意味着可以利用华为的技术提高自身产品的开发效率，增强产品的稳定性。

针对企业产品认证需求，华为推出了华为云 IoT 技术认证体系，帮助用户快速识别可信赖的产品，帮助企业背书。华为云 IoT 技术认证标准分为兼容（Compatible）、启用（Enable）、验证（Validated）3 种等级。

Compatible 针对合作伙伴的设备产品进行网络侧产品通信接口验证与华为 IoT 平台通信接口验证。帮助指定的合作伙伴产品同华为产品完成互联互通测试，使得合作伙伴产品能够可靠安全地接入华为物联网产品，获得该证书是被华为推荐参与项目的必要条件。

Enable 针对合作伙伴的 App 产品进行 IoT 平台 API 调用验证与云平台注册、数据采集、配置下发等基础功能的验证。这表明获得该认证的合作伙伴产品具备华为开放的产品能力和技术支持服务，华为认同客户开发的产品是具有差异化、竞争力的产品 / 解决方案。

Validated 针对合作伙伴设备产品或者 App 产品进行功能、性能、安全、可靠性等全面测试。这表明指定的合作伙伴产品同华为产品完成端到端集成，通过功能、性能、可靠性、安全性、可维护性等全面验证，能够作为整体解决方案向客户推荐，满足客户批量商用需求。

3. 丰富的第三方组件支持

本书曾在第 4 章介绍了第三方组件的作用与种类，LiteOS 拥有端云互通组件、物联组件及基础组件，LiteOS 外围组件如图 5.13 所示。后文将为读者详细介绍各个组件的功能与实现方法。

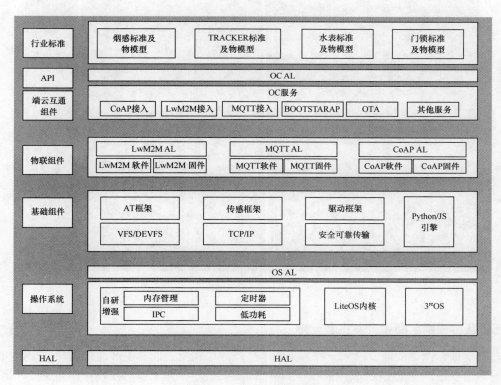

图 5.13　LiteOS 外围组件

4. 华为云 IoT 的对接匹配

LiteOS 针对物联网场景主要提供了 SDK，集成了 MQTT、LwM2M、CoAP、mbed TLS、LwIP 全套 IoT 互联互通协议栈，且在这些协议栈的基础上，提供了开放 API，用户只需关注自身的应用，而不必关注协议内部实现细节，直接使用 SDK 封装的 API，通过连接、数据上报、命令接收及断开 4 个步骤就能简单、快速地实现与华为 OceanConnect 云平台安全可靠地连接。

使用 SDK，用户可以大大缩短开发周期，聚焦自己的业务开发，快速构建自己的产品。

5. 专业 IDE 工具 IoT Studio 支持

IoT Studio 是支持 LiteOS GUI 软件开发的工具，如图 5.14 所示。它提供了代码编辑、编译、烧录及调试等"一站式"开发体验，支持 C、C++、汇编等多种开发语言，帮助开发者高效地进行物联网开发。

图 5.14　IoT Studio

6. 各种模组厂商和开发生态支持

与移动通信网络的商业模式一样，华为不生产通信模组，而是生产通信芯片并交由模组厂商生产通信模组。华为 LiteOS 内嵌在华为 Boudica 芯片里，基于以芯片模块作为主处理器的应用方式，终端厂商可以完成设备侧 App 的快速开发，并与 NB-IoT 网络和华为 IoT 平台完成无缝连接。

采用华为云 IoT 技术的厂商可以聚焦在行业需求与自身核心业务上，减少非核心技术因素对企业的干扰。完成华为云 IoT 技术认证的厂商能够获得华为的背书与推广，保障产品质量，获得更多客户的认可。

第 6 章

LiteOS 软件框架详解

本章开始详细介绍 LiteOS 软件框架，内容安排上采用逐步逼近的思路，从外围到中心，从周边到核心，从上层到下层，从整体到细节；慢慢地抽丝剥茧，从在 VS Code 里面安装及使用 IoT Studio 到 IoT Studio 界面与 iotlink SDK 的核心和外围组件紧密联系讲解，让大家做到知其然也知其所以然。

本章内容主要讲解 LiteOS 官方资源获取、LiteOS 的版权说明、LiteOS 的演进历程、LiteOS 的两种开发方式、IoT Studio 开发方式介绍、iotlink SDK 框架介绍、iotlink SDK 主体介绍、IoT Studio 的使用、targets 中 BSP 结构详解。

6.1　LiteOS官方资源获取

关于 LiteOS 官方资源的获取，我们可以从华为官网获取 LiteOS 源代码和相关文档，这里的官方文档和 LiteOS 可能不是最新版本的，而可能是早期的，一般如果有新版本更新（是比较稳定的新版本）都会放到官网里，如图 6.1 所示。

图 6.1　LiteOS 官网

单击"在线文档"，里面是关于 LiteOS 的文档介绍，如图 6.2 所示。

图 6.2　官方在线文档

单击"源码下载"，就可以得到 LiteOS 的源代码了，源代码不定期更新，如图 6.3 所示。

📁 arch	Update the LiteOS kernel, add support for ARM Cortex-A.	6小时前
📁 build	add build	2年前
📁 components	Update the LiteOS kernel, add support for ARM Cortex-A.	6小时前
📁 demos	Update the LiteOS kernel, add support for ARM Cortex-A.	6小时前
📁 doc	Merge pull request #759 from LiteOS/develop	1年前
📁 include	Update the LiteOS kernel, add support for ARM Cortex-A.	6小时前
📁 kernel	Update the LiteOS kernel, add support for ARM Cortex-A.	6小时前
📁 osdepends/liteos	Update the LiteOS kernel, add support for ARM Cortex-A.	6小时前
📁 targets	Update the LiteOS kernel, add support for ARM Cortex-A.	6小时前
📁 tests	Merge pull request #730 from zgbset/develop	1年前
📄 .travis.yml	modify ci script	2年前
📄 LICENSE	update(all): upload Huawei LiteOS V2 with Agent Tiny, help developers …	2年前
📄 README.md	更新描述	5月前

图 6.3　LiteOS 源代码

　　早期的 LiteOS 并没有所谓的 IoT Studio 和 iotlink SDK（这里的 iotlink SDK 其实可以等同于早期的 LiteOS，只是早期的 LiteOS 并没有第三方软件来支持开发）。这样的说法只是随着后面市场广大的需求而逐渐发展出来的，而且 iotlink SDK 是配合 IoT Studio 来开发的。

6.2　LiteOS的版权说明

　　现在是开源的时代，但是在开源的同时，我们也要遵循开源社区的一些规则，俗话说："无规矩不成方圆"。华为 LiteOS 是遵循伯克利软件发行版（Berkeley Software Distribution，BSD-3）

开源许可协议的, 如图 6.4 所示。

开源协议

- 遵循BSD-3开源许可协议
- Huawei LiteOS 知识产权政策

图 6.4　LiteOS 开源协议

免费商用, 就是说个人、公司或者组织去做产品, 然后拿去商用, 在使用华为提供的 LiteOS 的时候, 不用担心收费问题。

如果公司做的产品不是终端产品, 而是要进行二次开发的产品, 如公司它卖的不是一个报警器, 而是给报警器厂商做的一个开发板。也就是说, 这个开发板是半成品, 报警器厂商买回去, 可以按照自己的需求来进行二次开发, 因此要提供给报警器厂商一个 SDK; 而这个 SDK 就是基于华为 LiteOS 开发出来的, 在发布源代码的时候, 公司就要声明是使用了华为的 LiteOS 开发出的 SDK; 同时在发送二进制库文件给客户的时候, 公司也是要声明是使用了华为的 LiteOS。

当公司把产品卖给客户的时候, 不能对客户说, 因为公司是使用了华为 LiteOS 开发出来的产品, 产品出了问题可以由华为来做保障, 这是不允许的。

6.3　LiteOS的演进历程

1. 独立 IoTOS 阶段

这一阶段是没有任何的辅助软件来基于 LiteOS 做开发的, 说白了这时的 LiteOS 除内核之外, 就只剩下一些外围组件了, 这也是我们所说的传统 RTOS。

2. iotlink SDK 全栈式 IoTOS 阶段 1

这个阶段的全栈式提供所有开发需要的东西, 如把工具、代码、调试等方面都封装在一起。这个时候的 LiteOS 就被称作 iotlink SDK, 同时配套方便快捷的 IoT Studio 开发工具。

3. iotlink SDK 全栈式 IoTOS 阶段 2

相比于独立开发的 IoT STudio, 这个时候基于 VS Code (微软发布的一款开源的 IDE) 插件的 IoT Studio 来做开发, 更加方便快捷。配置都全栈式地设置完成了, 用户可以直接用。

6.4　LiteOS的两种开发方式

LiteOS 的两种开发方式：基于 Keil 等第三方 IDE 的开发和基于 IoT Studio 和 iotlink SDK 的开发。对于习惯使用 Keil 来开发 STM32 和 51 单片机的工程师来说，比较熟悉第一种开发方式，只要把华为的 LiteOS 相关组件导入 Keil 里面，同时进行一些复杂配置即可。这种方式适合在独立 LiteOS 阶段来开发，但对于全栈式的开发反而麻烦。对于全栈式的开发来说，基于 IoT Studio 和 iotlink SDK 的开发就非常方便快捷。这就跟工程师使用 STM32CubeMX 和 HAL 库一起来配合开发 STM32 一样方便快捷，而且这种全栈式开发方式也是今后发展潮流。

6.5　IoT Studio开发方式介绍

6.5.1　安装VS Code和IoT Studio插件

首先要安装 VS Code，我们可以直接去它的官网下载软件包来进行安装，如图 6.5 所示。

图 6.5　VS Code 官网

下载好并安装好之后，打开软件，就可以安装 IoT Studio 插件，如图 6.6 所示。

因为我们的安装是手动安装，是从 VSIX 来进行安装的，所以可以选择安装包，然后等待安装完成即可。目前 IoT Studio 插件处于内测阶段，VS Code 应用商店暂时没有上架这款插件，因此这里我们不从应用商店下载安装。

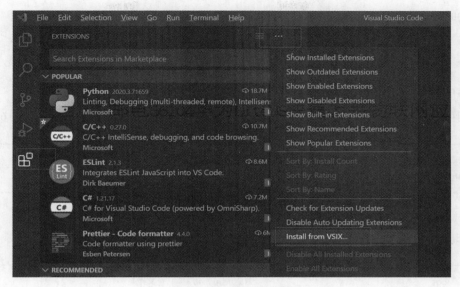

图 6.6　IoT Studio 安装

6.5.2　VS Code常用技巧中文配置

我们刚开始打开 VS Code 的界面是英文的，为了方便演示，这里我们设置成中文的界面，如图 6.7 所示。

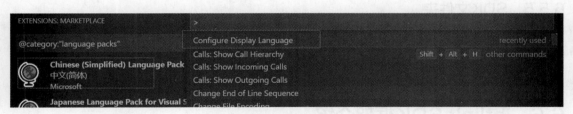

图 6.7　中文安装

我们在打开英文界面的时候，按 Ctrl+Shift+P 快捷键，然后就会看到图 6.7 所示的界面，选中"Configure Display Language"，就可以看到中文简体的安装包了，直接单击即可安装，最后显示的就是中文界面。

6.5.3　IoT Studio与iotlink的区别

IoT Studio 是 IDE，是容器和工具集；而 iotlink 是 SDK，是源代码包。二者相互独立，互不影响。当 iotlink 升级的时候，不会影响到 IoT Studio 这个开发工具；当 IoT Studio 这个开发工具升级的时候，也不会影响到 Iotlink 这个软件包。

6.5.4 ".vscode" 与 ".iotlink"

".vscode" 目录下是 VS Code 自身的文件和插件，".iotlink" 目录下是 SDK 的文件。

我们可以在 IoT Studio 安装路径下找到这两个文件目录。".vscode" 目录下内容如图 6.8 所示。

📁 extensions	2020/4/16 3:04	文件夹		
📄 argv.json	2020/4/6 1:36	JSON File	1 KB	

图 6.8 ".vscode" 目录下内容

".iotlink" 目录下内容如图 6.9 所示。

📁 logs	2020/4/6 1:48	文件夹	
📁 sdk	2020/4/6 1:48	文件夹	
📄 ci-build.sh	2020/4/15 0:18	Shell Script	0 KB
📄 settings.json	2020/4/16 2:36	JSON File	1 KB

图 6.9 ".iotlink" 目录下内容

6.5.5 SDK文件夹

用户创建项目后，项目文件夹里是该项目专有的文件，项目也会外部引用 SDK 中的文件。后文在介绍外围组件和 LiteOS 的时候，会具体讲解。

6.6 iotlink SDK框架介绍

6.6.1 IoT Studio图形化管理和编译项目

IoT Studio 之所以可以进行图形化管理和编译项目，主要是因为有一些外围配置文件，具体我们来看下面的介绍。

1. SDK 中 settings.json 和 ci-build.sh 等文件

如图 6.9 所示。首先我们看这两个配置文件，这个两个文件在 .iotlink 目录下。

settings.json 是一个 JSON 文件，它是一种数据封装格式，非常方便，可以跨平台和跨语言。里面的具体内容如下。

```
{
    "tools": {
        "make": "${system_default}",
        "jlink": "C:\\Program Files (x86)\\SEGGER\\JLink",
        "gcc": "C:\\Users\\Administrator\\openSourceTools\\GNU Tools Arm Embedded\\7
2018-q2-update\\bin"
    },
    "workspace":
    "C:\\Users\\Administrator\\Documents\\IotStudio",
}
```

"tool"表示做工程环境的一个工具；"make"表示系统默认的一个 make 工具，就是在安装 IoT Studio 软件的时候，同时安装了这个 make 工具；"jlink"表示程序下载调试，默认安装路径在 C 盘；"gcc"表示编译的工具链，默认安装路径也在 C 盘；"workspace"表示默认工作目录，就是你创建工程的时候，工程目录放的默认路径。而"ci-build.sh"是一个脚本文件，也和工程编译配置有关。

2. 工程中 .vscode 目录下的 JSON 配置文件

这些 JSON 配置文件在你所建立的工程".vscode"目录下，如图 6.10 所示。

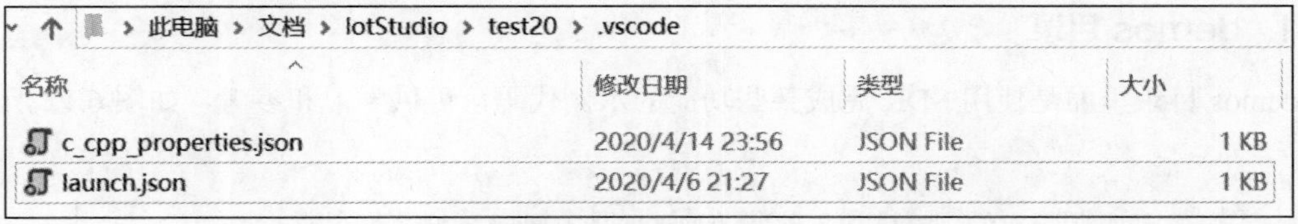

名称	修改日期	类型	大小
c_cpp_properties.json	2020/4/14 23:56	JSON File	1 KB
launch.json	2020/4/6 21:27	JSON File	1 KB

图 6.10　".vscode"目录下内容

第一个 c_cpp_properties.json 文件用来配置 C 和 C++ 开发环境，第二个"launch.json"文件包含对工程进行调试的方式。

3. IoT Studio 插件提供的 GUI 工具

图 6.11 所示的界面是我们常用的一些按钮，如 Complie 是编译工程按钮，Clean 是清空控制台输出按钮，Download 是下载烧写程序按钮，Home 是进入 IoT Studio 界面按钮。IoT Studio 界面中还有创建 IoT Studio 工程、打开 IoT Studio 工程、导入 GCC 工程、IoT Studio 设置等按钮。

图 6.11　IoT Studio 界面

　　Iotlink 的发展方向是跨平台支持，主要在 IoT Studio 插件的适配上，实现在 macOS 或者 Linux 操作系统下使用这种全栈式开发方式。

6.6.2　SDK的组成部分

1. demos 目录

demos 目录里面是使用 SDK 完成某些功能的示例代码，可供学习和参考，如图 6.12 所示。

名称	修改日期	类型	大小
oc_mqtt_demo	2020/4/6 1:48	文件夹	
demos.mk	2020/4/6 1:48	Makefile	5 KB
oc_coap_demo.c	2020/4/6 1:48	C Source File	8 KB
oc_dtls_coap_demo.c	2020/4/6 1:48	C Source File	8 KB
oc_dtls_lwm2m_bs_demo.c	2020/4/6 1:48	C Source File	8 KB
oc_dtls_lwm2m_demo.c	2020/4/6 1:48	C Source File	8 KB
oc_dtls_lwm2m_ota_demo.c	2020/4/6 1:48	C Source File	8 KB
oc_lwm2m_bs_demo.c	2020/4/6 1:48	C Source File	10 KB
oc_lwm2m_demo.c	2020/4/6 1:48	C Source File	8 KB
oc_lwm2m_ota_demo.c	2020/4/6 1:48	C Source File	7 KB
stimer_demo.c	2020/4/6 1:48	C Source File	4 KB

图 6.12　demos 代码示例

2. drivers 目录

目前 drivers 目录里面只有第三方硬件驱动，只支持 ST 和 GigaDevice 的 MCU 库函数，如图 6.13 所示。

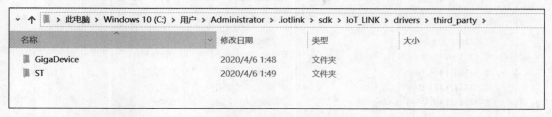

名称	修改日期	类型	大小
GigaDevice	2020/4/6 1:48	文件夹	
ST	2020/4/6 1:49	文件夹	

（此电脑 > Windows 10 (C:) > 用户 > Administrator > .iotlink > sdk > IoT_LINK > drivers > third_party >）

图 6.13　第三方硬件支持

3. iotlink 对应的目录

iotlink 对应的目录里面是 LiteOS 内核和全套外围组件，其内容正不断完善、增强中，如图 6.14 所示。

（此电脑 > Windows 10 (C:) > 用户 > Administrator > .iotlink > sdk > IoT_LINK > iot_link）

名称	修改日期	类型	大小
at	2020/4/6 1:49	文件夹	
cJSON	2020/4/6 1:49	文件夹	
compression_algo	2020/4/6 1:49	文件夹	
crc	2020/4/6 1:49	文件夹	
driver	2020/4/6 1:49	文件夹	
fs	2020/4/6 1:49	文件夹	
inc	2020/4/6 1:49	文件夹	
IoT_LINK	2020/4/16 3:34	文件夹	
link_log	2020/4/6 1:49	文件夹	
link_misc	2020/4/6 1:49	文件夹	
loader	2020/4/6 1:49	文件夹	
network	2020/4/6 1:49	文件夹	
oc	2020/4/6 1:49	文件夹	
os	2020/4/6 1:50	文件夹	
ota	2020/4/6 1:50	文件夹	
queue	2020/4/6 1:50	文件夹	
shell	2020/4/6 1:50	文件夹	
stimer	2020/4/6 1:50	文件夹	
storage	2020/4/6 1:50	文件夹	
upgrade_patch	2020/4/6 1:50	文件夹	
usip	2020/4/6 1:50	文件夹	
config_template.mk	2020/4/6 1:49	Makefile	9 KB
iot.mk	2020/4/6 1:49	Makefile	3 KB
link_main.c	2020/4/6 1:49	C Source file	8 KB

图 6.14　LiteOS 内核和全套外围组件

4. targets 目录

targets 目录里面的每个子文件夹都包含一个目标板的全套 BSP，如图 6.15 所示。

图 6.15　各种板级支持包

5. Kconfig 文件

继承自 linux 内核的 Kconfig 配置体系，结合 GUI 工具完成配置工作，后文会详细分析，Kconfig 文件如图 6.16 所示。

图 6.16　Kconfig 文件

6.7　iotlink SDK主体介绍

iotlink SDK 的设计思路是模块化设计结合标准化操作系统的抽象层（Operating System Abstract Layer，OSAL）接口。正如前文所述，模块化设计可以将需要的功能模块保留，不需要的功能模块裁剪。OSAL 接口就是用抽象层把操作系统和外围组件用标准化的接口隔离开来。

这样的设计意味着，先标准化定义出来操作系统对外本来提供哪些功能，然后标准化这些接口后，就保持不动。当外面组件改变了，操作系统也不知道外面发生了什么，如图 6.17 所示。

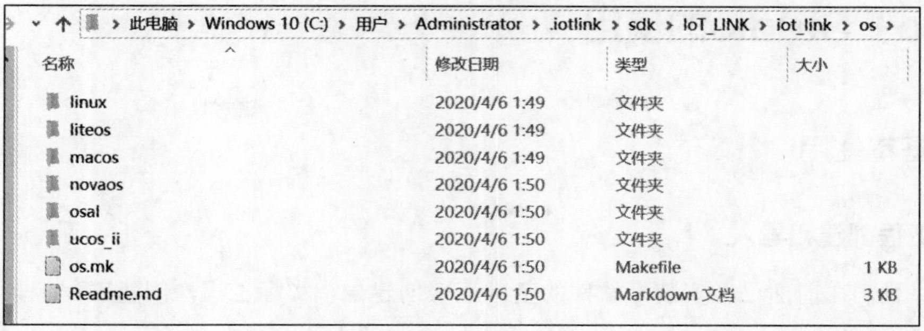

图 6.17　os 文件内容

我们可以看到 os 目录下不止有 LiteOS 这一个操作系统文件，还有几个操作系统文件：Linux、macOS、novaOS 等。其中 osal 文件就是定义的标准化接口，这个标准化接口可以切换到不同操作系统来操作外设。

OSAL 类似于 ARM 微控制器软件接口标准（Cortex Microcontroller Software Interface Standard，CMSIS）。如 STM 系列单片机软件接口标准，就是在各个 ARM 处理器之间实现共享代码，使开发者不用进行烦琐的代码修改，具有解耦合的优势。

iotlink 对应的目录如图 6.18 所示，在 iotlink 中存放 AT 指令文件、操作系统内核文件等。内核文件下，不只有 LiteOS 一种内核，还有 Linux、macOS、novaOS 等操作系统。

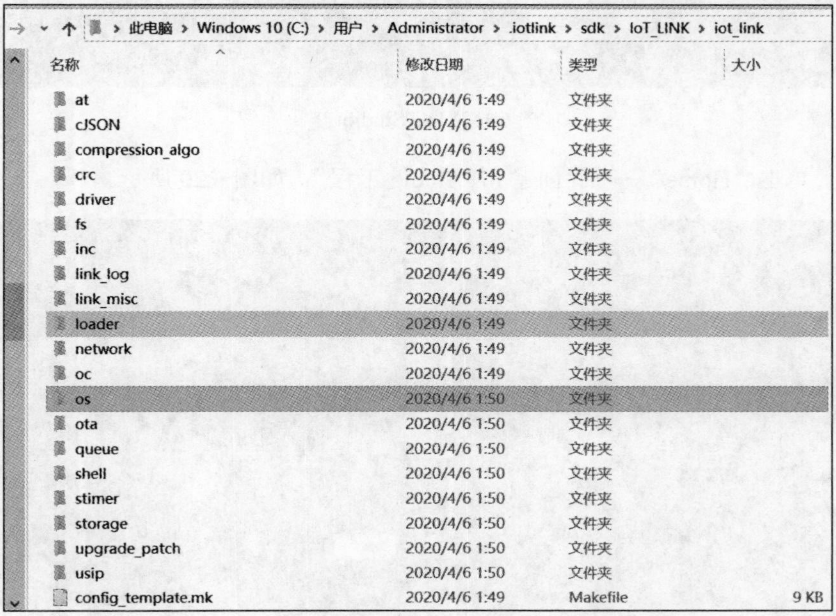

图 6.18　iotlink 对应的目录

6.8　IoT Studio的使用

6.8.1　基本使用

1．工程创建和导入

现在，我们在前面已经安装好软件的基础上来创建一个实际工程，创建工程步骤如下。

第一步，打开 VS Code 软件，我们将看到图 6.19 所示的界面。

图 6.19　IoT Studio 首页

第二步，单击"Home"——→"创建 IoT Studio 工程"，如图 6.20 所示。

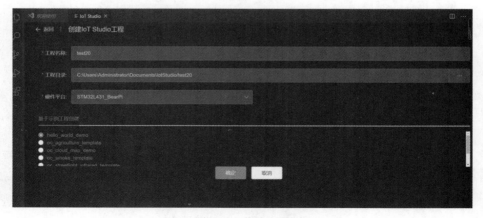

图 6.20　创建工程

（1）工程名称

根据用户需要来命名，这里命名为 test20。

（2）工程目录

这里默认是在 C 盘下，用户也可以更改到别的路径下，如 D、E、F 等盘下都可以。

（3）硬件平台

暂时支持这些硬件的平台有 STM32L431_BearPi_OS_Func、STM32L431_BearPi、STM32L431VCT6_Bossay、GD32VF103V_EVAL、GD32F303_BearPi。

这里以 STM32L431_BearPi 做一个案例示范演示，用户可以根据自己的需要来选择不同的硬件平台。

（4）基于示例工程创建

官方提供的工程示例有 hello_world_demo、oc_agriculture_template、oc_cloud_map_demo、oc_smoke_template 等。这里以 hello_world_demo 为示例来演示，用户也可以自行选择相应的示例工程。

最后单击确定，整个工程就创建完成了，如图 6.21 所示。

图 6.21　工程显示

如果需要导入 GCC 工程，如图 6.22 所示。只要单击"导入 GCC 工程"按钮，就可以选择工程导入。

图 6.22　IoT Studio 界面

2. IoT Studio 设置：SDK 配置

打开 IoT Studio 设置 —→ 工程设置 —→ SDK 配置，如图 6.23 所示。

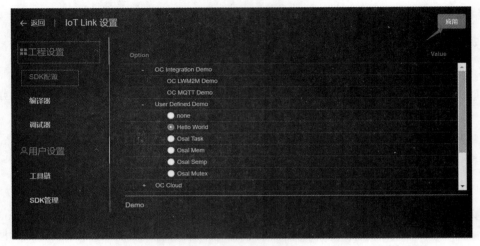

图 6.23　SDK 配置

　　SDK 配置里面有 7 个大的功能选项 OC Integration Demo、User Defined Demo、OC Cloud、Network、Middleware、OS、CPU Architecture，这 7 个选项下又各有小的选项，根据实际需要来选择。选择好后，不要忘记单击上方的"应用"按钮，不然配置就不会生效。

6.8.2　IoT Studio配置

　　如图 6.24 所示。这里根据自己开发需求来进行合理的配置。

图 6.24　IoT Studio 配置

6.8.3　工程的SDK配置原理详解

如果读者接触过 Linux 的文件配置方法，应该能明白 IoT Studio 里的 SDK 配置（选项风格很像 Linux 的配置风格）；这是一套完全继承 Linux 内核代码的写法，向经典致敬。

Kconfig（K 指的是 kernel，就是内核的意思，那么 Kconfig 就是内核配置）文件描述菜单项，配置中是只读的，GUI 工具读取 Kconfig 来配置界面框架。

接下来具体分析 Kconfig 这个文件到底是如何控制、管理 SDK 配置界面菜单选项的。这里还是以前面的 test20 工程示例来分析。这个 Kconfig 文件的示例工程文件如图 6.25 所示。

图 6.25　示例工程文件

为了了解原理，我们来看这个 Kconfig 文件里面到底是什么，文件内容如下。

```
1.mainmenu "Huawei IoT Stack Configuration"
2.source "$(SDK_DIR)/Kconfig"
```

Kconfig 文件内容的第一行表示主菜单名称，叫作"Huawei IoT Stack Configuration"。

第二行的内容为 source "$(SDK_DIR)/Kconfig"，表示我们的源 Kconfig 文件是在 SDK_DIR 目录下面，其实它是我们最开始在 VS Code 下安装 IoT Studio 时的一个配置文件，在当前用户安装路径下的 .iotlink 文件夹 → sdk 文件夹 → IoT_LINK → Kconfig，如图 6.26 所示。

图 6.26　Kconfig 文件

现在我们来打开这个 Kconfig 文件，查看它里面的内容（这里限于篇幅，仅列出了该文件开头部分，其余部分的分析原理是一样的）。

```
1.mainmenu "Huawei IoT Stack Configuration"
2.menu "OC Integration Demo"
3.choice OC_LWM2M_DEMO
4.optional
5.prompt "OC LWM2M Demo"
6.config OC_LWM2M_DEMO_DTLS
7.bool "OC LWM2M DEMO DTLS"
8.select OC_LWM2M
9.select OC_LWM2M_IMP
10.select DTLS
11.select SHELL_ENABLE
12.config OC_LWM2M_DEMO_NODTLS
13.bool "OC LWM2M DEMO NODTLS"
14.select OC_LWM2M
15.select OC_LWM2M_IMP
16.select SHELL_ENABLE
17.endchoice
18.choice OC_MQTT_DEMO
19.optional
20.prompt "OC MQTT Demo"
21.config OC_MQTT_DEMO_STATIC
22.bool "OC MQTT DEMO STATIC"
23.select OC_MQTT
24.select MQTT
25.select CJSON_ENABLE
26.select DTLS
27.select SHELL_ENABLE
28.endchoice
29.endmenu
```

第 1 行与之前工程下的主菜单名称是一样的；第 2 行就是 SDK 配置下的一个菜单选项："OC Integration Demo"（本书以这个菜单配置示例来给大家分析 Kconfig 的内容对于 SDK 图形化菜单界面的作用，与其他图形化菜单界面的分析原理是一样的）。这里我们结合 SDK 配置选项来看，如图 6.27 所示。

图 6.27　SDK 菜单

当单击"OC Integration Demo"这个选项，它下面又包括两个选项"OC LWM2M Demo"和"OC MQTT Demo"。选中"OC LWM2M Demo"，它下面又有两个选项"OC LWM2M DEMO DTLS"和"OC LWM2M DEMO NODTLS"。最后结合上面 Kconfig 文件的内容，我们会发现它完全和这个图形化菜单选项对应的，不过更细小的菜单选项，GUI 就没有显示出来。同理，其他图形化菜单选项分析原理是一样的，这里就不重复介绍了。

.config 文件是可读写的，GUI 工具读取 .config 文件来初始化配置界面中的值。首先这个 .config 文件也在 test20 工程下，我们来看它里面的内容（限于篇幅，仅列举了一部分内容）。

```
1.#Generated by Huawei IoT Studio
2.CONFIG_OC_LWM2M_DEMO_DTLS=y
3.# CONFIG_OC_LWM2M_DEMO_NODTLS is not set
4.CONFIG_OC_MQTT_DEMO_STATIC=y
5.# CONFIG_Demo_None is not set
6.CONFIG_Demo_Helloworld=y
7.# CONFIG_Demo_Streetlight is not set
8.# CONFIG_Demo_Agriculture is not set
9.# CONFIG_Demo_Track is not set
10.# CONFIG_Demo_Smoke is not set
11.# CONFIG_Demo_OC_Cloud_Map is not set
12.CONFIG_USER_DEMO="hello_world_demo"
13.CONFIG_OC_MQTT=y
14.CONFIG_OC_LWM2M=y
15.# CONFIG_LWM2M is not set
16.CONFIG_MQTT=y
17.CONFIG_MQTT_IMP_PAHO=y
```

通过文件内容，我们可以看到带"#"的语句相当于被注释掉了，这表示其中的配置不起作用（类似 Python 里面的注释）；并且每个变量前都有一个标识符"CONFIG"（第一行是纯注释，说明这些变量都是由 IoT Studio 生成的），而没有被注释掉的变量都会被赋值一个"y"（也就是 yes 的意思），其实这些变量都是我们 SDK 配置界面的菜单选项。

这里我们要注意，用户的菜单配置会被写入 .config 文件并保存，就是当用户选择好了自己需要的菜单选项，然后点击"应用"按钮时，.config 文件会把选中的菜单选项从被注释掉到被应用（也就是之前这个被注释掉的菜单变量前面的"#"被处理掉了），同时为该菜单变量赋值"y"并生成 autoconf.h 文件。这两者由工具本身保持同步，也就是说，这两个文件里面的内容是相同的，只是写法不一样而已。

用一句话来讲，Kconfig 文件是 SDK 配置菜单选项界面的框架结构，.config 文件保存配置结果，并参与 Makefile 工作流程，autoconf.h 文件保留使用。

6.8.4　IoT Studio 小结

前文详细介绍了 IoT Studio 实战和分析，读者可以通过以下几点回顾整个思路与过程。

①实际操作：基于示例创建工程。

②工程示例文件中各文件从哪里来？起什么作用？

③在 IoT Studio 中更改 SDK 配置，查看 .config 和 autoconf.h 文件中的改变。

④编译工程并查看编译提示，编译结果如图 6.28 所示。

```
c:\Users\Administrator\.vscode\extensions\iotlink.iot-studio-1.0.0\bin\build\make.exe -f,Makefile,-j
make: Nothing to be done for 'all'.
[2020/4/16 04:07:26] 编译耗时: 12113ms
```
① 编译成功。

图 6.28　编译结果

6.9　targets中BSP结构

BSP 文件夹存放在工程下面的 targets 目录里面，官方为开发者提供了多种典型硬件的封装，也允许用户自定义硬件封装。

6.9.1　GCC目录

GCC 目录中的项目配置和管理文件，如图 6.29 所示。

在 GCC 目录下，Makefile 并不是单独的文件，而是包含了 config.mk、project.mk、Makefile 等文件，主要是管理工程项目配置。学习一个工程项目，首先要搞清楚 Makefile。

os.ld、os_app.ld、os_loader.ld 文件是链接脚本，主要是使生成的目标文件能够连接到库文件，最终生成可执行文件；后两个文件支持网络固件升级功能。

最后编译生成的最终可执行程序就存放在 appbuild 文件夹下。

↑ ▓ > 此电脑 > 文档 > IotStudio > test20 > targets > STM32L431_BearPi > GCC >			
名称 ∧	修改日期	类型	大小
▓ appbuild	2020/4/6 21:43	文件夹	
▓ config.mk	2020/4/6 1:50	Makefile	9 KB
▓ Makefile	2020/4/6 21:27	文件	6 KB
▓ Makefile_Sota	2020/4/6 1:50	文件	5 KB
▓ os.ld	2020/4/6 1:50	LD 文件	5 KB
▓ os_app.ld	2020/4/6 1:50	LD 文件	6 KB
▓ os_loader.ld	2020/4/6 1:50	LD 文件	6 KB
▓ project.mk	2020/4/6 1:50	Makefile	5 KB

图 6.29　GCC 文件内容

6.9.2　其他目录

图 6.30 所示为 targets 中 BSP 中还包含了 Demos、Hardware、Lib、OS_CONFIG、Src 及 uart_at 文件夹。

- Demos：这里就是硬件支持的代码工程案例，可供我们学习和参考。
- Hardware：主要存放板卡上支持的硬件驱动代码。
- Lib：主要用于存放一些补丁文件。
- OS_CONFIG：对操作系统内核的配置，它不同于 .Kconfig 文件，我们的 .Kconfig 主要是针对于整个 IoT Studio 界面框架的配置。
- Src：存放外设驱动源代码示例。
- uart_at：串口驱动配置 AT 指令的对接。

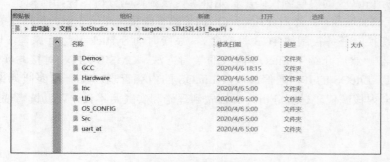

图 6.30　OS 文件内容

第 7 章

LiteOS 内核源代码精读

本章将解析 LiteOS 的内核源代码，首先讲解内核源代码分析工程如何构建，同时也会解析 OASL 部分源代码实现原理；然后介绍 LiteOS 内核的一些相关理论知识，包括任务管理模块（任务状态、任务切换、任务控制块 TCB 等概念），系统时间 Systick 及运行原理，以及 LiteOS 内核的软件定时器。然后介绍了 LiteOS 内核的学习方法、CMSIS-RTOS 对接与实现、LiteOS 和 MCU 移植对接、LiteOS 的 IPC 通信，以及 LiteOS 的内存管理。在介绍内核理论知识的同时，本章会着重结合内核源代码进行分析，真正做到理论和实践两不误，帮助读者快速理解 LiteOS 内核的基本原理。

7.1 建立源代码分析工程

7.1.1 用模板创建一个工程

为了方便阅读和分析 LiteOS 内核源代码，本书使用 Source Insight 软件，在第 6 章的 test20 工程中创建一个 SI_PRO 文件夹，如图 7.1 所示，并在该文件目录下创建 LiteOS_PR 源代码分析工程。

	.iotlink	2020/4/16 3:55	文件夹	
	.vscode	2020/4/16 3:55	文件夹	
	SI_PRO	2020/6/17 1:43	文件夹	
	targets	2020/4/16 3:55	文件夹	
	.config	2020/4/6 1:50	XML Configuration ...	2 KB
	Kconfig	2020/4/16 3:55	文件	1 KB

图 7.1 创建 SI_PRO 文件

打开 Source Insight 软件，开始创建源代码分析工程，单击"Project"按钮选择"New Project"，在弹出的对话框中输入工程名，然后单击"OK"按钮即可创建源代码分析工程，如图 7.2 所示。

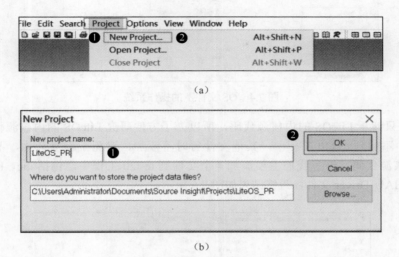

（a）

（b）

图 7.2　创建 LiteOS 源代码分析工程

当出现图 7.3 所示的界面时，就可以在 LiteOS_PR 工程里添加源代码。这里暂时先往工程里添加 Targets 文件内容，选择"Targets"，单击"Add Tree"→"Add"→"Close"按钮即可。

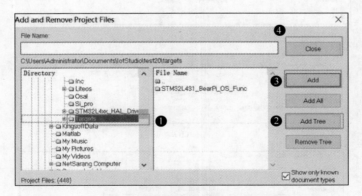

图 7.3　将 Targets 文件内容添加到 LiteOS_PR 工程中

7.1.2　添加 LiteOS 内核源代码

在 LiteOS_PR 工程中添加 LiteOS 内核源代码之前，需要在 test20 工程中添加 LiteOS 的内核源代码，但原始的 test20 工程中没有该源代码文件。第 6 章已经展示了 OS 文件中的几个不同的操作系统，如图 7.4 所示。

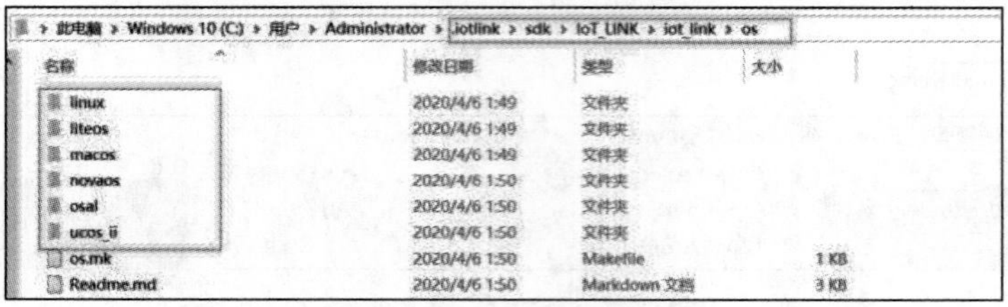

图 7.4　OS 文件下的操作系统

　　因为本书只解析 LiteOS 的内核源代码，所以为了方便研究 LiteOS 的内核源代码，我们只把需要的文件添加到 test20 工程中，其他文件暂时不添加，避免工程复杂化，不好分析和解读 LiteOS 内核源代码。这里我们主要添加 4 个文件到 test20 工程中，包括 inc、liteos、osal 及 STM32L4xx_HAL_Driver 文件，最终结果如图 7.5 所示。

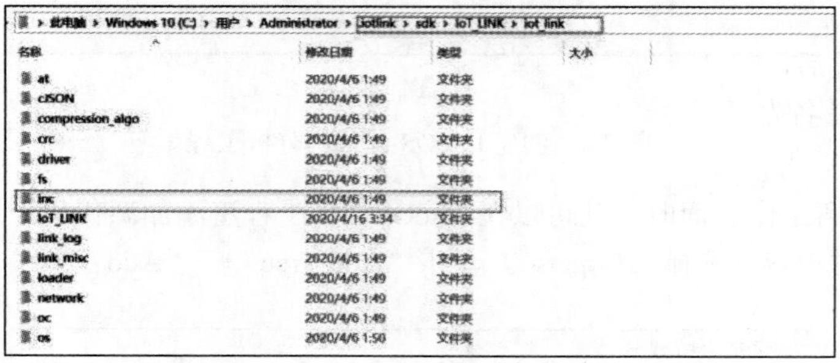

（a）

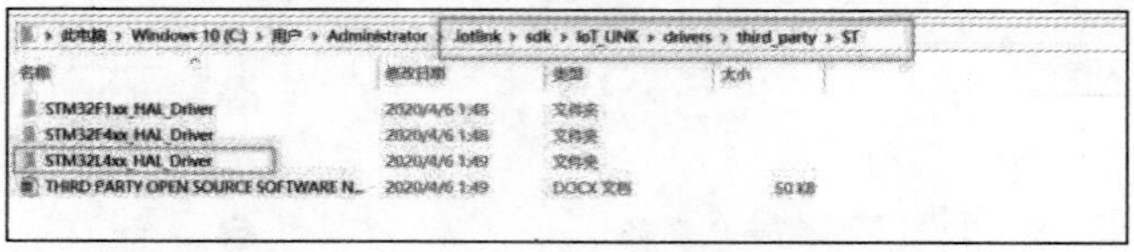

（b）

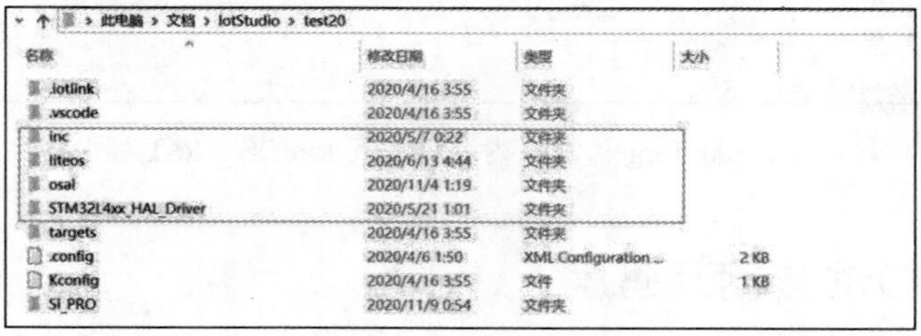

（c）

图 7.5　将 inc 、liteos 、osal、STM32L4xx_HAL_Driver 4 个文件添加到 test20 工程下

现在我们把 inc 和 liteos 两个文件中的源代码按照同样的方法添加到 LiteOS_PR 源代码工程中，如图 7.6 所示。

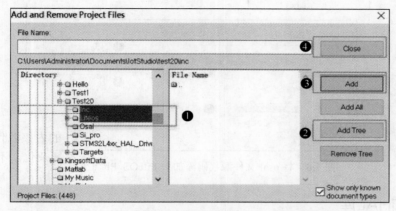

图 7.6　将 inc、listos 文件源代码添加到 LiteOS_PR 源代码工程中

添加 liteos 文件后，其实我们会发现，liteos 文件中还有一些头文件并没有被添加到 LiteOS_PR 工程中，如扩展名为 ".ph" 和 ".inc" 的文件。因为 Source Insight 默认不能将这样的文件添加到工程中，所以我们必须在 Source Insigh 配置中特别添加这两种文件扩展名，方便我们可以查看扩展名为 ".ph" 和 ".inc" 的文件源代码。我们选择 "Options" 选项下的 "Document Options" 子选项，然后按照图 7.7 所示的方法添加进去。

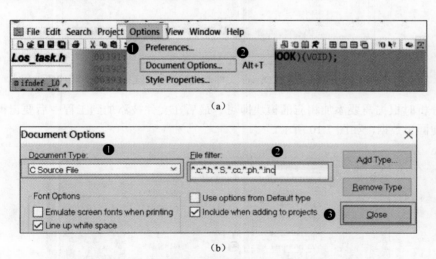

图 7.7　添加扩展名为 ".ph"".inc" 的文件

配置好后，我们按照同样的方法把 liteos 文件源代码再添加到 LiteOS_PR 工程中，最后就可以在 LiteOS_PR 工程里查看到扩展名为 ".ph" 和 ".inc" 的文件源代码了。

7.1.3 添加OS的OSAL部分

接着我们继续按照同样的方法把 osal 文件源代码添加到 LiteOS_PR 工程中，如图 7.8 所示。

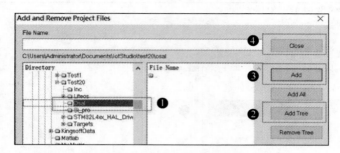

图 7.8   将 osal 文件源代码添加到 LiteOS_PR 工程中

7.1.4 添加HAL库

最后将 STM32L4xx_HAL_Driver 文件源代码添加到 LiteOS_PR 工程中，如图 7.9 所示。

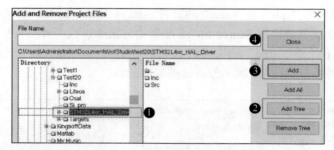

图 7.9   将 STM32L4xx_HAL_Driver 文件源代码添加到 LiteOS_PR 源代码工程中

后续分析时根据需要添加相应的模块即可。最后在文件被添加到工程中后要记得同步一下文件，以便同步数据，如图 7.10 所示。

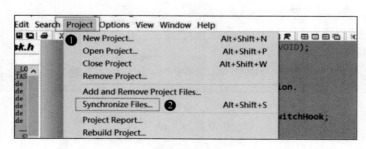

(a)

图 7.10   同步文件

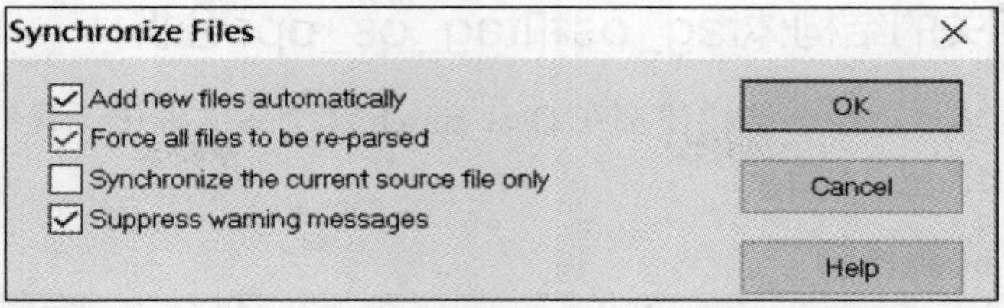

（b）

图 7.10　同步文件（续）

7.2　OSAL部分源代码

OSAL 主要做各个不同操作系统的抽象层。它的作用是抽象化外围组件，使之成为标准化的接口。当用户切换到不同操作系统时，外围组件接口不需要做任何的改动，直接就可以使用，可极大地提高用户的开发效率和学习效率，如图 7.11 所示。

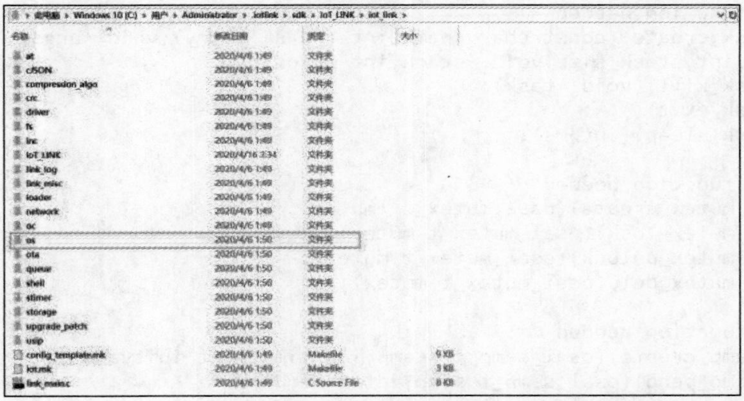

图 7.11　除 OS 文件外，其他文件属于外围组件

OSAL 部分其实不算 LiteOS 内核部分，属于独立的连接件，如图 7.12 所示，osal 文件与 liteos 文件属于同级目录。

图 7.12　osal 文件与 liteos 文件之间的关系

7.2.1 OSAL相关的结构体tag_os和tag_os_ops分析

tag_os 和 tag_os_ops 这两个结构体都在 Osal_imp.h 这个头文件中。我们先来看结构体 tag_os 的源代码分析，如代码 7.1 所示。

代码 7.1 tag_os 源代码

```
typedef struct
{
    const  char      *name;  ///< operation system name
    const  tag_os_ops  *ops;   ///< system function interface
}tag_os;
```

name 是一个 char 类型的指针变量，用来表示操作系统的名称。ops 是一个 tag_os_ops 结构体类型的指针变量，用来表示操作系统的函数接口。

接下来，我们来看结构体 tag_os_ops 的源代码分析，如代码 7.2 所示。

代码 7.2 tag_os_ops 源代码

```
typedef struct
{
  ///< task function needed
  void* (*task_create)(const char *name,int (*task_entry)(void *args),\
  void *args,int stack_size,void *stack,int prior);
  int   (*task_kill)(void *task);                                (1)
  void  (*task_exit)();
  void  (*task_sleep)(int ms);

  ///< mutex function needed
  bool_t  (* mutex_create)(osal_mutex_t *mutex);
  bool_t  (* mutex_lock)(osal_mutex_t mutex);
  bool_t  (* mutex_unlock)(osal_mutex_t mutex);                  (2)
  bool_t  (* mutex_del)(osal_mutex_t mutex);

  ///< semp function needed
  bool_t (*semp_create)(osal_semp_t *semp,int limit,int initvalue);
  bool_t (*semp_pend)(osal_semp_t semp,int timeout);
  bool_t (*semp_post)(osal_semp_t semp);                         (3)
  bool_t (*semp_del)(osal_semp_t semp);

  ///< queue function needed
  bool_t (*queue_create)(osal_queue_t *queue,int len,int msgsize);
  bool_t (*queue_send)(osal_queue_t queue, void *pbuf, unsigned int bufsize, unsigned int
          timeout);                                              (4)
  bool_t  (*queue_recv)(osal_queue_t queue, void *pbuf, unsigned int bufsize,
          unsigned int timeout);
bool_t (*queue_del)(osal_queue_t queue);

  ///< memory function needed
  void *(*malloc)(int size);
  void  (*free)(void *addr);                                     (5)
  void *(*realloc)(void *ptr, int newsize);

  ///< system time
```

```
unsigned long long (*get_sys_time)(void);                             (6)

  ///< reboot
  int (*reboot)(void); ///< never come back only if failed              (7)
   int (*int_connect)(int intnum, int prio, int mode, fn_interrupt_handle callback,void
       *arg);
}tag_os_ops;
```

tag_os_ops 源代码包含以下几个代码块。

代码 7.2（1）：任务相关所需函数接口——任务创建函数、任务终止函数、任务退出函数、任务睡眠函数。

代码 7.2（2）：互斥锁相关所需函数接口——互斥锁创建函数、互斥锁锁住函数、互斥锁解锁函数、互斥锁删除函数。

代码 7.2（3）：信号量相关所需函数接口——信号量创建函数、信号挂起函数、信号布置函数、信号删除函数。

代码 7.2（4）：队列相关所需函数接口——队列创建函数、队列发送函数、队列接收函数、队列删除函数。

代码 7.2（5）：内存相关所需函数接口——内存分配函数、内存释放函数、内存重分配函数。

代码 7.2（6）：获取系统时间函数接口。

代码 7.2（7）：系统重启函数接口，中断链接函数接口。

7.2.2　OSAL在LiteOS中的实现liteos_imp.c分析

前文介绍过，在 sdk/IOT_LINK/iot_link/os 这个文件目录下，有几个不同的操作系统，并且在每个操作系统文件里面都封装了一个以"操作系统名称 _imp.c"命名的实现文件，如 linux_imp.c、macos_imp.c、ucos_ii_imp.c 等。如果用户在工程里面调用了某个以"操作系统名称 _imp.c"形式命名的实现文件，就会对该操作系统实现调用，如现在 LiteOS_PR 工程里面只使用了 liteos_imp.c 这个文件，就能实现对 LiteOS 的调用。

具体实现细节如下：当用户要启动 LiteOS 时，在 Main.c 源文件里面的 osal_init() 函数会调用 liteos_imp.c 源文件里面的 os_imp_init() 函数，而 os_imp_init() 函数又会调用 Osal.c 源文件里面的 osal_install() 函数来安装 LiteOS，最终就能够实现 LiteOS 的启动，如代码 7.3 所示。

代码 7.3　LiteOS 调用源代码实现细节

```
int osal_init(void)
{
   int ret = -1;
   ret = os_imp_init();
```

```
    return ret;
}
static const tag_os *s_os_cb = NULL;
int os_imp_init(void)
{
    int ret = -1;

    ret = osal_install(&s_link_liteos);

    return ret;
}
int osal_install(const tag_os *os)
{
    int ret = -1;
    if(NULL == s_os_cb)
    {
        s_os_cb = os;
        ret = 0;
    }
    return ret;
}

static const tag_os s_link_liteos =
{
    .name = "LiteOS",
    .ops = &s_liteos_ops,
};
```

osal_init() 是 oasl 初始化函数，它会调用 os_imp_init() 函数。

os_imp_init() 是操作系统执行初始化函数，它会调用 osal_install() 函数来安装 LiteOS。

osal_install() 是操作系统安装函数，参数 os 是一个结构体指针变量，用来传递操作系统的名称；s_os_cb 是和 os 同类型的结构体指针变量，把传入的 os 赋值给 s_os_cb，并且 ret 重新赋值为 0；最后 osal_install() 函数会返回一个数值 0，表示操作系统安装成功。

s_link_liteos 是结构体 tag_os 定义的一个变量，并对该结构体成员进行初始化，这种初始化方式是 GNU C 的写法。把操作系统名称初始化为 "LiteOS"，函数接口初始化为 "&s_liteos_ops"，s_liteos_ops 是结构体 tag_os_ops 定义的一个变量，然后对结构体 tag_os_ops 成员进行初始化，最终就能实现调用该结构体里面的函数接口了，如代码 7.4 所示。

代码 7.4　结构体 tag_os_ops 成员初始化实现

```
static const tag_os_ops s_liteos_ops =
{
    .task_sleep = __task_sleep,
    .task_create = __task_create,
    .task_kill = __task_kill,
    .task_exit = __task_exit,
```

```
  .mutex_create = __mutex_create,
  .mutex_lock = __mutex_lock,
  .mutex_unlock = __mutex_unlock,
  .mutex_del = __mutex_del,

  .semp_create = __semp_create,
  .semp_pend = __semp_pend,
  .semp_post = __semp_post,
  .semp_del = __semp_del,

  .malloc = __mem_malloc,
  .free = __mem_free,

  .get_sys_time = __get_sys_time,
  .reboot = liteos_reboot,

  .int_connect = __int_connect,
};
```

7.2.3　LiteOS的OSAL API

所有的 OSAL API 都在 Osal.c 源文件里面，下面我们就来逐个分析 Osal.c 源文件中的 API，如代码 7.5～代码 7.25 所示。

代码 7.5　osal_task_create() 函数

```
//任务创建函数
void* osal_task_create(const char *name,int (*task_entry)(void *args),\
                void *args,int stack_size,void *stack,int prior)
{
  void *ret = NULL;
  if((NULL != s_os_cb) &&(NULL != s_os_cb->ops) &&(NULL != s_os_cb->ops->task_create))
  {
  ret=s_os_cb->ops->task_create(name,task_entry,args,stack_size,stack,prior);
  }
  return ret;
}
```

在任务创建函数 osal_task_create() 中，传参 name 表示操作系统的名称；task_entry 是一个函数指针，表示任务入口函数；stack_size 表示任务栈大小；stack 表示栈指针变量；prior 表示任务的优先级大小。

上述代码中，通过 tag_os 结构体指针变量 s_os_cb 指向结构体 tag_os 成员里面的 ops（ops 是结构体 tag_os_ops 定义的指针变量），最终就找到实体任务创建函数 task_create()。

代码 7.6　osal_task_kill() 函数

```
//任务终止函数
int osal_task_kill(void *task)
{
```

```
    int ret = -1;
    if((NULL != s_os_cb) &&(NULL != s_os_cb->ops) &&(NULL != s_os_cb->ops->task_kill))
    {
        ret = s_os_cb->ops->task_kill(task);
    }
    return ret;
}
```

上述代码中，通过结构体 tag_os 定义的指针变量 s_os_cb 指向结构体 tag_os 成员里面的 ops(ops 是结构体 tag_os_ops 定义的指针变量)，最终就找到实体任务终止函数 task_kill() 了。

代码 7.7　osal_task_exit() 函数

```
/任务退出函数
void osal_task_exit()
{
    if((NULL != s_os_cb) &&(NULL != s_os_cb->ops) &&(NULL != s_os_cb->ops->task_exit))
    {
        s_os_cb->ops->task_exit();
    }
    return ;
}
```

上述代码中，通过结构体 tag_os 定义的指针变量 s_os_cb 指向结构体 tag_os 成员里面的 ops（ops 是结构体 tag_os_ops 定义的指针变量），最终就找到实体任务退出函数 task_exit() 了。

代码 7.8　oasl_task_sleep() 函数

```
/任务睡眠函数
void osal_task_sleep(int ms)
{
    if((NULL != s_os_cb) &&(NULL != s_os_cb->ops) &&(NULL != s_os_cb->ops->task_sleep))
    {
        s_os_cb->ops->task_sleep(ms);
    }
    return ;
}
```

上述代码中，通过结构体 tag_os 定义的指针变量 s_os_cb 指向结构体 tag_os 成员里面的 ops（ops 是结构体 tag_os_ops 定义的指针变量），最终就找到实体任务睡眠函数 task_sleep() 了。

代码 7.9　osal_mutex_create() 函数

```
typedef void* osal_mutex_t;
 //互斥锁创建函数
bool_t  osal_mutex_create(osal_mutex_t *mutex)
{
    bool_t ret = false;
    if((NULL != s_os_cb) &&(NULL != s_os_cb->ops) &&(NULL != s_os_cb->ops->mutex_create))
    {
        ret = s_os_cb->ops->mutex_create(mutex);
```

```
   }
   return ret;
}
```

osal_mutex_create() 函数传参 mutex 是一个二级指针变量（osal_mutex_t 等价于 void*）。

上述代码中，通过结构体 tag_os 定义的指针变量 s_os_cb 指向结构体 tag_os 成员里面的 ops（ops 是结构体 tag_os_ops 定义的指针变量），最终就找到实体互斥锁创建函数 mutex_create() 了。

代码 7.10　osal_mutex_lock() 函数

```
typedef void* osal_mutex_t;
//互斥锁锁住函数
bool_t  osal_mutex_lock(osal_mutex_t mutex)
{
   bool_t ret = false;
   if((NULL != s_os_cb) &&(NULL != s_os_cb->ops) &&(NULL != s_os_cb->ops->mutex_lock))
   {
      ret = s_os_cb->ops->mutex_lock(mutex);
   }
   return ret;
}
```

osal_mutex_lock() 函数传参 mutex 是一个指针变量（osal_mutex_t 等价于 void *）。

上述代码中，通过结构体 tag_os 定义的指针变量 s_os_cb 指向结构体 tag_os 成员里面的 ops（ops 是结构体 tag_os_ops 定义的指针变量），最终就能找到实体互斥锁锁住函数 mutex_lock()。

代码 7.11　osal_mutex_unlock() 函数

```
typedef void* osal_mutex_t;
   //互斥锁解锁函数
bool_t  osal_mutex_unlock(osal_mutex_t mutex)
{
   bool_t ret = false;
   if((NULL != s_os_cb) &&(NULL != s_os_cb->ops) &&(NULL != s_os_cb->ops->mutex_unlock))
   {
      ret = s_os_cb->ops->mutex_unlock(mutex);
   }
   return ret;
}
```

osal_mutex_unlock() 函数传参 mutex 是一个指针变量（osal_mutex_t 等价于 void *）。

上述代码中，通过结构体 tag_os 定义的指针变量 s_os_cb 指向结构体 tag_os 成员里面的 ops（ops 是结构体 tag_os_ops 定义的指针变量），最终就能找到实体互斥锁解锁函数 mutex_unlock()。

代码 7.12　osal_mutex_del() 函数

```
typedef void* osal_mutex_t;
//互斥锁删除函数
bool_t  osal_mutex_del(osal_mutex_t mutex)
{
    bool_t ret = false;
    if((NULL != s_os_cb) &&(NULL != s_os_cb->ops) &&(NULL != s_os_cb->ops->mutex_del))
    {
        ret = s_os_cb->ops->mutex_del(mutex);
    }
    return ret;
}
```

osal_mutex_del() 函数传参 mutex 是一个指针变量（osal_mutex_t 等价于 void *）。

上述代码中，通过结构体 tag_os 定义的指针变量 s_os_cb 指向结构体 tag_os 成员里面的 ops（ops 是结构体 tag_os_ops 定义的指针变量），最终就能找到实体互斥锁删除函数 mutex_del()。

代码 7.13　osal_semp_create() 函数

```
typedef void* osal_semp_t;
//信号量创建函数
bool_t  osal_semp_create(osal_semp_t *semp,int limit,int initvalue)
{
    bool_t ret = false;
    if((NULL != s_os_cb) &&(NULL != s_os_cb->ops) &&(NULL != s_os_cb->ops->semp_create))
    {
        ret = s_os_cb->ops->semp_create(semp,limit,initvalue);
    }
    return ret;
}
```

在 osal_semp_create() 函数中，第一个传参 semp 是一个二级指针变量（osal_semp_t 等价于 void *），第二个传参 limit，表示信号量的大小限制值，第三个传参 initvalue，表示信号量初始化数值。

上述代码中，通过结构体 tag_os 定义的指针变量 s_os_cb 指向结构体 tag_os 成员里面的 ops（ops 是结构体 tag_os_ops 定义的指针变量），最终就能找到实体信号量创建函数 semp_create()。

代码 7.14　osal_semp_pend() 函数

```
typedef void* osal_semp_t;
//信号量挂起函数
bool_t  osal_semp_pend(osal_semp_t semp,int timeout)
{
    bool_t ret = false;
    if((NULL != s_os_cb) &&(NULL != s_os_cb->ops) &&(NULL != s_os_cb->ops->semp_pend))
    {
        ret = s_os_cb->ops->semp_pend(semp,timeout);
```

```
    }
    return ret;
}
```

osal_semp_pend() 函数里面的第一个传参 semp 是一个指针变量（osal_semp_t 等价于 void *）；第二个传参 timeout 表示信号量挂起超时时间。

上述代码中，通过结构体 tag_os 定义的指针变量 s_os_cb 指向结构体 tag_os 成员里面的 ops（ops 是结构体 tag_os_ops 定义的指针变量），最终就能找到实体信号量挂起函数 semp_pend()。

代码 7.15　osal_semp_post() 函数

```
typedef void* osal_semp_t;
//信号量布置函数
bool_t  osal_semp_post(osal_semp_t semp)
{
    bool_t ret = false;
    if((NULL != s_os_cb) &&(NULL != s_os_cb->ops) &&(NULL != s_os_cb->ops->semp_post))
    {
        ret = s_os_cb->ops->semp_post(semp);
    }
    return ret;
}
```

osal_semp_post() 函数里面的传参 semp 是一个指针变量（osal_semp_t 等价于 void *）。

上述代码中，通过结构体 tag_os 定义的指针变量 s_os_cb 指向结构体 tag_os 成员里面的 ops（ops 是结构体 tag_os_ops 定义的指针变量），最终就能找到实体信号量布置函数 semp_post()。

代码 7.16　osal_semp_del() 函数

```
typedef void* osal_semp_t;
//信号量删除函数
bool_t  osal_semp_del(osal_semp_t semp)
{
    bool_t ret = false;
    if((NULL != s_os_cb) &&(NULL != s_os_cb->ops) &&(NULL != s_os_cb->ops->semp_del))
    {
        ret = s_os_cb->ops->semp_del(semp);
    }
    return ret;
}
```

osal_semp_del() 函数里面的传参 semp 是一个指针变量（osal_semp_t 等价于 void *）。

上述代码中，通过结构体 tag_os 定义的指针变量 s_os_cb 指向结构体 tag_os 成员里面的 ops（ops 是结构体 tag_os_ops 定义的指针变量），最终就能找到实体信号量删除函数 semp_del()。

代码 7.17　osal_queue_create() 函数

```
typedef void* osal_queue_t;
//队列创建函数
bool_t  osal_queue_create(osal_queue_t *queue,int len,int msgsize)
{
    bool_t ret = false;
    if((NULL != s_os_cb) &&(NULL != s_os_cb->ops) &&(NULL != s_os_cb->ops->queue_create))
    {
        ret = s_os_cb->ops->queue_create( queue, len, msgsize);
    }
    return ret;
}
```

osal_queue_create() 函数里面的第一个传参 queue 是一个二级指针变量（osal_queue_t 等价于 void *），第二个传参 len 表示队列的长度，第三个传参 msgsize 表示队列信息的大小。

上述代码中，通过结构体 tag_os 定义的指针变量 s_os_cb 指向结构体 tag_os 成员里面的 ops（ops 是结构体 tag_os_ops 定义的指针变量），最终就能找到实体队列创建函数 queue_create()。

代码 7.18　osal_queue_send() 函数

```
typedef void* osal_queue_t;
//队列发送函数
bool_t  osal_queue_send(osal_queue_t queue, void *pbuf, unsigned int bufsize,
unsigned int timeout)
{
    bool_t ret = false;
    if((NULL != s_os_cb) &&(NULL != s_os_cb->ops) &&(NULL != s_os_cb->ops->queue_send))
    {
        ret = s_os_cb->ops->queue_send( queue, pbuf, bufsize, timeout);
    }
    return ret;
}
```

osal_queue_send() 函数里面的第一个传参 queue 是一个指针变量（osal_queue_t 等价于 void *），第二个传参 pbuf 也是一个指针变量，第三个传参 bufsize 表示队列发送缓冲大小，第四个传参 timeout 表示队列发送超时时间。

上述代码中，通过结构体 tag_os 定义的指针变量 s_os_cb 指向结构体 tag_os 成员里面的 ops（ops 是结构体 tag_os_ops 定义的指针变量），最终就能找到实体队列发送函数 queue_send()。

代码 7.19　osal_queue_recv() 函数

```
typedef void* osal_queue _t;
//队列接收函数
bool_t  osal_queue_recv(osal_queue_t queue, void *pbuf, unsigned int bufsize,
unsigned int timeout)
{
```

```
bool_t ret = false;
if((NULL != s_os_cb) &&(NULL != s_os_cb->ops) &&(NULL != s_os_cb->ops->queue_recv))
{
    ret = s_os_cb->ops->queue_recv( queue, pbuf, bufsize, timeout);
}
return ret;
}
```

osal_queue_recv() 函数里面的第一个传参 queue 是一个指针变量（osal_queue_t 等价于 void *），第二个传参 pbuf 也是一个指针变量，第三个传参 bufsize 表示队列发送缓冲大小，第四个传参 timeout 表示队列发送超时时间。

上述代码中，通过结构体 tag_os 定义的指针变量 s_os_cb 指向结构体 tag_os 成员里面的 ops（ops 是结构体 tag_os_ops 定义的指针变量），最终就能找到实体队列接收函数 queue_recv()。

代码 7.20　osal_queue_del() 函数

```
typedef void* osal_queue_t;
//队列删除函数
bool_t  osal_queue_del(osal_queue_t queue)
{
    bool_t ret = false;
    if((NULL != s_os_cb) &&(NULL != s_os_cb->ops) &&(NULL != s_os_cb->ops->queue_del))
    {
        ret = s_os_cb->ops->queue_del( queue);
    }
    return ret;
}
```

osal_queue_del() 函数里面的传参 queue 是一个指针变量（osal_queue_t 等价于 void *）。

上述代码中，通过结构体 tag_os 定义的指针变量 s_os_cb 指向结构体 tag_os 成员里面的 ops（ops 是结构体 tag_os_ops 定义的指针变量），最终就能找到实体队列删除函数 queue_del()。

代码 7.21　osal_malloc() 函数

```
//内存分配函数
void *osal_malloc(size_t size)
{
    void *ret = NULL;
    if((NULL != s_os_cb) &&(NULL != s_os_cb->ops) &&(NULL != s_os_cb->ops->malloc))
    {
        ret = s_os_cb->ops->malloc(size);
    }
    return ret;
}
```

上述代码中，通过结构体 tag_os 定义的指针变量 s_os_cb 指向结构体 tag_os 成员里面的 ops（ops 是结构体 tag_os_ops 定义的指针变量），最终就能找到实体内存分配函数 malloc()。

代码 7.22　osal_free() 函数

```
//内存释放函数
void  osal_free(void *addr)
{
   if((NULL != s_os_cb) &&(NULL != s_os_cb->ops) &&(NULL != s_os_cb->ops->free))
   {
      s_os_cb->ops->free(addr);
   }
   return;
}
```

上述代码中，通过结构体 tag_os 定义的指针变量 s_os_cb 指向结构体 tag_os 成员里面的 ops（ops 是结构体 tag_os_ops 定义的指针变量），最终就能找到实体内存释放函数 free()。

代码 7.23　osal_get_sys_time() 函数

```
//系统时间函数
unsigned long long osal_get_sys_time()
{
   unsigned long long  ret = 0;
   if((NULL != s_os_cb) &&(NULL != s_os_cb->ops) &&(NULL != s_os_cb->ops->get_sys_time))
   {
      ret = s_os_cb->ops->get_sys_time();
   }
   return ret;
}
```

上述代码中，通过结构体 tag_os 定义的指针变量 s_os_cb 指向结构体 tag_os 成员里面的 ops（ops 是结构体 tag_os_ops 定义的指针变量），最终就能找到实体系统时间函数 get_sys_time()。

代码 7.24　osal_reboot() 函数

```
//系统重启函数
int osal_reboot()
{
   int ret = -1;
   if((NULL != s_os_cb) &&(NULL != s_os_cb->ops) &&(NULL != s_os_cb->ops->reboot))
   {
      ret = s_os_cb->ops->reboot();
   }
   return ret;
}
```

上述代码中，通过结构体 tag_os 定义的指针变量 s_os_cb 指向结构体 tag_os 成员里面的 ops（ops 是结构体 tag_os_ops 定义的指针变量），最终就能找到实体系统重启函数 reboot()。

代码 7.25　osal_int_connect() 函数

```
//中断链接函数
int osal_int_connect(int intnum, int prio, int mode, fn_interrupt_handle callback,
void *arg)
{
```

```
    int ret = -1;
    if((NULL != s_os_cb) &&(NULL != s_os_cb->ops) &&(NULL != s_os_cb->ops->int_connect))
    {
        ret = s_os_cb->ops->int_connect(intnum, prio, mode, callback, arg);
    }
    return ret;
}
```

osal_int_connect() 函数里面的第一个传参 intnum 表示中断号，第二个传参 prio 表示中断优先级大小，第三个传参 mode 表示中断模式的选择，第四个传参 fn_interrupt_handle callback 表示中断处理回调函数。

上述代码中，通过结构体 tag_os 定义的指针变量 s_os_cb 指向结构体 tag_os 成员里面的 ops（ops 是结构体 tag_os_ops 定义的指针变量），最终就能找到实体中断链接函数 int_connect()。

OSAL 编程的抽象实现对用户自身的 C 语言功底和其他技能方面要求非常高。但是如果能够非常熟悉基于 LiteOS 的 OSAL 编程实现，将对用户自身的 C 语言运用能力有一个质的提高，而且在后续实际工作中，用户也可以手动去实现 OSAL 编程。

7.3　LiteOS内核学习方法

对于 RTOS 的学习，一般可以分为 4 种境界：使用内核、基本读懂内核、深度理解内核、自己写内核。下面具体来看它们的区别。

- 使用内核：当用户面对一个陌生的操作系统时，看不懂它的操作代码，但是可以基本使用内核，如对 RTOS 的移植。
- 基本读懂内核：用户可以基本读懂操作系统里面的代码。
- 深度理解内核：在基本读懂内核的基础上，用户对内核有深层的理解，如内核里面的任务调度、事件管理、队列管理、IPC 机制、内存管理等，并且在实际开发过程中，当内核出现了问题，用户可以马上定位到错误，还能够快速纠正这个错误。
- 自己写内核：在掌握了前 3 种境界后，用户对内核的理解和实战已经达到了"登峰造极"的地步，这个时候就可以尝试写一个属于自己的操作系统的内核了。

零基础彻底深度学习操作系统内核，本来要先学理论，再学实践的。学理论主要是看经典书籍，如《深入理解计算机系统》；实践是找个真实操作系统分析内核源代码，如 LiteOS 内核。平时在学习操作系统的时候，千万不要只停留在一些理论概念上，切勿纸上谈兵；学好一个操作系统最好的方法，就是在掌握理论的条件下，用实战检验学习成果。

现在市面上有比较多的 RTOS，对于刚学习的用户来说，选择其中的一个操作系统来系统学习就足够了；当用户学会了其中一个 RTOS，其他的 RTOS 差不多也就掌握了；市面上的操作系统差异不会很大，但是要做到精通一个操作系统，需要一个漫长的学习过程，同时更多的是要去实践，才能理解和掌握得更加深入。

7.4 任务管理模块

7.4.1 任务状态和任务切换

首先我们要明白什么叫任务状态，从字面上看，任务状态就是指当前任务所处的状态。在 LiteOS 中，任务状态可以分为下面 4 种。

- 就绪（Ready）态：指该任务处于就绪列表（该任务时刻准备着），要等待 CPU 处理完别的任务之后来执行该任务。可以比喻成下班去食堂打菜吃饭，此时你正在排队等待，只有当前面的人都打完菜，才能轮到你。
- 运行（Run）态：指该任务当前正在被 CPU 操作、执行。此时可以比喻成刚好轮到你来打菜。
- 阻塞（Blocked）态：指该任务不在就绪列表中，此时的任务是不能被 CPU 执行的。任务被阻塞的原因可能是任务被挂起、任务被延时、任务正在等待信号量、读/写队列或者等待读/写事件。这种情况可以比喻成由于某种原因，如在排队的过程中突然有人打电话找你有事，这时候由于你要处理事情，就不再继续排队了。
- 退出（Dead）态：指该任务运行结束，等待系统回收资源。如果是接触过 Linux 操作系统的用户，可以联想到僵尸进程（也就是子进程死了，要被父进程回收，不然就会造成 Linux 系统资源的浪费）。

接着我们来看任务切换，在 LiteOS 里面任务的状态切换关系如图 7.13 所示。

任务状态间的切换说明如下。

（1）就绪态→运行态

任务创建后进入就绪态。发生任务状态切换时，就绪列表中最高优先级的任务先被执行，从而进入运行态，但此刻该任务依旧在就绪列表中。

（2）运行态→阻塞态

正在运行的任务发生阻塞（挂起、延时、获取互斥锁、读消息、读取信

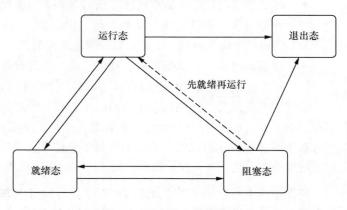

图 7.13 任务状态的切换关系

号量等待等）时，该任务会从就绪列表中删除。任务状态由运行态变成阻塞态，然后发生任务切换，运行就绪列表中剩余最高优先级的任务。

（3）阻塞态→运行态

正常被阻塞的任务要恢复到运行态，一般都是先把阻塞的任务转变成就绪的任务，然后转变为运行的任务；而图 7.13 中直接把阻塞的任务转变为运行的任务，这里表示当前 CPU 运行的任务没有阻塞的任务恢复到运行任务的优先级高。

（4）阻塞态→就绪态

阻塞的任务被恢复后（任务恢复、延时时间超时、读信号量超时或读到信号量等），被恢复的任务会被加入就绪列表，从而由阻塞态变成就绪态；此时如果被恢复任务的优先级高于正在运行的任务的优先级，则会发生任务状态切换，将该任务由就绪态变成运行态。

（5）就绪态→阻塞态

任务也有可能在就绪态被阻塞（挂起），此时任务状态会由就绪态转变为阻塞态，该任务从就绪列表中删除，不会参与任务调度，直到该任务被恢复。

（6）运行态→就绪态

有更高优先级的任务创建或者恢复后，会发生任务调度，此刻就绪列表中最高优先级任务变为运行态，那么原先运行的任务由运行态变为就绪态，并且该低优先级任务依然在就绪列表中。

（7）运行态→退出态

运行中的任务运行结束，内核自动将此任务删除，任务状态由运行态变为退出态。

（8）阻塞态→退出态

阻塞的任务调用删除接口，任务状态由阻塞态变为退出态。

7.4.2　任务管理相关术语

（1）任务 ID

任务 ID，在任务创建时通过参数返回给用户，作为任务的一个非常重要的标识。用户可以通过任务 ID 对指定任务进行任务挂起、任务恢复、查询任务名等操作。可以把任务 ID 比作我们每个人的身份证号码，通过这个身份证号码能识别到一个人的基本信息。

（2）任务优先级

任务优先级表示任务执行的优先顺序。任务优先级决定了在发生任务切换时即将要执行的任务，也就是说在就绪列表中的最高优先级的任务将先得到执行。在 LiteOS 里面，任务一共有 32 个优先级（0 ～ 31），0 表示最高优先级，31 表示最低优先级。

（3）任务入口函数

每个新任务得到调度后将执行的函数。该函数由用户实现，在任务创建时，通过任务创建结构体指定。

（4）任务栈

每一个任务都拥有一个独立的栈空间，我们称为任务栈。栈空间里保存的信息包含局部变量、寄存器、函数参数、函数返回地址等。任务在任务切换时会将切出任务的上下文信息保存在自身的任务栈空间里面，以便任务恢复时还原现场，从而在任务恢复后在切出点继续执行。

（5）任务上下文和任务切换

任务在运行过程中使用到的一些资源，如寄存器等，我们称为任务上下文。当这个任务挂起时，其他任务继续执行。在任务恢复后，如果没有把任务上下文保存下来，有可能任务切换会修改寄存器中的值，从而导致未知错误。

因此 LiteOS 在任务挂起的时候会将本任务的任务上下文信息保存在自己的任务栈里面，以便任务恢复后，从栈空间中恢复挂起时的上下文信息，从而继续执行被挂起时被打断的代码。

任务切换包含获取就绪列表中最高优先级任务、切出任务上下文保存、切入任务上下文恢复等动作。

7.4.3　任务控制块TCB

每一个任务都含有一个任务控制块（Task Control Block，TCB）。TCB 包含了任务上下文栈指针（Stack Pointer）、任务状态、任务优先级、任务 ID、任务名、任务栈大小等信息。TCB 可以反映出每个任务运行情况。下面是任务控制块结构体封装的程序。

```
typedef struct tagTaskCB
{
    VOID               *pStackPointer;      //任务栈指针
    UINT16              usTaskStatus;       //任务状态
    UINT16              usPriority;         //任务优先级
#if (LOSCFG_ENABLE_MPU == YES)             //一般用不到
    VOID               *pMpuSettings;        /**< address space id */
    UINT32              uwHeapSize;         /**< heap size */
    VOID               *pPool;              /**< per-task heap */
#endif
    UINT32              uwStackSize;        //任务栈大小
    UINT32              uwTopOfStack;       //任务栈顶
    UINT32              uwTaskID;           //任务ID
    TSK_ENTRY_          FUNCpfnTaskEntry;   //任务入口函数
    VOID               *pTaskSem;           //任务信号量指针
    VOID               *pTaskMux;           //任务互斥锁指针
    UINT32              uwArg;
```

```
    CHAR                *pcTaskName;                    //任务的名称指针
    LOS_DL_LIST         stPendList;                     //链表
    LOS_DL_LIST         stTimerList;
    UINT32              uwIdxRollNum;
    EVENT_CB_S          uwEvent;                        //事件标识
    UINT32              uwEventMask;                    //事件掩码
    UINT32              uwEventMode;                    //事件模式
    VOID            *puwMsg;                            //内存分配给队列
#if (LOSCFG_LIB_LIBC_NEWLIB_REENT == YES)
    struct _reent stNewLibReent;                        /**< NewLib _reent struct */
#endif
#if (LOSCFG_TASK_TLS_LIMIT != 0)
    UINTPTR         auvTaskTls [LOSCFG_TASK_TLS_LIMIT];
#endif
} LOS_TASK_CB;
```

7.5　任务管理相关源代码

下面我们来开始分析 LiteOS 里面的任务管理源代码，任务管理源代码在 LiteOS_task.c 源文件里面，具体内容如下。

7.5.1　任务创建与删除

下面是任务创建与删除的程序。

```
//创建任务，并使该任务进入挂起(Suspend)状态，并不参与调度
LITE_OS_SEC_TEXT_INIT UINT32 LOS_TaskCreateOnly(UINT32 *puwTaskID,
TSK_INIT_PARAM_S *pstInitParam)
/**puwTaskID表示接收用户创建好的任务ID。*pstInitParam表示用户创建需要初始化的参数，它是一个TSK_
INIT_PARAM_S 结构体指针变量，该结构成员包含任务入口函数，任务优先级，任务参数，任务栈大小，任务名
称，任务堆大小等*/
{
    UINT32 uwTaskID = 0;
    UINTPTR uvIntSave;
    VOID  *pTopStack;
    LOS_TASK_CB *pstTaskCB;
    UINT32 uwErrRet = OS_ERROR;
    //进行指针校验
    if (NULL == puwTaskID)
    {
        return LOS_ERRNO_TSK_ID_INVALID;   //无效的任务ID
    }

    if (NULL == pstInitParam)
    {
        return LOS_ERRNO_TSK_PTR_NULL;     //任务参数为空
    }
```

```
    if (NULL == pstInitParam->pcName)
    {
        return LOS_ERRNO_TSK_NAME_EMPTY;    //任务名为空
    }

    if (NULL == pstInitParam->pfnTaskEntry)
    {
        return LOS_ERRNO_TSK_ENTRY_NULL;      //任务入口函数为空
    }
    //判断用户当前任务的优先级是否大于操作系统的任务最低优先级大小
    if ((pstInitParam->usTaskPrio) > OS_TASK_PRIORITY_LOWEST)
    {
        return LOS_ERRNO_TSK_PRIOR_ERROR;      //不确定的任务优先级
    }

    if (((pstInitParam->usTaskPrio) == OS_TASK_PRIORITY_LOWEST)
        && (pstInitParam->pfnTaskEntry != OS_IDLE_TASK_ENTRY))
    {
        return LOS_ERRNO_TSK_PRIOR_ERROR;      //不确定的任务优先级
    }
    //如果用户传入的任务栈大小为0，则默认使用系统任务栈大小
    if (0 == pstInitParam->uwStackSize)
    {
        pstInitParam->uwStackSize = LOSCFG_BASE_CORE_TSK_DEFAULT_STACK_SIZE;
    }
    //任务栈按照LOSCFG_STACK_POINT_ALIGN_SIZE（8B）大小进行字节对齐
    pstInitParam->uwStackSize = ALIGN(pstInitParam->uwStackSize ,
LOSCFG_STACK_POINT_ALIGN_SIZE);
    /*将该任务栈的大小与系统的最小任务栈的大小做比较，如果比系统默认的最小的栈大小还要小，就进行扩展任
务栈的大小操作*/
    if (pstInitParam->uwStackSize < LOSCFG_BASE_CORE_TSK_MIN_STACK_SIZE)
    {
        return LOS_ERRNO_TSK_STKSZ_TOO_SMALL;
    }
}
//除重置、不可屏蔽中断和硬件故障外，禁用所有中断，当前中断状态的值将返回给uvIntSave
    uvIntSave = LOS_IntLock();
    /*检测循环队列g_stTaskRecyleList是否为空，如果为空，那么就没有可用的TCB，也就不能创建新的任务
了*/
    while (!LOS_ListEmpty(&g_stTskRecyleList))
    {
        //OS_TCB_FROM_PENDLIST()用于从空闲队列的队头获取下一个TCB
        pstTaskCB = OS_TCB_FROM_PENDLIST(LOS_DL_LIST_FIRST(&g_stTskRecyleList));
        /*LOS_ListDelete()用于从双重链表中删除指定节点，这里表示把TCB从循环队列中删除掉*/
        LOS_ListDelete(LOS_DL_LIST_FIRST(&g_stTskRecyleList));
        //LOS_ListAdd()用于向双链表插入新节点，这里是把TCB重新添加到空闲队列的队头
        LOS_ListAdd(&g_stLosFreeTask, &pstTaskCB->stPendList);
        //LOS_MemFree()释放内存并将其返回到内存池
        (VOID)LOS_MemFree(OS_TASK_STACK_ADDR, (VOID *)pstTaskCB->uwTopOfStack);

        pstTaskCB->uwTopOfStack = (UINT32)NULL;
    }
    /*表示如果双链表为空（也就是空闲队列为空），那么此时就没有可用的TCB，也就不能创建新的任务了*/
```

```
    if (LOS_ListEmpty(&g_stLosFreeTask))
    {
        uwErrRet = LOS_ERRNO_TSK_TCB_UNAVAILABLE; //TCB不能够获取的错误
        OS_GOTO_ERREND();
    }
    //从空闲队列的队头获取下一个TCB
    pstTaskCB = OS_TCB_FROM_PENDLIST(LOS_DL_LIST_FIRST(&g_stLosFreeTask));
    /*lint !e413*/LOS_ListDelete(LOS_DL_LIST_FIRST(&g_stLosFreeTask));
    (VOID)LOS_IntRestore(uvIntSave);
    uwTaskID = pstTaskCB->uwTaskID;
    //任务栈空间大小分配
    extern VOID *osTskStackAlloc (TSK_INIT_PARAM_S *pstInitParam);
    pTopStack = (VOID *)osTskStackAlloc(pstInitParam);
    //如果栈顶指针为NULL，说明创建栈空间申请失败，将不能再为用户创建新的任务
    if (NULL == pTopStack)
    {
        uvIntSave = LOS_IntLock();
        LOS_ListAdd(&g_stLosFreeTask, &pstTaskCB->stPendList);
        uwErrRet = LOS_ERRNO_TSK_NO_MEMORY;
        OS_GOTO_ERREND();
    }
    // TCB结构体成员初始化
    pstTaskCB->uwArg             = pstInitParam->uwArg;
    pstTaskCB->uwTopOfStack      = (UINT32)pTopStack;
    pstTaskCB->uwStackSize       = pstInitParam->uwStackSize;
    pstTaskCB->pTaskSem          = NULL;
    pstTaskCB->pTaskMux          = NULL;
    pstTaskCB->usTaskStatus      = OS_TASK_STATUS_SUSPEND;
    pstTaskCB->usPriority        = pstInitParam->usTaskPrio;
    pstTaskCB->pfnTaskEntry      = pstInitParam->pfnTaskEntry;
    pstTaskCB->uwEvent.uwEventID = 0xFFFFFFFF;
    pstTaskCB->uwEventMask       = 0;
    pstTaskCB->pcTaskName        = pstInitParam->pcName;
    pstTaskCB->puwMsg = NULL;
    //任务栈初始化
    osTskStackInit(pstTaskCB, pstInitParam);

#if (LOSCFG_LIB_LIBC_NEWLIB_REENT == YES)
    /*Initialise this task's Newlib reent structure.*/
    _REENT_INIT_PTR(&(pstTaskCB->stNewLibReent));
#endif
    //把创建好的任务ID返回给用户
    *puwTaskID = uwTaskID;
    return LOS_OK;

LOS_ERREND:

  (VOID)LOS_IntRestore(uvIntSave);
    return uwErrRet;
}

//任务创建函数，使任务进入就绪态，并且能够调度
LITE_OS_SEC_TEXT_INIT UINT32 LOS_TaskCreate(UINT32 *puwTaskID, TSK_INIT_PARAM_S
*pstInitParam)
```

```
/**puwTaskID表示接收用户创建好的任务ID。*pstInitParam表示用户创建需要初始化的参数，它是一个TSK_
INIT_PARAM_S 结构体指针变量，该结构体成员包含任务入口函数、任务优先级、任务参数、任务栈大小、任务名
称、任务堆大小等*/
{
    UINT32 uwRet = LOS_OK;
    UINTPTR uvIntSave;
//定义一个任务控制块LOS_TASK_CB结构体指针，用于保存新创建任务的任务信息

    LOS_TASK_CB *pstTaskCB;
    TSK_INIT_PARAM_S stInitParam;
    //进行指针校验
    if (NULL == pstInitParam)
    {
        return LOS_ERRNO_TSK_PTR_NULL;      //任务参数为空
    }

    stInitParam = *pstInitParam;
    /*调用LOS_TaskCreateOnly创建一个任务，并进行判断是否创建成功；由LOS_TaskCreateOnly()函数创
建的任务，我们知道它并不参与系统调度，所以这里用户必须将它添加到排序队列中让它参与系统调度*/
    uwRet = LOS_TaskCreateOnly(puwTaskID, &stInitParam);
    if (LOS_OK != uwRet)
    {
        return uwRet;
    }
}
    // OS_TCB_FROM_TID()函数通过任务ID获取TCB的信息
    pstTaskCB = OS_TCB_FROM_TID(*puwTaskID);
    //禁止所有中断
uvIntSave = LOS_IntLock();
    //清除任务挂起状态
pstTaskCB->usTaskStatus &= (~OS_TASK_STATUS_SUSPEND);
    //使任务处于就绪态
    pstTaskCB->usTaskStatus |= OS_TASK_STATUS_READY;
    //这里默认不对CPU的使用配置进行修改，宏LOSCFG_BASE_CORE_CPUP 默认被设置成NO
#if (LOSCFG_BASE_CORE_CPUP == YES)
    g_pstCpup[pstTaskCB->uwTaskID].uwID = pstTaskCB->uwTaskID;
    g_pstCpup[pstTaskCB->uwTaskID].usStatus = pstTaskCB->usTaskStatus;
     /* Initialise this task's Newlib reent structure. */
#endif
```

```
osPriqueueEnqueue(&pstTaskCB->stPendList, pstTaskCB->usPriority);
    // 从当前的优先级队列中取出优先级最高的任务
    g_stLosTask.pstNewTask = LOS_DL_LIST_ENTRY(osPriqueueTop(), LOS_TASK_CB,
stPendList); /*lint !e413*/
    //根据启动条件来进行任务切换，尝试调度新创建的任务并执行。
    if ((g_bTaskScheduled) && (g_usLosTaskLock == 0))
    {
        if (g_stLosTask.pstRunTask != g_stLosTask.pstNewTask)
        {
            if (LOS_CHECK_SCHEDULE)
            {
                (VOID)LOS_IntRestore(uvIntSave);
                osSchedule();
                return LOS_OK;
            }
        }
```

```
    }
    (VOID)LOS_IntRestore(uvIntSave);
    return LOS_OK;
}
```

```
//删除指定的任务
LITE_OS_SEC_TEXT_INIT UINT32 LOS_TaskDelete(UINT32 uwTaskID)
// uwTaskID表示要删除的任务ID
{
   //创建静态任务的相关配置
#if (LOSCFG_STATIC_TASK == NO)
    UINTPTR uvIntSave;
    LOS_TASK_CB *pstTaskCB;
    UINT16 usTempStatus;
    UINT32 uwErrRet = OS_ERROR;
    //任务ID校验
    CHECK_TASKID(uwTaskID);
    uvIntSave = LOS_IntLock();

    /* if self deleting, unlock the scheduler */
    //获取当前运行的任务ID
    if (uwTaskID == LOS_CurTaskIDGet())
    {
        g_usLosTaskLock = 0;
    }
    //OS_TCB_FROM_PENDLIST()函数根据任务ID找到TCB
    pstTaskCB = OS_TCB_FROM_TID(uwTaskID);

    usTempStatus = pstTaskCB->usTaskStatus;
    /*任务的状态若为 OS_TASK_STATUS_UNUSED, 表示该任务还在空闲队列中, 还没有被分配出, 所以不能删除*/
    if (OS_TASK_STATUS_UNUSED & usTempStatus)
    {
        uwErrRet = LOS_ERRNO_TSK_NOT_CREATED;
        OS_GOTO_ERREND();
    }
   //如果任务正在运行并且调度程序被锁定, 用户就不能去删除它
   if ((OS_TASK_STATUS_RUNNING & usTempStatus) && (g_usLosTaskLock != 0))
    {
        PRINT_INFO("In case of task lock, task deletion is not recommended\n");
        g_usLosTaskLock = 0;
    }
    //处于就绪态的任务会放在优先级队列中等待调度, 必须把它从优先级队列中删除并清除就绪态
    if (OS_TASK_STATUS_READY & usTempStatus)
    {
        osPriqueueDequeue(&pstTaskCB->stPendList);
        pstTaskCB->usTaskStatus &= (~OS_TASK_STATUS_READY);
}
    /*任务处于 PEND 或 PEND_QUEUE 状态, 表示任务存在于阻塞队列中, 删除时需要将其从对应的阻塞队列中删除*/
    else if ((OS_TASK_STATUS_PEND & usTempStatus) || (OS_TASK_STATUS_PEND_QUEUE &
usTempStatus))
    {
        LOS_ListDelete(&pstTaskCB->stPendList);
    }
    /*任务处于 DELAY 或 TIMEOUT 状态, 则表示该任务同时被加入了排序队列中等待超时, 需将其从排序队列中删除*/
```

```
        if ((OS_TASK_STATUS_DELAY | OS_TASK_STATUS_TIMEOUT) & usTempStatus)
        {
            osTimerListDelete(pstTaskCB);
        }
    //设置要删除的TCB相关标志位
        pstTaskCB->usTaskStatus &= (~(OS_TASK_STATUS_SUSPEND));
        pstTaskCB->usTaskStatus |= OS_TASK_STATUS_UNUSED;
        pstTaskCB->uwEvent.uwEventID = 0xFFFFFFFF;
        pstTaskCB->uwEventMask = 0;
#if (LOSCFG_BASE_CORE_CPUP == YES)
        (VOID)memset((VOID *)&g_pstCpup[pstTaskCB->uwTaskID], 0, sizeof(OS_CPUP_S));
#endif
        //获取优先级最高的任务，方便任务切换时使用
g_stLosTask.pstNewTask = LOS_DL_LIST_ENTRY(osPriqueueTop(), LOS_TASK_CB, stPendList);
        //判断任务是否处于运行状态
        if (OS_TASK_STATUS_RUNNING & pstTaskCB->usTaskStatus)
{
        /*任务自删除时将该任务加入循环队列 g_stTskRecyleList 中，而不是直接加入空闲队列。因为该任务
的栈在任务切换时还要使用，暂时不能完全释放*/
            LOS_ListTailInsert(&g_stTskRecyleList, &pstTaskCB->stPendList);
            //设置当前正在运行的TCB为初始化时默认的TCB
            g_stLosTask.pstRunTask = &g_pstTaskCBArray[g_uwTskMaxNum];
            g_stLosTask.pstRunTask->uwTaskID = uwTaskID;
            g_stLosTask.pstRunTask->usTaskStatus = pstTaskCB->usTaskStatus;
            g_stLosTask.pstRunTask->uwTopOfStack = pstTaskCB->uwTopOfStack;
            g_stLosTask.pstRunTask->pcTaskName = pstTaskCB->pcTaskName;
        /*设置默认TCB的状态为 UNUSED，表示默认的任务只是临时替代，并不是真正有效的任务*/
            pstTaskCB->usTaskStatus = OS_TASK_STATUS_UNUSED;
            (VOID)LOS_IntRestore(uvIntSave);
        //启动一次任务切换，CPU调度优先级队列中新的优先级最高的任务执行
            osSchedule();
            return LOS_OK;
}
        /*若要删除的任务不处于运行态，只是临时的则不需要去保存该任务的任何信息，直接将该任务的TCB加入
空闲队列，不要放在空闲队列中，并释放该任务所占用的栈空间*/
        else
        {
            pstTaskCB->usTaskStatus = OS_TASK_STATUS_UNUSED;
            LOS_ListAdd(&g_stLosFreeTask, &pstTaskCB->stPendList);
            (VOID)LOS_MemFree(OS_TASK_STACK_ADDR, (VOID *)pstTaskCB->uwTopOfStack);
            pstTaskCB->uwTopOfStack = (UINT32)NULL;
        }

    (VOID)LOS_IntRestore(uvIntSave);
    return LOS_OK;

LOS_ERREND:
    (VOID)LOS_IntRestore(uvIntSave);
    return uwErrRet;
#else
    (VOID)LOS_TaskSuspend(uwTaskID);
    return LOS_NOK;
#endif
}
```

7.5.2　任务状态控制

下面是任务状态控制的程序。

```
    //恢复挂起的任务
     LITE_OS_SEC_TEXT_INIT UINT32 LOS_TaskResume(UINT32 uwTaskID)
    //参数uwTaskID表示要恢复的任务ID
{
    UINTPTR uvIntSave;
    LOS_TASK_CB *pstTaskCB;
    UINT16 usTempStatus;
    UINT32 uwErrRet = OS_ERROR;
    //判断任务ID号是否超过有效任务号范围，如果超过就返回错误的任务ID
    if (uwTaskID > LOSCFG_BASE_CORE_TSK_LIMIT)
    {
        return LOS_ERRNO_TSK_ID_INVALID;   //无效的任务ID
    }
    //根据任务ID获取TCB
    pstTaskCB = OS_TCB_FROM_TID(uwTaskID);
    uvIntSave = LOS_IntLock();
    usTempStatus = pstTaskCB->usTaskStatus;
    //判断任务状态是否被挂起
    if (OS_TASK_STATUS_UNUSED & usTempStatus)
    {
        uwErrRet = LOS_ERRNO_TSK_NOT_CREATED;
        OS_GOTO_ERREND();
    }
    else if (!(OS_TASK_STATUS_SUSPEND & usTempStatus))
    {
        uwErrRet = LOS_ERRNO_TSK_NOT_SUSPENDED;
        OS_GOTO_ERREND();
    }
    //清除挂起状态，恢复被挂起的任务
    pstTaskCB->usTaskStatus &= (~OS_TASK_STATUS_SUSPEND);
    /*清除挂起状态后，如果任务不处于阻塞态，说明该任务满足参与调度的条件，则需要设置READY状态并将其
重新加入优先级队列中参与调度*/
    if (!(OS_CHECK_TASK_BLOCK & pstTaskCB->usTaskStatus) )
    {
        pstTaskCB->usTaskStatus |= OS_TASK_STATUS_READY;
        osPriqueueEnqueue(&pstTaskCB->stPendList, pstTaskCB->usPriority);
        if (g_bTaskScheduled)
        {
            (VOID)LOS_IntRestore(uvIntSave);
        //启动一次任务切换，CPU调度优先级队列中新的优先级最高的任务先执行
            LOS_Schedule();
            return LOS_OK;
        }
        //如果任务被恢复过来，不处于阻塞态，该任务就会重新加入优先级队列中参与调度
        g_stLosTask.pstNewTask = LOS_DL_LIST_ENTRY(osPriqueueTop(), LOS_TASK_CB,
stPendList); /*lint !e413*/
    }

    (VOID)LOS_IntRestore(uvIntSave);
```

```
    return LOS_OK;

LOS_ERREND:
    (VOID)LOS_IntRestore(uvIntSave);
    return uwErrRet;
}


//挂起指定任务函数
LITE_OS_SEC_TEXT_INIT UINT32 LOS_TaskSuspend(UINT32 uwTaskID)
{
    UINTPTR uvIntSave;
    LOS_TASK_CB *pstTaskCB;
    UINT16 usTempStatus;
    UINT32 uwErrRet = OS_ERROR;

    CHECK_TASKID(uwTaskID);
    pstTaskCB = OS_TCB_FROM_TID(uwTaskID);
    uvIntSave = LOS_IntLock();
    usTempStatus = pstTaskCB->usTaskStatus;
    //判断TCB或者任务的状态
    if (OS_TASK_STATUS_UNUSED & usTempStatus)
    {
        uwErrRet = LOS_ERRNO_TSK_NOT_CREATED;
        OS_GOTO_ERREND();
    }
    //判断任务是否被挂起
    if (OS_TASK_STATUS_SUSPEND & usTempStatus)
    {
        uwErrRet = LOS_ERRNO_TSK_ALREADY_SUSPENDED;
        OS_GOTO_ERREND();
    }
    /*如果要挂起的任务处于运行态并且该任务调度被锁住，但是因为任务挂起后无法完成任务的切换，所以不允
许被挂起*/
    if ((OS_TASK_STATUS_RUNNING & usTempStatus) && (g_usLosTaskLock != 0))
    {
        uwErrRet = LOS_ERRNO_TSK_SUSPEND_LOCKED;
        OS_GOTO_ERREND();
    }

    //如果要挂起处于就绪态的任务时，那么就把将该任务从优先级队列中剔除并同时要清除就绪态：
    if (OS_TASK_STATUS_READY & usTempStatus)
    {
        osPriqueueDequeue(&pstTaskCB->stPendList);
        pstTaskCB->usTaskStatus &= (~OS_TASK_STATUS_READY);
    }
        //设置任务的状态为挂起状态
    pstTaskCB->usTaskStatus |= OS_TASK_STATUS_SUSPEND;
    if (uwTaskID == g_stLosTask.pstRunTask->uwTaskID)
    {
        (VOID)LOS_IntRestore(uvIntSave);
        LOS_Schedule();
        return LOS_OK;
    }
```

```
        (VOID)LOS_IntRestore(uvIntSave);
        return LOS_OK;

LOS_ERREND:
        (VOID)LOS_IntRestore(uvIntSave);
        return uwErrRet;
}
//任务延时等待函数
LITE_OS_SEC_TEXT UINT32 LOS_TaskDelay(UINT32 uwTick)
{
        UINTPTR uvIntSave;
        //中断中不可以执行延时操作
        if (OS_INT_ACTIVE)
        {
                return LOS_ERRNO_TSK_DELAY_IN_INT;
        }
        //任务被锁时,是不能够进行任务延时的
        if (g_usLosTaskLock != 0)
        {
                return LOS_ERRNO_TSK_DELAY_IN_LOCK;
        }
        /*判断uwTick是否等于0,如果为0,就调用if语句里面的LOS_TaskYield()函数,来进行尝试调度与当前
任务同优先级的任务。如果没有,CPU就继续执行这个当前任务,不会进行任务切换;如果有,就会执行任务的调
度*/
        if (uwTick == 0)
        {
                return LOS_TaskYield();
        }
        //如果uwTick不等于0时,需要将该任务加入排序队列中,等待延时时间到后超时唤醒
        else
        {
                uvIntSave = LOS_IntLock();
        /*调用函数 osTaskAdd2TimerList()将该任务加入排序队列中,并且清除该任务的就绪态,让该任务处于
延时状态*/
                osPriqueueDequeue(&(g_stLosTask.pstRunTask->stPendList));
                g_stLosTask.pstRunTask->usTaskStatus &= (~OS_TASK_STATUS_READY);
                //将任务添加到排序的延迟列表中
                osTaskAdd2TimerList((LOS_TASK_CB *)g_stLosTask.pstRunTask, uwTick);
                g_stLosTask.pstRunTask->usTaskStatus |= OS_TASK_STATUS_DELAY;
                (VOID)LOS_IntRestore(uvIntSave);
                //当前任务延时执行,启动一次任务切换调度优先级队列中优先级最高的任务执行
                LOS_Schedule();
        }
        return LOS_OK;
}
//显式放权,调整指定优先级的任务调度顺序
LITE_OS_SEC_TEXT_MINOR UINT32 LOS_TaskYield(VOID)
{
        UINT32 uwTskCount = 0;
        UINTPTR uvIntSave;
        //判断当前运行的任务ID值大小是否大于等于g_uwTskMaxNum
        if(g_stLosTask.pstRunTask->uwTaskID >= g_uwTskMaxNum)
        {
```

```
        return LOS_ERRNO_TSK_ID_INVALID;      //无效的任务ID
    }
    //设置当前任务为就绪态
    if(!(g_stLosTask.pstRunTask->usTaskStatus & OS_TASK_STATUS_READY))
    {
        return LOS_OK;
    }
    uvIntSave = LOS_IntLock();
    //获取操作系统优先级队列里面的任务优先级大小
    uwTskCount = osPriqueueSize(g_stLosTask.pstRunTask->usPriority);
    if (uwTskCount > 1)
    {
        LOS_ListDelete(&(g_stLosTask.pstRunTask->stPendList));
        g_stLosTask.pstRunTask->usTaskStatus |= OS_TASK_STATUS_READY;
        osPriqueueEnqueue(&(g_stLosTask.pstRunTask->stPendList), g_stLosTask.pstRunTask-
>usPriority);
    }
    else
    {
        (VOID)LOS_IntRestore(uvIntSave);
        return LOS_ERRNO_TSK_YIELD_NOT_ENOUGH_TASK;
    }
    //恢复LOS_IntLock被锁定的中断。调用者必须传递先前保存的中断状态值
    (VOID)LOS_IntRestore(uvIntSave);
    LOS_Schedule();
    return LOS_OK;
}
```

7.5.3　任务调度的控制

下面是任务调度的控制程序。

```
    //锁任务调度函数
    LITE_OS_SEC_TEXT_MINOR VOID LOS_TaskLock(VOID)
{
    UINTPTR uvIntSave;

    uvIntSave = LOS_IntLock();
    g_usLosTaskLock++;
    (VOID)LOS_IntRestore(uvIntSave);
}

//解锁任务调度函数
LITE_OS_SEC_TEXT_MINOR VOID LOS_TaskUnlock(VOID)
{
    UINTPTR uvIntSave;

    uvIntSave = LOS_IntLock();
    if (g_usLosTaskLock > 0)
    {
        g_usLosTaskLock--;
        if (0 == g_usLosTaskLock)
```

```
        {
            (VOID)LOS_IntRestore(uvIntSave);
            LOS_Schedule();
            return;
        }
    }

    (VOID)LOS_IntRestore(uvIntSave);
}
```

7.5.4　任务优先级的控制

下面是任务优先级的控制程序。

```
    //设置当前任务的优先级
LITE_OS_SEC_TEXT_MINOR UINT32 LOS_CurTaskPriSet(UINT16 usTaskPrio)
{
    UINT32 uwRet;
    //调用 LOS_TaskPriSet()函数设置当前任务的优先级
    uwRet = LOS_TaskPriSet(g_stLosTask.pstRunTask->uwTaskID, usTaskPrio);
    return uwRet;
}

    //设定指定优先级任务函数
LITE_OS_SEC_TEXT_MINOR UINT32 LOS_TaskPriSet(UINT32 uwTaskID, UINT16 usTaskPrio)
{
    BOOL    bIsReady;
    UINTPTR uvIntSave;
    LOS_TASK_CB *pstTaskCB;
    UINT16 usTempStatus;
        //检查任务的优先级是否正确
    if (usTaskPrio > OS_TASK_PRIORITY_LOWEST)
    {
        return LOS_ERRNO_TSK_PRIOR_ERROR;
    }
  //检查任务ID，不要试图操作IDLE任务
    if (uwTaskID == g_uwIdleTaskID)
    {
        return LOS_ERRNO_TSK_OPERATE_IDLE;
    }
    //不要试图去操作软件定时器任务的设置
    if (uwTaskID == g_uwSwtmrTaskID)
    {
        return LOS_ERRNO_TSK_OPERATE_SWTMR;
    }
     //检查任务ID
    if (OS_CHECK_TSK_PID_NOIDLE(uwTaskID))
    {
        return LOS_ERRNO_TSK_ID_INVALID;
    }

    pstTaskCB = OS_TCB_FROM_TID(uwTaskID);
```

```
    uvIntSave = LOS_IntLock();
    usTempStatus = pstTaskCB->usTaskStatus;
    if (OS_TASK_STATUS_UNUSED & usTempStatus)
    {
        (VOID)LOS_IntRestore(uvIntSave);
        return LOS_ERRNO_TSK_NOT_CREATED;
    }
    /* delete the task and insert with right priority into ready queue */
    bIsReady = (OS_TASK_STATUS_READY & usTempStatus);
    /*判断bIsReady是否等于1，如果等于1，重新设置任务的优先级和状态，然后将该任务加入新的优先级队列
等待调度，并启动一次任务切换*/
    if (bIsReady)
    {
        osPriqueueDequeue(&pstTaskCB->stPendList);
        pstTaskCB->usTaskStatus &= (~OS_TASK_STATUS_READY);
        pstTaskCB->usPriority = usTaskPrio;
        pstTaskCB->usTaskStatus |= OS_TASK_STATUS_READY;
        osPriqueueEnqueue(&pstTaskCB->stPendList, pstTaskCB->usPriority);
    }
    /*如果不等于1，直接设置任务优先级*/
    else
    {
        pstTaskCB->usPriority = usTaskPrio;
    }

    (VOID)LOS_IntRestore(uvIntSave);
    /* delete the task and insert with right priority into ready queue */
    if (bIsReady)
    {
        LOS_Schedule();
    }

    return LOS_OK;

}
//获取指定任务的优先级函数
LITE_OS_SEC_TEXT_MINOR UINT16 LOS_TaskPriGet(UINT32 uwTaskID)
{
        UINTPTR uvIntSave;
    LOS_TASK_CB *pstTaskCB;
    UINT16 usPriority;
    //检查任务ID是否有效
    if (OS_CHECK_TSK_PID_NOIDLE(uwTaskID))
    {
        return (UINT16)OS_INVALID;
    }

    pstTaskCB = OS_TCB_FROM_TID(uwTaskID);

    uvIntSave = LOS_IntLock();
    //判断任务状态是否是UNUSED
    if (OS_TASK_STATUS_UNUSED & pstTaskCB->usTaskStatus)
    {
        (VOID)LOS_IntRestore(uvIntSave);
```

```
        return (UINT16)OS_INVALID;
    }

    usPriority = pstTaskCB->usPriority;
    (VOID)LOS_IntRestore(uvIntSave);
    return usPriority;

}
```

7.5.5　任务信息获取

下面是任务信息获取的程序。

```
//获取当前任务ID函数
  LITE_OS_SEC_TEXT UINT32 LOS_CurTaskIDGet(VOID)
{
    if (NULL == g_stLosTask.pstRunTask)
    {
        return LOS_ERRNO_TSK_ID_INVALID;   //无效的任务ID
    }
    return g_stLosTask.pstRunTask->uwTaskID;
}
//获取指定任务的信息
LITE_OS_SEC_TEXT_MINOR UINT32 LOS_TaskInfoGet(UINT32 uwTaskID, TSK_INFO_S
*pstTaskInfo)
{
    UINT32    uwIntSave;
    LOS_TASK_CB *pstTaskCB;
    UINT32 * puwStack;

    if (NULL == pstTaskInfo)
    {
        return LOS_ERRNO_TSK_PTR_NULL;    //任务参数为空
    }

    if (OS_CHECK_TSK_PID_NOIDLE(uwTaskID))
     {
        return LOS_ERRNO_TSK_ID_INVALID;  //无效的任务ID
    }
    pstTaskCB = OS_TCB_FROM_TID(uwTaskID);
    uwIntSave = LOS_IntLock();

    if (OS_TASK_STATUS_UNUSED & pstTaskCB->usTaskStatus)
    {
        (VOID)LOS_IntRestore(uwIntSave);
        return LOS_ERRNO_TSK_NOT_CREATED;    //任务没有被创建
    }
    //初始化信息结构体tagTskInfo成员
    pstTaskInfo->uwSP = (UINT32)pstTaskCB->pStackPointer;
    pstTaskInfo->usTaskStatus = pstTaskCB->usTaskStatus;
    pstTaskInfo->usTaskPrio = pstTaskCB->usPriority;
    pstTaskInfo->uwStackSize  = pstTaskCB->uwStackSize;
```

```
    pstTaskInfo->uwTopOfStack = pstTaskCB->uwTopOfStack;
    pstTaskInfo->uwEvent = pstTaskCB->uwEvent;
    pstTaskInfo->uwEventMask = pstTaskCB->uwEventMask;
    pstTaskInfo->uwSemID = pstTaskCB->pTaskSem != NULL ? ((SEM_CB_S *)(pstTaskCB-
>pTaskSem))->usSemID : LOSCFG_BASE_IPC_SEM_LIMIT;
    pstTaskInfo->uwMuxID = pstTaskCB->pTaskMux != NULL ? ((MUX_CB_S *)(pstTaskCB-
>pTaskMux))->ucMuxID : LOSCFG_BASE_IPC_MUX_LIMIT;
    pstTaskInfo->pTaskSem = pstTaskCB->pTaskSem;
    pstTaskInfo->pTaskMux = pstTaskCB->pTaskMux;
    pstTaskInfo->uwTaskID = uwTaskID;

    (VOID)strncpy(pstTaskInfo->acName, pstTaskCB->pcTaskName, LOS_TASK_NAMELEN - 1);
    pstTaskInfo->acName[LOS_TASK_NAMELEN - 1] = '\0';

     pstTaskInfo->uwBottomOfStack = TRUNCATE(((UINT32)(pstTaskCB->uwTopOfStack) +
(pstTaskCB->uwStackSize)), OS_TASK_STACK_ADDR_ALIGN);
    pstTaskInfo->uwCurrUsed = pstTaskInfo->uwBottomOfStack - pstTaskInfo->uwSP;

    if (OS_TASK_MAGIC_WORD == *(UINT32 *)pstTaskInfo->uwTopOfStack)
    {
        puwStack = (UINT32 *)(pstTaskInfo->uwTopOfStack + 4);
        while ((puwStack < (UINT32 *)pstTaskInfo->uwSP) && (*puwStack == 0xCACACACA))
        {
            puwStack += 1;
        }

         pstTaskInfo->uwPeakUsed = pstTaskCB->uwStackSize - ((UINT32)puwStack -
pstTaskInfo->uwTopOfStack);
        pstTaskInfo->bOvf = FALSE;
    }
    else
    {
        pstTaskInfo->uwPeakUsed = 0xFFFFFFFF;
        pstTaskInfo->bOvf = TRUE;
    }

    (VOID)LOS_IntRestore(uwIntSave);

    return LOS_OK;
}
//获取指定任务的状态
LITE_OS_SEC_TEXT_MINOR UINT32 LOS_TaskStatusGet(UINT32 uwTaskID, UINT32
*puwTaskStatus)
{
    UINT32    uwIntSave;
    LOS_TASK_CB *pstTaskCB;
    //如果任务状态为NULL，则返回任务参数为空的错误
    if (NULL == puwTaskStatus)
    {
        return LOS_ERRNO_TSK_PTR_NULL;
    }

    if (OS_CHECK_TSK_PID_NOIDLE(uwTaskID))
    {
```

```
            return LOS_ERRNO_TSK_ID_INVALID;    //无效的任务ID
    }
    pstTaskCB = OS_TCB_FROM_TID(uwTaskID);
    uwIntSave = LOS_IntLock();

    if (OS_TASK_STATUS_UNUSED & pstTaskCB->usTaskStatus)
    {
        (VOID)LOS_IntRestore(uwIntSave);
        return LOS_ERRNO_TSK_NOT_CREATED;    //任务没有被创建
    }


    *puwTaskStatus = pstTaskCB->usTaskStatus;

    (VOID)LOS_IntRestore(uwIntSave);

    return LOS_OK;
}
    //获取指定任务的名称
LITE_OS_SEC_TEXT CHAR* LOS_TaskNameGet(UINT32 uwTaskID)
{
    UINT32    uwIntSave;
    //创建一个新任务的TCB来存储任务的信息
    LOS_TASK_CB *pstTaskCB;
    //检查任务ID是否有效
    if (OS_CHECK_TSK_PID_NOIDLE(uwTaskID))
    {
        return NULL;
    }

    pstTaskCB = OS_TCB_FROM_TID(uwTaskID);

    uwIntSave = LOS_IntLock();
    if (OS_TASK_STATUS_UNUSED & pstTaskCB->usTaskStatus)
    {
        (VOID)LOS_IntRestore(uwIntSave);
        return NULL;
    }
    (VOID)LOS_IntRestore(uwIntSave);

    return pstTaskCB->pcTaskName;
}
//监控所有任务，获取所有任务的信息
LITE_OS_SEC_TEXT_MINOR UINT32 LOS_TaskInfoMonitor(VOID)
{
    UINT32 uwRet;
    //获取所有任务信息
    uwRet = osGetAllTskInfo();

    return uwRet;
}
//获取即将被调度的任务的ID
LITE_OS_SEC_TEXT UINT32 LOS_NextTaskIDGet(VOID)
```

```
{
    if (NULL == g_stLosTask.pstNewTask)
    {
        return LOS_ERRNO_TSK_ID_INVALID;    //无效的任务ID
    }
    return g_stLosTask.pstNewTask->uwTaskID;
}
```

7.5.6　任务错误码

在 LiteOS 里面，任务错误码表示对任务存在失败可能性的操作，包括创建任务、删除任务、挂起任务、恢复任务及延时任务等，均需要返回对应的错误码，以便快速定位错误原因。在上面的任务函数源代码里面我们已经接触了一些错误码，下面是 LiteOS 任务错误码汇总。

- LOS_ERRNO_TSK_NO_MEMORY：内存空间不足。
- LOS_ERRNO_TSK_PTR_NULL：任务参数为空。
- LOS_ERRNO_TSK_STKSZ_NOT_ALIGN：任务栈大小未对齐。
- LOS_ERRNO_TSK_PRIOR_ERROR：不正确的任务优先级。
- LOS_ERRNO_TSK_ENTRY_NULL：任务入口函数为空。
- LOS_ERRNO_TSK_NAME_EMPTY：任务名为空。
- LOS_ERRNO_TSK_STKSZ_TOO_SMALL：任务栈太小。
- LOS_ERRNO_TSK_ID_INVALID：无效的任务 ID。
- LOS_ERRNO_TSK_ALREADY_SUSPENDED：任务已经被挂起。
- LOS_ERRNO_TSK_NOT_SUSPENDED：任务未被挂起。
- LOS_ERRNO_TSK_NOT_CREATED：任务未被创建。
- LOS_ERRNO_TSK_OPERATE_SWTMR：不允许操作软件定时器任务。
- LOS_ERRNO_TSK_MSG_NONZERO：任务信息为零。
- LOS_ERRNO_TSK_DELAY_IN_INT：中断期间，进行任务延时。
- LOS_ERRNO_TSK_DELAY_IN_LOCK：任务被锁的状态下，进行延时。
- LOS_ERRNO_TSK_YIELD_INVALID_TASK：将被排入行程的任务是无效的。
- LOS_ERRNO_TSK_YIELD_NOT_ENOUGH_TASK：没有或者仅有一个可用任务能进行行程安排。
- LOS_ERRNO_TSK_TCB_UNAVAILABLE：没有空闲的任务控制块可用。
- LOS_ERRNO_TSK_HOOK_NOT_MATCH：任务的钩子函数不匹配。
- LOS_ERRNO_TSK_HOOK_IS_FULL：任务的钩子函数数量超过界限。
- LOS_ERRNO_TSK_OPERATE_IDLE：这是个 IDLE 任务。
- LOS_ERRNO_TSK_SUSPEND_LOCKED：将被挂起的任务处于被锁状态。

- LOS_ERRNO_TSK_FREE_STACK_FAILED：任务栈释放失败。
- LOS_ERRNO_TSK_STKAREA_TOO_SMALL：任务栈区域太小。
- LOS_ERRNO_TSK_ACTIVE_FAILED：任务触发失败。
- LOS_ERRNO_TSK_CONFIG_TOO_MANY：过多的任务配置项。
- LOS_ERRNO_TSK_CP_SAVE_AREA_NOT_ALIGN：LiteOS 暂时不使用该错误码。
- LOS_ERRNO_TSK_MSG_Q_TOO_MANY：LiteOS 暂时不使用该错误码。
- LOS_ERRNO_TSK_CP_SAVE_AREA_NULL：LiteOS 暂时不使用该错误码。
- LOS_ERRNO_TSK_SELF_DELETE_ERR：LiteOS 暂时不使用该错误码。
- LOS_ERRNO_TSK_STKSZ_TOO_LARGE：任务栈大小设置过大。
- LOS_ERRNO_TSK_SUSPEND_SWTMR_NOT_ALLOWED：不允许挂起软件定时器任务。

7.6　系统时间systick

7.6.1　三个时间单位

1. 操作系统的滴答时钟：systick、操作系统的节拍

systick（system tick）是操作系统的滴答时钟，systick 给操作系统提供一定频率的"节奏"来支持操作系统正常运转（如任务的调度、任务的抢占等，都离不开 systick 的支持）。在 LietOS 里面，systick 默认被配置成 1ms，当然用户也可以按照实际需求来对其灵活配置。

2. 操作系统的机器时钟：cycle，操作系统世界中最小计时单元

cycle 是操作系统的机器时钟，cycle 的大小是由 CPU 的主频决定的。cycle 的时间要比 systick 的时间小很多，它们两者之间有一个简单的数学换算关系，如 systick 为 1ms，那么 cycle 就等于 1 μs，也就是等于 1000 个 cycle；这样设计的目的是，在操作系统的 systick 之内，可以执行多条 CPU 指令。我们可以在 Los_sys.c 源文件里面找到一个 LOS_CyclePerTickGet() 函数来对它们进行换算，如下所示。

```
LITE_OS_SEC_TEXT_MINOR  UINT32  LOS_CyclePerTickGet(VOID)
{
    return  OS_SYS_CLOCK / LOSCFG_BASE_CORE_TICK_PER_SECOND;
}
```

函数名称 LOS_CyclePerTickGet 就告诉我们，tick 与 cycle 之间有一个换算转换关系。我们可以通过 OS_SYS_CLOCK / LOSCFG_BASE_CORE_TICK_PER_SECOND 这个计算关系来算出一个 tick 到底等于多少 cycle。

OS_SYS_CLOCK 默认在 Target_config.h 文件里面已经定义好了大小，如下所示。

```
#define OS_SYS_CLOCK                                                    (SystemCoreClock)
```

而 SystemCoreClock（系统内核时钟，注意它的时间单位是 Hz）的大小在 System_stm32l4xx.c 文件里面定义好了，如下所示。

```
uint32_t  SystemCoreClock = 4000000U;
```

其实 OS_SYS_CLOCK 不只在上面介绍的 BSP 文件（也就是 System_stm32l4xx.c 文件）里面有定义，其实它还定义在操作系统内核 Los_config.h 文件里面。不过这种定义是作为一种备选方案来备用，也就是当 BSP 文件里没有定义 OS_SYS_CLOCK，这时候就可以在 Los_config.h 文件里面定义并使用它，如下所示。

```
#ifndef OS_SYS_CLOCK
#define OS_SYS_CLOCK                                                    (100000000UL)
#endif
```

接着我们来看 LOSCFG_BASE_CORE_TICK_PER_SECOND（1s 滴答时钟的次数）这个宏，它也默认在 Target_config.h 文件里面已经定义好了大小，如下所示。

```
#define LOSCFG_BASE_CORE_TICK_PER_SECOND                               (1000UL)
```

同时这个宏也在操作系统内核 Los_config.h 文件里面有定义，原理和 OS_SYS_CLOCK 一样，这里就不再重复叙述了。

```
#ifndef LOSCFG_BASE_CORE_TICK_PER_SECOND
#define LOSCFG_BASE_CORE_TICK_PER_SECOND                               (1000UL)
#endif
```

3. 用户常用的时间单位：s/ms/μs

上面介绍的 systick 和 cycle 是基于软件和硬件上的标准定义时间单位，不是很适合用户来做实际开发，也不是用户的常用时间单位；一般我们都比较习惯使用以 s、ms、μs 作为时间单位。

4. 人类时间和操作系统时间的互相换算

为了方便用户实际开发需求，在 LiteOS 里面有专门的函数来对用户的常用时间单位和操作系统的时间单位之间做一个单位换算；具体转换函数源代码也是在 Los_sys.c 源文件里面，下面来看具体函数源代码分析。

```
//milliseconds convert to Tick:毫秒转换成Tick

LITE_OS_SEC_TEXT_MINOR UINT32 LOS_MS2Tick(UINT32 uwMillisec)
{
    if (0xFFFFFFFF == uwMillisec)
```

```
        {
            return 0xFFFFFFFF;
        }
/*宏LOSCFG_BASE_CORE_TICK_PER_SECOND表示基于内核一秒种的滴答次数，这里大小为1000UL，宏OS_
SYS_MS_PER_SECOND表示操作系统1s的毫秒数，这里大小为1000*/
    return ((UINT64)uwMillisec * LOSCFG_BASE_CORE_TICK_PER_SECOND) / OS_SYS_MS_PER_
SECOND;
}


//Tick convert to milliseconds: Tick转换成毫秒
LITE_OS_SEC_TEXT_MINOR UINT32 LOS_Tick2MS(UINT32 uwTick)
{//这里转换计算把两个宏换了一下位置，宏的大小还是和LOS_MS2Tick()函数里面的宏大小一样
    return ((UINT64)uwTick * OS_SYS_MS_PER_SECOND) / LOSCFG_BASE_CORE_TICK_PER_
SECOND;
}


//cycle convert to milliseconds, cycle转换成毫秒

LITE_OS_SEC_TEXT_INIT UINT32 osCpuTick2MS(CPU_TICK *pstCpuTick, UINT32 *puwMsHi,
UINT32 *puwMsLo)
{
/*pstCpuTick表示CPU_TICK结构体变量，这个结构体里面又有两个成员变量UINT32 uwCntHi和UINT32
uwCntLo，分别表示CPU里面的高32位滴答数值大小（也就是cycle），低32位滴答数值大小；而puwMsHi表示高
32位上的时间大小，puwMsLo表示低32位上的时间大小*/

    UINT64 ullCpuTick;
    double dTemp;
//检查输入参数是否为NULL
    if ( (NULL == pstCpuTick) || (NULL == puwMsHi) || (NULL == puwMsLo) )
    {
        return LOS_ERRNO_SYS_PTR_NULL;
    }
//对高32位上的cycle与秒之间的换算
    ullCpuTick = ((UINT64)pstCpuTick->uwCntHi << OS_SYS_MV_32_BIT) | pstCpuTick-
>uwCntLo;
    dTemp = ullCpuTick / (((double)OS_SYS_CLOCK) / OS_SYS_MS_PER_SECOND); /*lint
!e160 !e653 !e40*/
    ullCpuTick = (UINT64)dTemp;

    *puwMsLo = (UINT32)ullCpuTick;
    *puwMsHi = (UINT32)(ullCpuTick >> OS_SYS_MV_32_BIT);
//表示转换成功
    return LOS_OK;
}


/*cycle convert to Microsecond:cycle转换成微秒。具体分析和osCpuTick2MS()函数一样，这里就不
再重复叙述*/

LITE_OS_SEC_TEXT_INIT UINT32 osCpuTick2US(CPU_TICK *pstCpuTick, UINT32 *puwUsHi,
UINT32 *puwUsLo)
{
    UINT64 ullCpuTick;
    double dTemp;
```

```
    if ( (NULL == pstCpuTick) || (NULL == puwUsHi) || (NULL == puwUsLo) )
    {
        return LOS_ERRNO_SYS_PTR_NULL;
    }

    ullCpuTick = ((UINT64)pstCpuTick->uwCntHi << OS_SYS_MV_32_BIT) | pstCpuTick-
>uwCntLo;
    dTemp = ullCpuTick / (((double)OS_SYS_CLOCK) / OS_SYS_US_PER_SECOND); /*lint
!e160 !e653 !e40*/
    ullCpuTick = (UINT64)dTemp;

    *puwUsLo = (UINT32)ullCpuTick;
    *puwUsHi = (UINT32)(ullCpuTick >> OS_SYS_MV_32_BIT);

    return LOS_OK;
}
```

7.6.2 操作系统的systick运行原理

为了理解和学会操作系统的 systick 运行原理，我们主要掌握 systick 的中断处理机制。想必用户在学习单片机的时候对中断就有一定的了解。当我们在看电视剧的时候，突然有电话打进来，这就打断了你看电视，你要去处理打电话这件事情；当处理完打电话这件事，你就会继续回来看电视；这就是中断的概念。在操作系统里面也一样，当 systick 周期性产生时间溢出（Timeout）就会触发中断，操作系统就会进入 Los_tick.c 源文件里面的中断服务函数 osTickHandler 进行处理相应的任务。具体我们来看下面的源代码。

```
//Tick interruption handler: Tick中断处理函数
1. LITE_OS_SEC_TEXT VOID osTickHandler(VOID)
2. {
3.    if (!g_bSysTickStart)
4.    {
5.        g_ullTickCount++;
6.        return;
7.    }
8. #if (LOSCFG_KERNEL_TICKLESS == YES)
9.    if (g_bReloadSysTickFlag)
10.   {
11.       LOS_SysTickReload(OS_SYS_CLOCK / LOSCFG_BASE_CORE_TICK_PER_SECOND);
12.       g_bReloadSysTickFlag = 0;
13.   }
14.   g_bTickIrqFlag = g_bTicklessFlag;
15.   #if (LOSCFG_PLATFORM_HWI == NO)
16.   if (g_uwSysTickIntFlag == TICKLESS_OS_TICK_INT_WAIT)
17.   {
18.       g_uwSysTickIntFlag = TICKLESS_OS_TICK_INT_SET;
19.   }
20.   #endif
21. #endif
22. #if (LOSCFG_BASE_CORE_TICK_HW_TIME == YES)
```

```
23.    platform_tick_handler();
24. #endif
25.    g_ullTickCount ++;
26. #if(LOSCFG_BASE_CORE_TIMESLICE == YES)
27.    osTimesliceCheck();
28. #endif
29.    osTaskScan();
30. #if (LOSCFG_BASE_CORE_SWTMR == YES)
31.    (VOID)osSwtmrScan();
32. #endif
33. }
```

分析如下。

第 3 ～ 7 行：变量 g_bSysTickStart 在操作系统还没正式运行起来的时候，它的初始值为 FALSE，!g_bSysTickStart 就会执行 if 循环里面的语句；但是一般操作系统正式运行起来后，这个 g_bSysTickStart 就会变成 TRUE，这个时候 if 循环就不会被执行了。

第 8 ～ 21 行：先对宏 LOSCFG_KERNEL_TICKLESS 进行一个判断，但是这里宏 LOSCFG_ KERNEL_TICKLESS 被默认设置成 NO 了，所以这段代码暂时没有用到。同时这里使用了 tickless 机制，暂时不分析，在后文会有详细的介绍。

第 22 ～ 24 行：如果满足这个硬件定时条件，就会执行这个平台 tick 处理函数 platform_ tick_handler()，但是它实际并没有被定义，只是预留在这里。LOSCFG_BASE_CORE_TICK_ HW_TIME 默认被设置成 NO，如果用户要添加执行动作，可以把这个函数定义在别的地方来具体实现所需的执行动作。

第 25 行：g_ullTickCount++ 这个变量主要用来统计 tick 的数目，进而计算出相应的时间。

第 26 ～ 28 行：如果同样满足时间片处理条件，就会执行下面的时间片处理函数 osTimesliceCheck()。这里宏 LOSCFG_BASE_CORE_TIMESLICE 默认被设置成 YES，所以会执行下面的时间片处理函数。所谓的时间片指的是在任务相同优先级的条件下，操作系统会把时间分成相同长的时间段给不同的任务，让它们按照被分配的时间段去执行。

第 29 行：osTaskScan() 这个函数主要是当高优先级任务定时时间到了，高优先级任务会发现自己由等待状态转变成就绪态，操作系统就可以去调度它，而比它低的优先级任务就会进入等待队列中继续等待。

第 30 ～ 32 行：主要是软件定时器函数，这个会在下一节详细介绍，这里暂时不做详细的分析。

7.7 软件定时器

在介绍软件定时器之前，我们先来介绍一下什么是硬件定时器。顾名思义，硬件定时器就是由硬件控制定时的，它的优点是定时非常精确，误差很小；有优点当然就有缺点，硬件定时器的缺点是由 CPU 内部设计电路所决定的，所以硬件定时器往往在数量上就有所限制，也就造成工程师在实际开发时使用它，有时候不能满足项目需求。

于是，为了满足工程师的日常项目开发需求，软件定时器就诞生了。软件定时器，从字面来讲，就是我们工程师自己写软件来操控定时，不过软件定时器是基于系统时钟 systick 来进行计时的；它的优点就是弥补硬件定时器数量不足的缺陷，因此软件定时器的数量可以由工程师来灵活定义使用。同时软件定时器的缺点也是比较明显的，就是软件定时器的精确度没有硬件定时器那么高。

在 Los_swtmr.c 源文件里面讲解一下 7.6 节里面的 osSwtmrScan() 函数。

```
//滴答时钟中断接口模块软件
LITE_OS_SEC_TEXT UINT32 osSwtmrScan(VOID)
{
    if (m_pstSwtmrSortList != NULL)      //软件计时器计数列表指针
    {
        if (--(m_pstSwtmrSortList->uwCount) == 0)//判断软件定时器计数时间是否为0
        {
        osSwTmrTimeoutHandle();   //软件定时器超时处理
        }
    }
    return LOS_OK;
}
```

7.8 tickless机制

为了让大家更好地理解tickless机制，我们先把tickless这个单词拆开来看，tick 是系统时钟，less 是少的，这样 Tickless 的意思就是系统时钟很少，即几乎处于休眠状态。一般在 RTOS 里面也被称为系统时钟空闲模式（Tickless Idle Mode），这种 tickless 机制主要使实际开发产品实现低功耗功能。

7.8.1 LiteOS中的tickless实现链条1

先从 Main.c 源文件里面的内核初始化函数 LOS_KernelInit() 开始，在这个函数里面进行空闲任务创建函数 osIdleTaskCreate() 调用，然后在函数 osIdleTaskCreate() 里面调用任务空闲函数。通过进入空闲任务函数里，执行 tickless 机制处理函数 osTicklessHandler()，并在这个函数里面正式调用函数 osTicklessStart() 开始执行 tickless 机制。在这个函数里面进行一些操作来达到 tickless 机制的最终执行目标：首先调用函数 LOS_SysTickStop() 停止系统滴答时钟，并通过函数 osSleepTicksGet() 获取系统滴答时钟中断状态；然后调用函数 LOS_SysTickCurrCycleGet()

获取系统机器时钟周期的大小，通过函数 LOS_SysTickReload() 重新配置系统时钟；最后通过函数 osEnterSleep() 进入休眠状态。下面是它的具体实现代码。

```
LOS_KernelInit-----osIdleTaskCreate-----osIdleTask-----osTicklessHandler-----
osTicklessStart------LOS_SysTickStop-----osSleepTicksGet----LOS_SysTickCurrCycleGet-
--LOS_SysTickReload--------osEnterSleep

//内核初始化，限于篇幅，这里只列出一部分代码
LITE_OS_SEC_TEXT_INIT UINT32 LOS_KernelInit(VOID)
{
  uwRet = osIdleTaskCreate();   //空闲任务创建
}

//空闲任务创建函数
LITE_OS_SEC_TEXT_INIT UINT32 osIdleTaskCreate(VOID)
{
#if (LOSCFG_STATIC_TASK == NO)
    UINT32 uwRet;
    TSK_INIT_PARAM_S stTaskInitParam;

    (VOID)memset((VOID *)(&stTaskInitParam), 0, sizeof(TSK_INIT_PARAM_S));
    //创建任务的参数的结构体成员初始化
    stTaskInitParam.pfnTaskEntry = (TSK_ENTRY_FUNC)osIdleTask;
    stTaskInitParam.uwStackSize = LOSCFG_BASE_CORE_TSK_IDLE_STACK_SIZE;
    stTaskInitParam.pcName = "IdleCore000";
    stTaskInitParam.usTaskPrio = OS_TASK_PRIORITY_LOWEST;
    uwRet = LOS_TaskCreate(&g_uwIdleTaskID, &stTaskInitParam);

    if (uwRet != LOS_OK)
    {
        return uwRet;
    }

    return LOS_OK;
#else
     return LOS_TASK_INIT(idleTask, &g_uwIdleTaskID);
#endif

//空闲任务函数
LITE_OS_SEC_TEXT WEAK VOID osIdleTask(VOID)
{
    while (1)
    {
    /*配置内核tickless机制，如果宏LOSCFG_KERNEL_TICKLESS为yes的话，就执行tickless处理函数，否
则直接进入休眠状态*/
#if (LOSCFG_KERNEL_TICKLESS == YES)
        osTicklessHandler();
#else
    #if (LOSCFG_KERNEL_RUNSTOP == YES)
        osEnterSleep();
    #endif
#endif
    }
```

```
}

//tickles()处理函数
VOID osTicklessHandler(VOID)
{
#if (LOSCFG_PLATFORM_HWI == YES)
    if (g_bTickIrqFlag)
    {
        g_bTickIrqFlag = 0;
        //tickless机制开启
        osTicklessStart();
    }
     //进入休眠
    osEnterSleep();
else
#
    if (g_bTickIrqFlag)
    {
        UINTPTR uvIntSave;
        uvIntSave = LOS_IntLock();
        LOS_TaskLock();

        g_bTickIrqFlag = 0;
        osTicklessStart();

        osEnterSleep();
        LOS_IntRestore(uvIntSave);

        /*
        * Here: Handling interrupts. However, because the task scheduler is locked,
        * there will be no task switching, after the interrupt exit, the CPU returns
        * here to continue excuting the following code.
        */
        /*处理中断。因为任务调度程序被锁定，所以不会有任务切换，中断退出后，CPU返回，这里继续执行以下
代码*/
        uvIntSave = LOS_IntLock();
        osUpdateKernelTickCount(0);   /* param: 0 - invalid */
        LOS_TaskUnlock();
        LOS_IntRestore(uvIntSave);
    }
    else
    {
        /* Waiting for g_bTickIrqFlag setup, at most one tick time, sleep directly */
        //等待g_bTickIrqFlag设置，最多休眠一次
        osEnterSleep();
    }

#endif
}
```

7.8.2　LiteOS中的tickless实现链条2

同样是从 Main.c 源文件里面的内核初始化函数 LOS_KernelInit() 开始，并在这个函数里面调用硬件中断初始化函数 osHwiInit()，然后初始化函数数组指针 g_pstHwiForm，进入硬件中断处理函数 osInterrupt()，在该函数里面调用更新操作系统的系统滴答时钟计数值函数 osUpdateKernelTickCount()，进入函数 osUpdateKernelTickCount() 里调用系统滴答时钟重载函数 LOS_SysTickReload()，最终进入中断处理循环函数 osTickHandlerLoop()，从而实现 tickless 机制。详细代码如下。

```
LOS_KernelInit----osHwiInit------g_pstHwiForm-----osInterrupt----
osUpdateKernelTickCount---LOS_SysTickReload-----osTickHandlerLoop

//内核初始化函数，限于篇幅，这里只截取了重要部分代码
LITE_OS_SEC_TEXT_INIT UINT32 LOS_KernelInit(VOID)
{
#if (LOSCFG_PLATFORM_HWI == YES)
    {
        osHwiInit();//硬件中断初始化
    }
#endif
}


//硬件中断初始化函数
LITE_OS_SEC_TEXT_INIT VOID osHwiInit()
{
#if ((__CORTEX_M == 0U) || (__CORTEX_M == 23U)) && \
    defined (__VTOR_PRESENT) && (__VTOR_PRESENT == 1U)
    //中断向量表初始化
    SCB->VTOR = (UINT32)g_pstHwiForm;
#endif

#if (__CORTEX_M >= 0x03U)   /* only for Cortex-M3 and above */
    SCB->VTOR = (UINT32)g_pstHwiForm;
    NVIC_SetPriorityGrouping(OS_NVIC_AIRCR_PRIGROUP);
#endif

    return;
}
//使用函数数组指针进行初始化
VOID (* const g_pstHwiForm[])(VOID)  =
{
    NULL,                 // [0] Top of Stack
    Reset_Handler,        // [1] reset
    NMI_Handler,          // [2] NMI Handler
    HardFault_Handler,    // [3] Hard Fault Handler
    MemManage_Handler,    // [4] MPU Fault Handler
    BusFault_Handler,     // [5] Bus Fault Handler
    UsageFault_Handler,   // [6] Usage Fault Handler
    NULL,                 // [7] Reserved
    NULL,                 // [8] Reserved
```

```
    NULL,                   // [9] Reserved
    NULL,                   // [10] Reserved
    SVC_Handler,            // [11] SVCall Handler
    Debug_Handler,          // [12] Debug Monitor Handler
    NULL,                   // [13] Reserved
    PendSV_Handler,         // [14] PendSV Handler
    osInterrupt,            // [15] SysTick Handler, can be connected with LOS_HwiCreate

    /* so SysTick Handler will be index == 0, following IRQs starts from 1 */

#include "__vectors.h"
};
//硬件中断处理函数
LITE_OS_SEC_TEXT VOID osInterrupt(VOID)
{
    UINT32 uwHwiIndex;
    UINT32 uwIntSave;
   //系统默认LOSCFG_KERNEL_RUNSTOP为NO
#if(LOSCFG_KERNEL_RUNSTOP == YES)
    SCB->SCR &= (UINT32)~((UINT32)SCB_SCR_SLEEPDEEP_Msk);
#endif

    uwIntSave = LOS_IntLock();
    g_vuwIntCount++;
    LOS_IntRestore(uwIntSave);
    //获取一个中断信号
    uwHwiIndex = osIntNumGet();
     //配置LiteOS内核tickless机制,不过这里系统默认LOSCFG_KERNEL_TICKLESS为NO
#if (LOSCFG_KERNEL_TICKLESS == YES)
    osUpdateKernelTickCount(uwHwiIndex);
#endif

    uwHwiIndex = uwHwiIndex - OS_SYS_VECTOR_CNT + VECTOR_IDX_OFFSET;

    if (m_pstHwiSlaveForm[uwHwiIndex].pfnHandler != NULL)
    {
#if (OS_HWI_WITH_ARG == YES)
m_pstHwiSlaveForm[uwHwiIndex].pfnHandler(m_pstHwiSlaveForm[uwHwiIndex].pParm);
#else
        m_pstHwiSlaveForm[uwHwiIndex].pfnHandler();
#endif
    }
    else
    {
   //默认硬件中断处理
   osHwiDefaultHandler();
    }

    uwIntSave = LOS_IntLock();
    g_vuwIntCount--;
    LOS_IntRestore(uwIntSave);
}
//更新操作系统的系统滴答时钟计数值函数
inline VOID osUpdateKernelTickCount(UINT32 uwHwiIndex)
```

```c
{
    /** this function must be called in interrupt context */
    if (g_uwSleepTicks > 1)
    {
        UINT32 uwCyclesPerTick = OS_SYS_CLOCK / LOSCFG_BASE_CORE_TICK_PER_SECOND;
        UINT32 uwCurrSysCycles, uwElapseSysCycles, uwElapseTicks, uwRemainSysCycles;

        g_bReloadSysTickFlag = 0;
#if (LOSCFG_PLATFORM_HWI == YES)
        if (uwHwiIndex == (SysTick_IRQn + OS_SYS_VECTOR_CNT))
#else
        if (g_uwSysTickIntFlag == TICKLESS_OS_TICK_INT_SET) /* OS tick interrupt */
#endif
        {
            uwElapseTicks = (g_uwSleepTicks - 1);
            //系统滴答时钟重载函数
            LOS_SysTickReload(OS_SYS_CLOCK / LOSCFG_BASE_CORE_TICK_PER_SECOND);
        }
        else
        {
            uwCurrSysCycles = LOS_SysTickCurrCycleGet();
#if (LOSCFG_SYSTICK_CNT_DIR_DECREASE == YES)
            uwElapseSysCycles = ((g_uwSleepTicks * uwCyclesPerTick) - uwCurrSysCycles);
#else
            uwElapseSysCycles = uwCurrSysCycles;
#endif
            uwElapseTicks = uwElapseSysCycles / uwCyclesPerTick;
            uwRemainSysCycles = uwElapseSysCycles % uwCyclesPerTick;
            if (uwRemainSysCycles > 0)
            {
                LOS_SysTickReload(uwRemainSysCycles);
                g_bReloadSysTickFlag = 1;
            }
            else
            {
                LOS_SysTickReload(uwCyclesPerTick);
            }
        }
        //中断处理循环函数
        osTickHandlerLoop(uwElapseTicks);
        g_uwSleepTicks = 0;
#if (LOSCFG_PLATFORM_HWI == NO)
        g_uwSysTickIntFlag = TICKLESS_OS_TICK_INT_INIT;
#endif
    }
}
```

7.9　CMSIS-RTOS对接与实现

CMSIS（Cortex Microcontroller Software Interface Standard）是 Cortex 微控制器软件接口的

标准化定义。使用 CMSIS 的优势有：降低成本、方便代码复用、有相同的外设启动和外围设备访问。因此在实际开发或者平时的学习过程中，CMSIS 的优势就能体现得淋漓尽致，可极大地提高开发效率、控制开发成本或者方便学习。

CMSIS 是由 ARM 官方提出来的，并且定义好了接口，用户可以很方便地使用它。而且 ARM 提供了内核部分支持，如 M0、M3、M4、M7 等内核。一些半导体厂商倾向支持，而另一些半导体厂商则倾向不支持。

LiteOS 实现了对 CMSIS-RTOS 共 2 个版本的完全移植和支持。在 test20 工程下的 liteos 目录下的 cmsis 文件里面有两个版本的 CMSIS-RTOS 文件，分别是 1.0 和 2.0 版本的 CMSIS-RTOS，如图 7.14 所示。

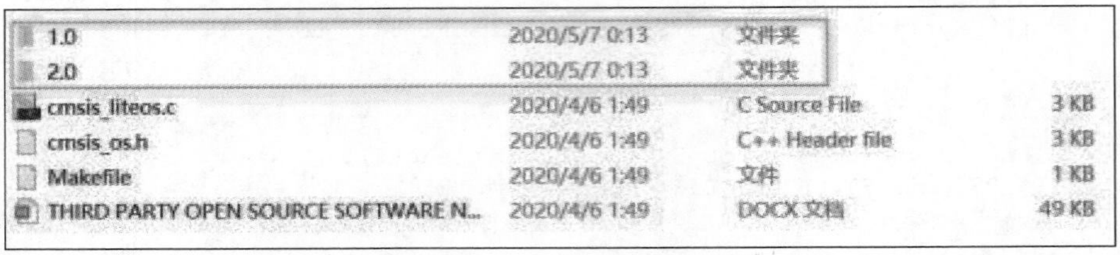

1.0	2020/5/7 0:13	文件夹	
2.0	2020/5/7 0:13	文件夹	
cmsis_liteos.c	2020/4/6 1:49	C Source File	3 KB
cmsis_os.h	2020/4/6 1:49	C++ Header file	3 KB
Makefile	2020/4/6 1:49	文件	1 KB
THIRD PARTY OPEN SOURCE SOFTWARE N...	2020/4/6 1:49	DOCX 文档	49 KB

图 7.14　CMSIS-RTOS 版本号

而且 LiteOS 对 CMSIS-RTOS 的版本支持非常灵活。比如说，随着后期的发展，有新的 CMSIS-RTOS 版本发布，如果要 LiteOS 支持新的 CMSIS-RTOS 版本，可以直接往 cmsis 文件里面添加，如 3.0 版本的 CMSIS-RTOS；但是同时要在 cmsis_liteos.c 源文件和 cmsis_os.h 头文件里面进行修改配置，来支持对新版本的兼容。

```
//cmsis_liteos.c源文件内容
#include "los_config.h"
#if (CMSIS_OS_VER == 1)
#include "1.0/cmsis_liteos1.c"
#elif (CMSIS_OS_VER == 2)
#include "2.0/cmsis_liteos2.c"
#endif

//cmsis_os.h头文件内容
#include "los_config.h"
#if (CMSIS_OS_VER == 1)
#include "1.0/cmsis_os1.h"
#elif (CMSIS_OS_VER == 2)
#include "2.0/cmsis_os2.h"
#endif
```

如果后期要添加 3.0 版本的 CMSIS-RTOS，就可以按照下面的方法来配置，其他新版本的 CMSIS-RTOS 以此类推。

```
//cmsis_liteos.c源文件内容
#include "los_config.h"
#if (CMSIS_OS_VER == 1)
#include "1.0/cmsis_liteos1.c"
#elif (CMSIS_OS_VER == 2)
#include "2.0/cmsis_liteos2.c"
#elif (CMSIS_OS_VER == 3)
#include "2.0/cmsis_liteos3.c"
#endif

//cmsis_os.h头文件内容
#include "los_config.h"
#if (CMSIS_OS_VER == 1)
#include "1.0/cmsis_os1.h"
#elif (CMSIS_OS_VER == 2)
#include "2.0/cmsis_os2.h"
#elif (CMSIS_OS_VER == 3)
#include "2.0/cmsis_os3.h"
#endif
```

7.10　MCU移植对接相关部分

在实际开发或者学习过程中，如果要把 LiteOS 移植到硬件平台上，一般要移植 2 个部分以及配置：BSP 移植、ARCH 移植、相关配置。BSP 移植主要是移植 targets 文件里面的对应的板卡外设（根据需求来选择，这里选择了 STM32L431_BearPi_OS_Func），如图 7.15 所示。

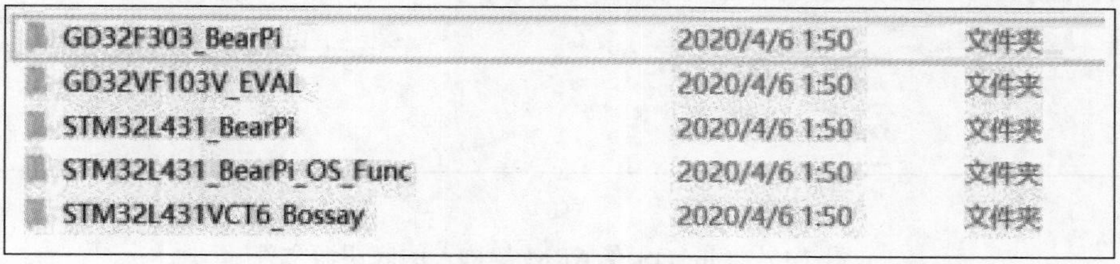

GD32F303_BearPi	2020/4/6 1:50	文件夹	
GD32VF103V_EVAL	2020/4/6 1:50	文件夹	
STM32L431_BearPi	2020/4/6 1:50	文件夹	
STM32L431_BearPi_OS_Func	2020/4/6 1:50	文件夹	
STM32L431VCT6_Bossay	2020/4/6 1:50	文件夹	

图 7.15　本书选择的 BSP

ARCH 移植主要是移植 liteos 目录下的 arch 文件，它和 CPU 平台有关，3 种架构如图 7.16 所示。

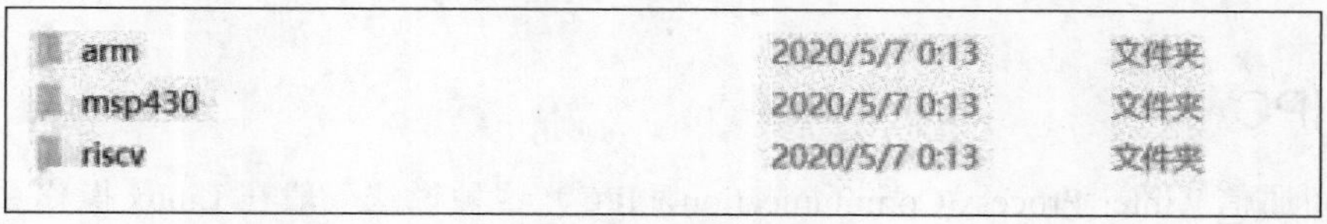

arm	2020/5/7 0:13	文件夹
msp430	2020/5/7 0:13	文件夹
riscv	2020/5/7 0:13	文件夹

图 7.16　3 种架构

下面的底层源文件是 LiteOS 在 ARM 架构上的简单介绍（限于篇幅，此处没有做具体代码的详细解析），如图 7.17 所示。

- los_hw.c ：任务栈初始化和任务调度层封装。
- los_hw_tick.c：systick 相关的 MCU 底层操作封装。
- los_hwi.c ：中断处理相关底层封装。
- los_mpu.c：LiteOS 内存保护单元相关配置。
- los_svc.c 和 los_syscall.S ：对 SVC 模式调用 LiteOS 内核 API 进行封装。
- los_dispatch.c ：用汇编开启内核调度的封装。
- los_hw_exc.S ：汇编处理 exception 部分的封装。
- los_startup.S ：汇编启动代码封装。

主要进行一些软件上的移植配置，根据用户自己的需求来进行配置。

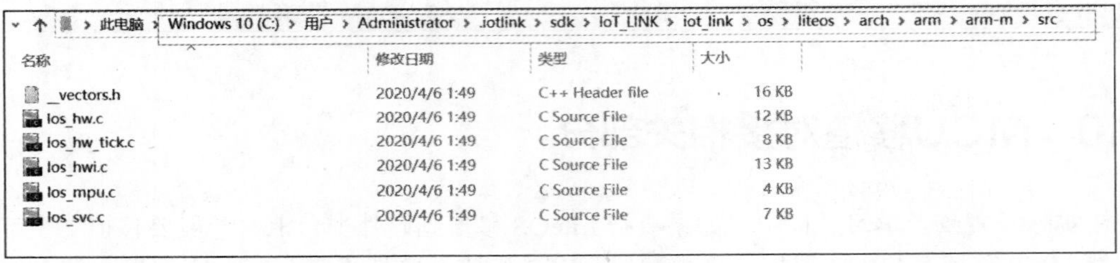

（a）

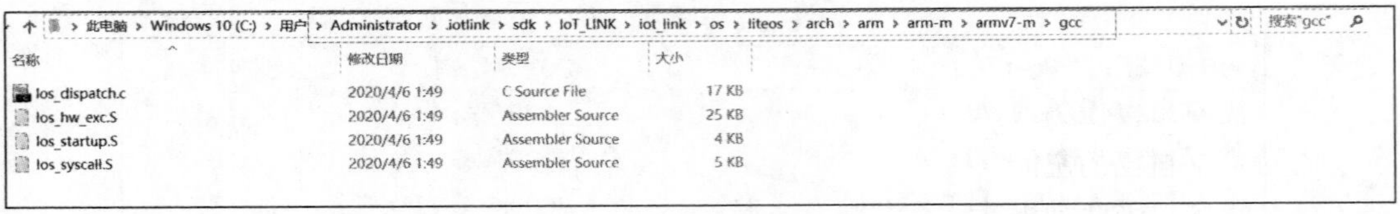

（b）

图 7.17　LitesOS 在 ARM 架构上的底层源文件

7.11　IPC和内存管理模块

7.11.1　IPC

进程间通信（inter Process Communication，IPC）这种说法一般在 Linux 操作系统中使用，而在 LiteOS 里面一般被称为任务通信。简单来说，任务通信负责任务之间的通信，也就是任务相互之间的信息传递，而任务的同步是指任务之间的执行有一个先后顺序。我们举一个实际例子来理解这两个概念：现在有两个任务，一个任务负责网卡信息的传送，另外一个任务负责液晶屏的显示。如果要把网卡上接收到的信息显示在液晶屏上，两个任务就要进行相互通信；同时液晶屏要想显示网卡上的信息，网卡必须得接收到信息，这就是任务的同步。

IPC 的用法不只在 LiteOS 里面有，在常见的 RTOS 里面也有，如 FreeRTOS、ThreadX、UCOS 等。当然在更为复杂的操作系统里面也有 IPC 的概念和用法，最为常见的就是 Linux、Windows 等操作系统。不管是在 RTOS 还是在 Linux、Windows 等不同的操作系统里面，IPC 的概念和用法差别都不大，但是 IPC 的差异主要在具体实现和细节特性上。本书不具体展开讲解，读者可以在平时的学习过程中，仔细注意各个操作系统的 IPC 具体差别用法。

LiteOS 的 IPC 组件有 Sem、Mux、Queue、Event，各组件的具体概念如下。

- 信号量（Sem）：信号量是一种实现任务之间相互通信的机制，它能够实现任务之间的同步或者对临界资源的访问。在多任务系统中，各任务之间需要同步或互斥实现临界资源的保护，信号量功能可以为用户提供这方面的支持。
- 互斥锁（Mux）：互斥锁又被称为互斥型信号量，它是一种特殊的二值信号量，用于实现对共享资源的独占式处理。任意时刻互斥锁的状态只有两种：开锁或闭锁。当任务持有时，互斥锁处于闭锁状态，这个任务获得该互斥锁的所有权。当该任务释放它时，该互斥锁被开锁，任务失去该互斥锁的所有权。当一个任务持有互斥锁时，其他任务将不能对该互斥锁进行开锁或持有。多任务环境下往往存在多个任务竞争同一共享资源的应用场景，互斥锁可被用于对共享资源进行保护从而实现独占式访问。另外，互斥锁可以解决信号量存在的优先级翻转问题。
- 队列（Queue）：队列又被称为消息队列，它是一种常用于任务间通信的数据结构，可接收来自任务或者中断的不固定长度的消息，并根据不同的接口选择传递消息是否存放在自己的空间。任务能够从队列里面读取消息，当队列中的消息是空时，挂起读取任务；当队列中有新消息时，挂起的读取任务被唤醒并处理新消息。用户在处理业务时，消息队列提供了异步处理机制，允许将一个消息放入队列，但并不立即处理它，同时队列还能起到缓冲消息的作用。
- 事件（Event）：事件是一种实现任务间通信的机制，可用于实现任务间的同步，但事件通信只能是事件类型的通信，而无数据传输。一个任务可以等待多个事件的发生：可以是任意一个事件发生时唤醒任务进行事件处理；也可以是几个事件都发生后才唤醒任务进行事件处理。事件集合用 32 位无符号整型变量来表示，每一位代表一个事件。多任务环境下，任务之间往往需要同步操作，一个等待即一个同步。事件可以提供一对多、多对多的同步操作。一对多同步模型是指一个任务等待多个事件的触发。多对多同步模型是指多个任务等待多个事件的触发。

7.11.2　内存管理

在 MCU 裸机里面进行开发的时候，用户一般不用考虑对内存进行管理，如局部变量分配在栈上，全局变量分配在静态区。这些变量的内存分配，一般都是编译器、链接器、MCU 的运行环境三者相结合来自动进行的。

如果用户在 MCU 裸机实际开发过程中需要手动来分配内存，可以使用堆。不过一般的 MCU 开发环境可能不会直接提供 C 语言库里面的 malloc() 函数来手动分配内存大小，以及 free() 函数来手动释放分配的内存，一般需要用户自己编程实现这种函数功能。但是通常在 MCU 裸机开发过程中，手动内存分配比较少用。

LiteOS 里面有内存管理模块来自动管理内存的分配，这种内存管理分为两种管理模式：静态管理和动态管理。静态管理是对静态内存（指在静态内存池里面给用户分配好了固定大小的内存块）的管理，它的优势是管理简单，而且也不会造成内存碎片化；缺点是对内存的管理不够灵活，内存大小已经被限制了。动态管理是对动态内存（指在动态内存池中可以由用户来指定内存的大小）的管理，它的优势是可以灵活管理内存分配；缺点是可能会造成内存碎片化。

在实际的项目开发过程中，可能会遇到内存的深度使用的问题，也就是内存快被用完。如果后面根据需求要添加新的功能模块，就会导致内存可能不够用，因此在实际开发过程中，经常需要对内存进行优化管理，也就是优化代码。我们在实际的开发过程中，要养成注意考虑后期程序的可扩展性的习惯。如果前期写代码时没有注意后期程序的可扩展性，到时候可能会因为内存不够用，无法扩展模块功能，如果非要扩展模块功能，我们就不得不对整个程序框架进行修改，这会大大降低工作效率。所以我们平时在写代码时要慢慢培养这种考虑周全的思想，你会受益无穷。

7.12　学习建议

LiteOS 是一个功能完备，实现优质的 RTOS 内核，建议重点研究通过 OSAL 接口使用 LiteOS 内核。如果是做产品，实际并不需要研究内核源代码，只需要能调用 API 即可。如果用户需要深度使用 LiteOS 做产品，或想研究 RTOS 内核实现，可详细研究 LiteOS 内核。

第8章

LiteOS SDK 外围组件源代码精读

正如前文所述，在代码开源的时代潮流下，不同的 IoTOS 内核之间的性能相差无几，竞争的焦点转移到外围组件。LiteOS 针对物联网设备与云平台之间的连接设计了独特的外围组件。本章将系统地讲述 LiteOS 外围组件，如简单组件、关联组件、OTA 组件及联网连云组件，重点讲述其中的 shell、driver、at 以及 OC 组件。

8.1　LiteOS外围组件

LiteOS 外围组件存放在 SDK_IOTLINK_iotlink 目录下，包含所有外围组件和非外围组件文件夹 inc、os。根据学习组件的难易程度和组件之间相互关联程度，可将外围组件划分为简单组件、关联组件、OTA 组件及联网连云组件。

8.1.1　简单组件

简单组件与其他组件的关联性较低，不需要其他组件协助也可以完成工作。这类组件具有代码数量少、难度不高、组件关联性小的特点。

LiteOS 简单组件主要分为两类：一类是移植的开源项目，LiteOS 移植了经典的、应用广泛的开源工程；另一类是 LiteOS 官方编写的组件，包括 link_log、link_misc。

1. cJSON

cJSON 组件能够实现二进制格式数据与 JavaScript 对象简谱（JavaScript Object Notation，JSON）格式数据的双向转换。C 语言中采用二进制作为数据存储与计算的基本格式，而 JSON 是一种轻量级的网页服务器数据交换格式，因此需要 cJSON 组件作为中间件。

cJSON 组件本身是一个开源项目，采用标准化 C 语言库编写，可以跨平台使用。LiteOS 将

cJSON 移植放入组件中，因此该组件与其他组件没有关联性。

　　cJSON 组件默认是关闭的，需要手动打开。打开的方法是使用宏定义 CONFIG_JSON_ENABLE 开启 cJSON 组件。

2. compression_algo

　　compression_algo 目录下实现了一个 Lempel-Ziv-Markov 链算法（Lempel-Ziv-Markov chain-Algorithm，LZMA），它是基于著名的 LZ77 压缩算法改进的压缩 / 解压缩工具，如图 8.1 所示。

　　LZMA 是一个开源社区里的压缩算法项目。LZMA 文件夹下包括了 bin、C、CPP、Java 等源代码，如图 8.2 所示。这些源代码都完成了编译，并针对系统接口进行了必要的改动与移植，是可以在 LiteOS 的 SDK 中调用的。

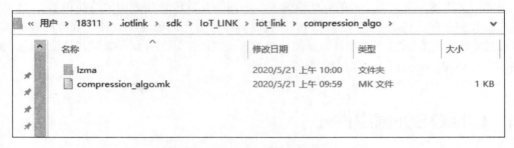

图 8.1　compression_algo 组件

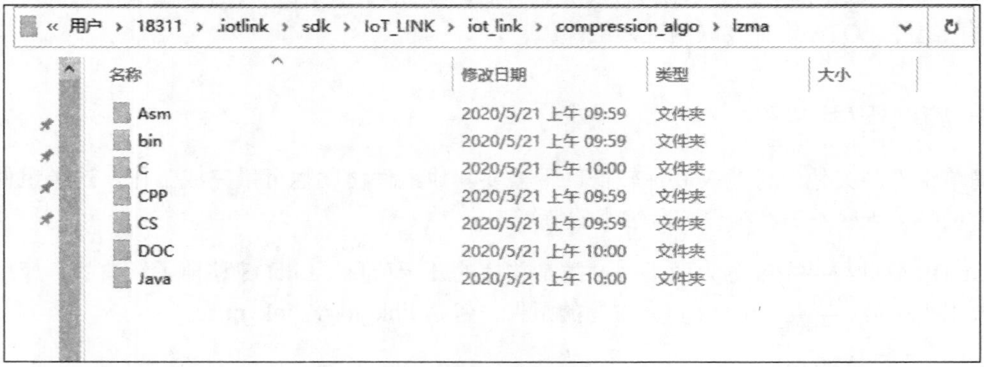

图 8.2　LZMA 压缩工具

3. crc

　　循环冗余校验（Cyclic Redundancy Check，CRC）是根据网络数据包或计算机文件等数据产生简短固定位数校验码的一种信道编码技术，用来检测 / 校验数据传输，或者保存后可能出现的错误。LiteOS 移植了常用的 crc8、crc16、crc32 版本，如图 8.3 所示。

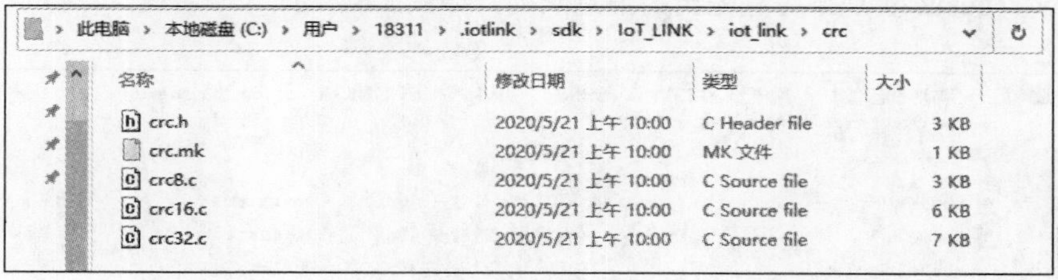

图 8.3　crc 组件

4. link_log

如图 8.4 所示，link_log 是输出信息的级别控制，主要是对输出信息进行调试。它的设计思路参考了 Linux 内核，因为移植组件是遵守开源协议的要求进行的，所以不会触犯法律或知识产权相关规定。

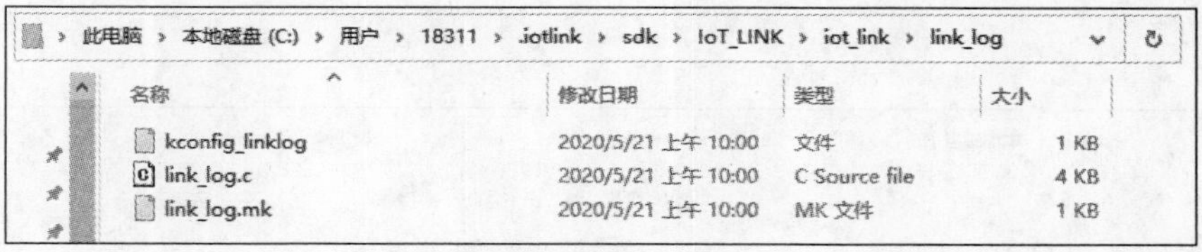

图 8.4　link_log 组件

5. link_misc

link_misc 目录下存放了多种常用组件，如图 8.5 所示。其中，link_random 可以用 C 语言产生随机数。link_ring_buffer 实现了环形缓冲区的功能。环形缓冲区常用于视频的编解码，其本质就是一个环形链表，用于存放通信中发送和接收的数据。它是一个先进先出的循环缓冲区，可以向通信程序提供对缓冲区的互斥访问。link_string 自定义字符串函数库，虽然标准库里提供了字符串函数，但 LiteOS 认为标准库的字符串函数不够好用，因此才会自行编写字符串函数。

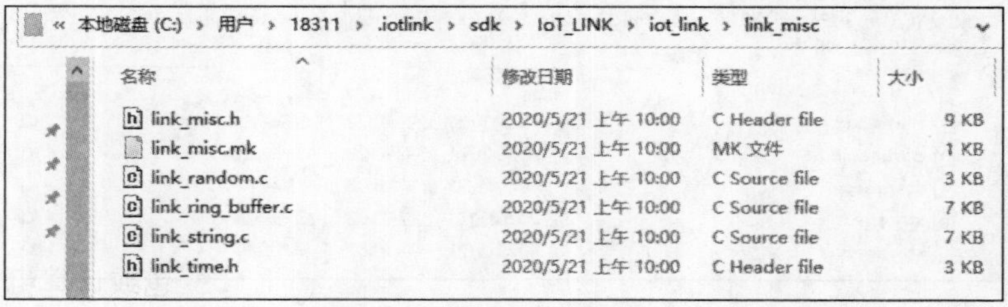

图 8.5　link_misc 组件

6. queue

顾名思义，queue 实现了先进先出的消息队列，如图 8.6 所示。

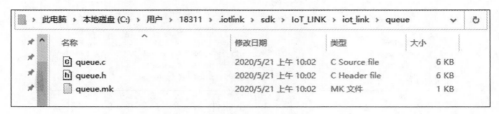

图 8.6　queue 组件

7. stimer

stimer 实现了软件定时器的功能，如图 8.7 所示。LiteOS 内核已经提供了软件定时器。stimer 的功能是其函数内部通过调用一个任务来完成的，也就是说它的底层是由一个任务支撑的。内核提供的软件定时器实现方法也是这样。因此二者的实现原理是差不多的，但二者的层级是不一样的。

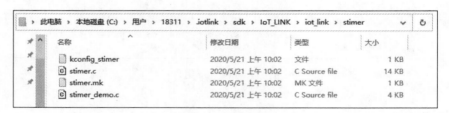

图 8.7　stimer 组件

8. storage

storage 实现了存储设备的管理，如存储设备扇区的管理，如图 8.8 所示。如果搭载 LiteOS 的产品使用了 SD 卡作为存储设备，可以通过 storage 组件管理 SD 卡的有效扇区。

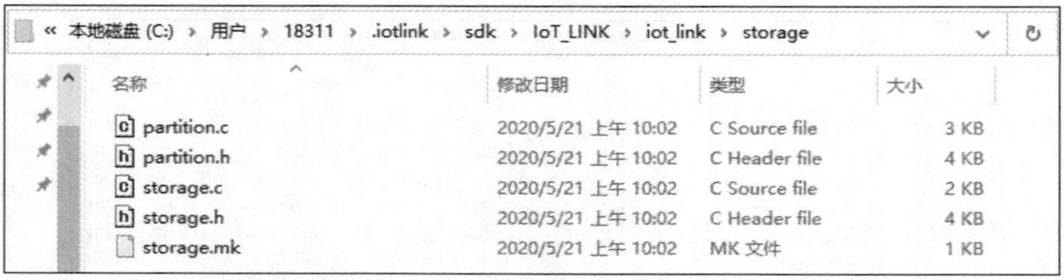

图 8.8　storage 组件

以上几个组件都被称为简单组件，因为首先它们的设计相对简单，其次组件是移植的，与别的组件关联性小，可以独立运行。

这些组件并不是 LiteOS 独创的内容，而是具有非常经典、泛型的功能，甚至可以在其他领域中遇到这些内容。因此本章不会花太多的篇幅详细介绍它们，而是将重点放在 LiteOS 的特色功能上。

8.1.2　关联组件

关联组件表示这类组件与 SDK 内其他组件之间是有关联的，本小节列出的 at、driver、fs 以及 shell 这 4 个组件需要相互配合才能实现自身功能。

1. at

at 是 Attention 的缩写，协议本身采用文本格式，每个命令均以 at 开头，因此采用这类协议的指令集名为 AT 指令。当我们的设备需要对接 NB-IoT 模组或 Wi-Fi 模组时，都需要通过 AT 指令与云平台进行对接操作。LiteOS 提供了一套 AT 指令框架，通过软件自动实现通信模组收发 AT 指令的操作，如图 8.9 所示。

at 组件要实现发送 AT 指令与接收外部返回数据，必须依靠串口硬件与串口驱动。因此 at 组件不能独立运行，需要 driver 组件驱动串口才能正常工作。

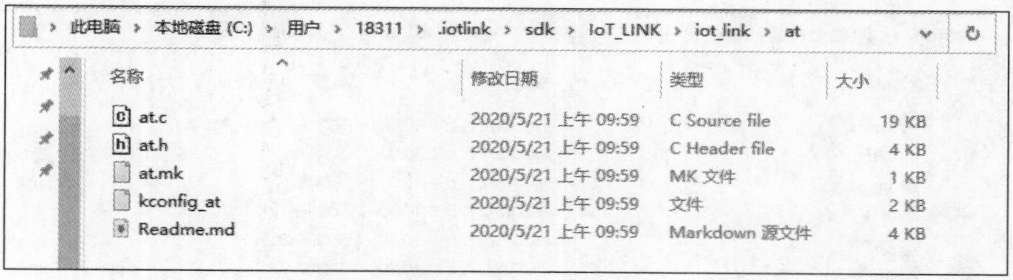

图 8.9　at 组件

2. driver

driver 是 LiteOS SDK 的驱动框架。其设计思路很大程度上参考了 Linux 的驱动框架设计。首先定义整体驱动框架，添加硬件驱动时，只需要实现相应的函数注册到驱动框架，使用时只需要使用事先定义好的函数指针调用。

在 LiteOS 操作系统下使用新的硬件驱动有两种方法：一种是直接在硬件驱动层中编写直接使用，另一种是封装成 LiteOS 标准驱动，并注册到驱动框架中，然后调用驱动框架提供的标准函数。

driver 组件的目录下包含了 dev_fs.c、dev_fs_test.c 以及 driver.c 等文件，如图 8.10 所示。

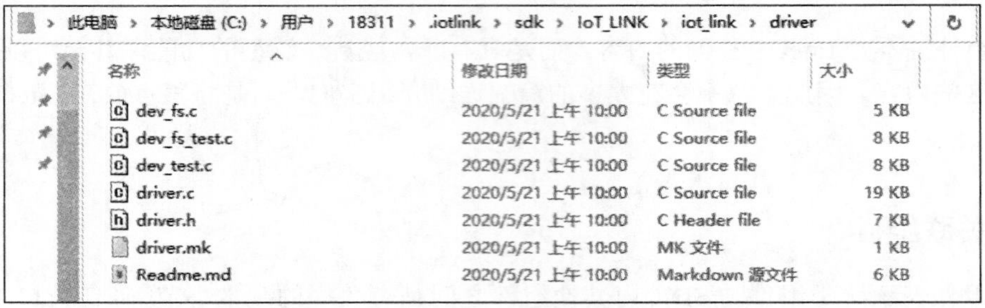

图 8.10　driver 组件

3. fs

fs 是文件系统组件，如图 8.11 所示。与 Linux 一样，LiteOS 也是通过虚拟文件系统（Virtual File System，VFS）实现一套文件系统支持多种文件系统，VFS 是一个可以让 open()、read()、write() 等系统调用不用关心底层的存储介质和文件系统类型就可以工作的黏合层。fs 组件采用虚拟文件系统为各类文件系统提供了一个统一的操作界面和应用编程接口。

Linux 秉承"一切皆为文件"的理念，LiteOS 的设计也体现了这个理念。如 driver 组件及其驱动在 LiteOS 中也被认为是文件，fs 组件与 driver 组件关联性很强，在后文中会详细介绍。

图 8.11　fs 组件

4. shell

shell 组件提供简单的命令对话框，实现了让用户可以自行封装 shell 命令，以及执行对应 shell 指令的框架，如图 8.12 所示。shell 一般用于功能调试，将组件的关键函数封装成 shell 命令，测试人员就可以在 shell 界面下测试组件命令。

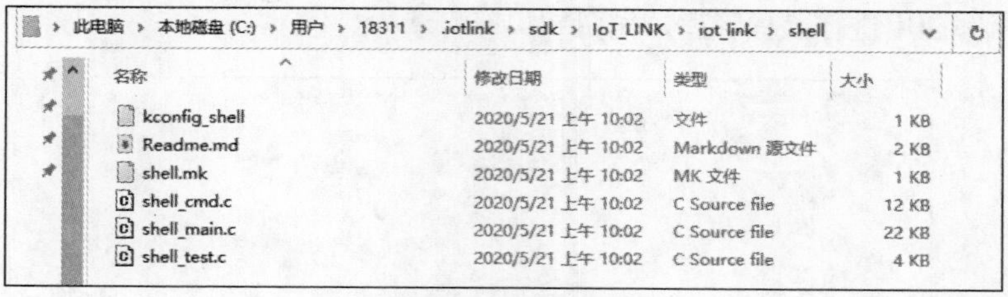

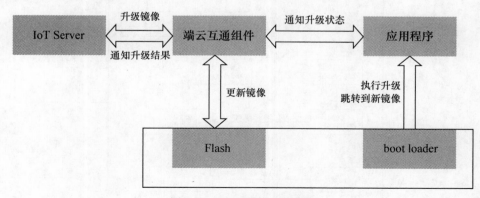

图 8.12　shell 组件

8.1.3　OTA组件

空中升级（Over The Air，OTA）的本质是通过网络方式来进行本地固件升级的方法。OTA
是物联网设备的刚性需求，过去的设备不能联网，因此对固件升级的需求小。现在物联网设备
几乎都可联网，具备了通过网络来升级的条件，OTA 组件就是物联网设备的一个硬性指标。

通过 OTA 组件，物联网可以快速响应市场端的上线需求、满足设备部署多样性的需求，确
保设备安全性和完善性。

LiteOS 支持物联网开放平台的远程固件升级，且具备断点续传、固件包完整性保护等特性。

1. boot loader

设备升级需要将程序分为两个部分，一个是 boot loader，另一个是 App。App 是真正处理
任务的任务程序；boot loader 的任务是引导加载 App，或者是引导加载升级程序，然后使设备进
行升级。系统开机时先执行 boot loader，由 boot loader 判断是否满足升级条件，从而执行升级
或加载 App 的操作。LiteOS 官方提供的 OTA 固件升级流程如图 8.13 所示。

图 8.13　OTA 固件升级流程

2. ota

OTA 组件存放了 OTA 升级相关的功能和协议，通过移动通信（GSM、NB-IoT 等）的空中

接口对通信模组和应用进行远程管理，如图 8.14 所示。

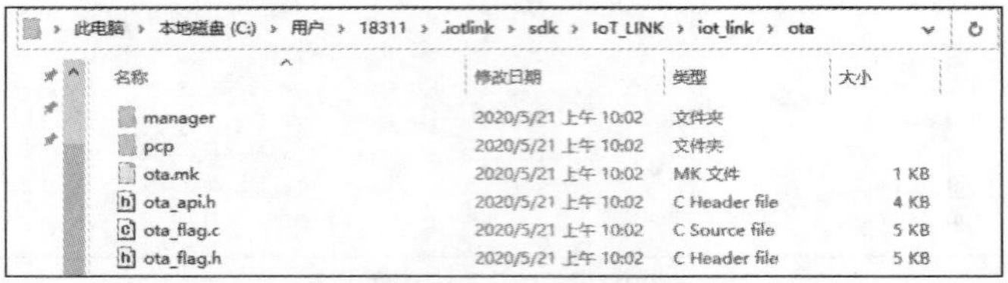

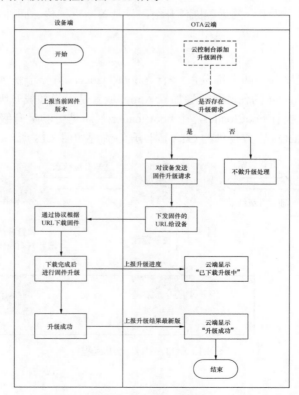

图 8.14　OTA 组件

OTA 组件包括 SOTA 升级和 FOTA 升级。SOTA 指的是空中下载技术（Software Over The Air），通过华为自研的平台升级协议，加上内置 LwM2M 协议的 NB-IoT 模组，实现对第三方 MCU 升级。FOTA 指的是空中升级技术（Fireware Over The Air），通过 NB-IoT 模组内置 LwM2M 协议的 5 号对象，实现对通信模组本身的升级。

OTA 升级需要以本地设备与云端服务器对接为基础，这要求开发者不能只关心本地设备端，还要了解云端服务器与设备端配合的方法。因此实现 OTA 功能必须要设备端与云端共同开发。设备端与 OTA 云端协同升级的流程如图 8.15 所示。

图 8.15　设备端与 OTA 云端协同升级流程

华为 LiteOS SDK 内部提供的 OTA 的最大优势在于，华为云 IoT 针对 LiteOS 设备 OTA 组件进行了适配。如果用户采用华为云 IoT，并在本地设备运行 LiteOS，那么使用官方提供的 OTA 框架可以轻松实现二者对接。

3. upgrade_patch

upgrade_patch 升级补丁组件。OTA 升级有两种模式，可以用手机 App 升级类比。手机 App 有两种更新方法。一种方法是全量更新，在服务器上部署完整的软件更新包，然后通过网络推送给各个 App 用户；用户必须把整个安装包下载下来，在本地重新安装以替换旧的软件程序。全量更新的优点是实现简单，缺点是浪费流量，需要稳定的网络环境。另一种方法是差分升级，这种方法考虑到现实生活中新版程序与旧版程序相差不大，将新旧版有差异的部分的代码打包成补丁（Patch），添加版本差异的描述。升级时只需要下载安装补丁包，即可完成设备升级。差分升级的坏处是需要一套算法来提供支持，但它的好处是节省流量。

upgrade_patch 就是为了提供差分升级而开发的组件。物联网产品选用全量更新还是差分升级，取决于产品的流量成本和部署地所在的网络状况。如果产品采用 Wi-Fi 入网，那么差分升级与全量更新的差异不大。但有一些网络，如 NB-IoT，它的网速是非常慢的，如果安装包过大，那么下载更新操作起来非常麻烦。

网络质量也影响 OTA 更新方法的选择，物联网设备部署分散，设备接入的网络质量是无法预测的，这使在物联网的体系下的开发者更多倾向于使用差分升级的更新方法。

8.1.4　联网连云组件

LiteOS SDK 联网连云组件是搭载 LiteOS 设备对接到 IoT 云平台的重要组件，LiteOS SDK 集成了 LwM2M、CoAP、MQTT、mbed TLS、LwIP 等 IoT 联网连云协议栈。

1. network

network 文件目录下存放了网络协议栈，包括 coap、dtls、lwm2m、mqtt 以及 tcpip 总共 5 个文件夹，如图 8.16 所示。其中 coap、lwm2m、mqtt 是物联网协议文件夹；tcpip 是经典的网络协议文件夹，为应用层提供底层支撑的协议。

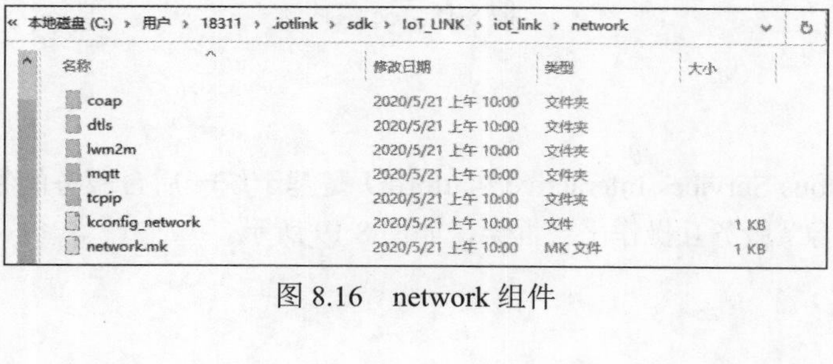

图 8.16　network 组件

数据包传输层安全性协议（Datagram Transport Layer Security，DTLS）目前支持预共享密钥模式（Pre-Shared Keys，PSK），后续会扩展支持其他模式。

对于物联网来说，网络安全远比在互联网中的重要。数据传输是物联网网络安全的关键，解决方法就是对传输的数据加密，这时就需要用到 dtls。目前，物联网设备与最新版的华为云 IoT 对接已经要求对传输的数据加密，开放 5683 端口和 5684 端口，前者是非加密端口，后者是加密端口。未来所有设备一定会迁移到加密端口，以减少安全漏洞出现。

LiteOS SDK 端云互通组件首先和物联网开放平台完成握手流程，后续的应用数据将全部变成加密数据，如图 8.17 所示。

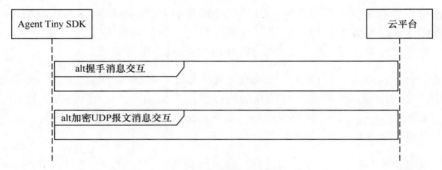

图 8.17　加密握手流程

2. oc

OC 是华为云 IoT 前身——OceanConnect 的缩写，提供了针对华为云 IoT 对接功能的封装，包括与华为云 OC 的对接协议栈 CoAP、LwM2M、MQTT 以及对应协议的 OSAL 等功能，如图 8.18 所示。

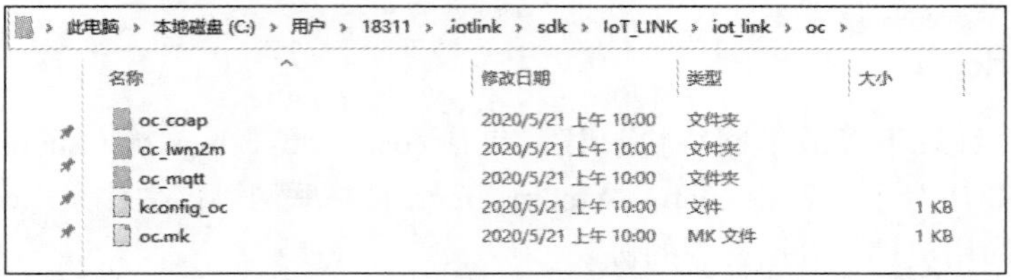

图 8.18　oc 组件

3. usip

USIP（Ubiquitous Services Interactive Platform）是基于统一后台服务的物联网框架，面向物联网的基于泛在对象 / 服务互操作平台框架，如图 8.19 所示。

该框架是一种基于统一后台服务器的物联网系统框架，根据物联网框架划分的层次结构，分为表现层、泛在对象模型及挂件层。对于物联网对象的接入采用模型化的方式，支持泛在对象模型的聚合与扩展，将物联网对象有机地纳入框架。

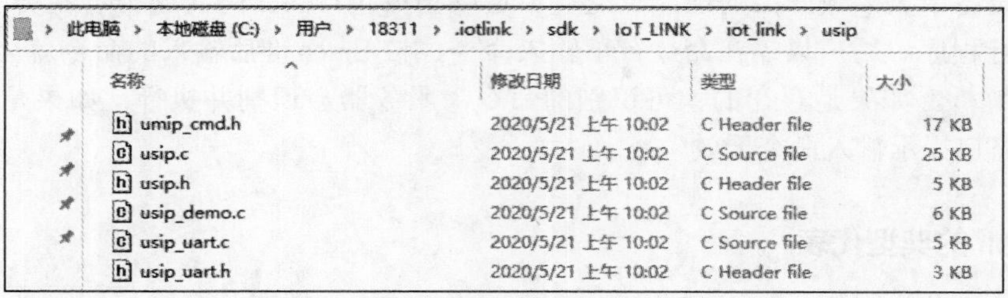

图 8.19　usip 组件

8.1.5　内核

os 并不是外围组件，它正好与外围组件存放在同一文件夹下，如图 8.20 所示。其中包括 LiteOS、Linux、novaOS、macOS 等常用操作系统，通过 osal 组件将各种不同操作系统的任务相关函数、任务同步机制函数、内存相关函数等进行统一的接口封装。

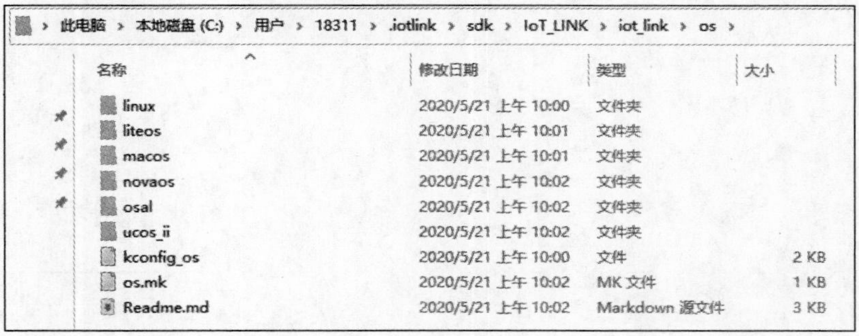

图 8.20　os 组件

8.2　iotlink的shell组件介绍

8.2.1　什么是shell

shell 的本质是一套人机交互程序，提供一个命令行，用户输入命令，然后 shell 服务器解析并执行。

人机交互程序有两种：一种是 GUI，另一种是命令行。GUI 需要产品满足配件齐全、硬件配置高的条件才能使用。如计算机提供的 GUI，硬件需要鼠标、键盘以及显示器，软件需要 Windows 提供 GUI 窗口，软件与硬件协同工作才能实现。

物联网设备中大多数产品的性能、配置不足以支撑起 GUI，因此这类设备实现交互的方法是搭载命令行程序。用户只需在命令行下输入命令，按 Enter 键后输入的命令就会送到 shell 服务器内进行解析。如果是存在的、可识别的命令，服务器会识别并执行；如果是无效的命令，会在命令行窗口提示输入命令无效。

1. shell 的典型代表

shell 的典型代表有 Windows 操作系统的 cmd 与 Linux 操作系统的 uboot。

Windows 的 cmd 窗口如图 8.21 所示。cmd 实现方法是调用 C:/Windows/System32 下对应的可执行文件，以常用的 ping 命令为例，命令行下输入 ping 命令，服务器解析后调用执行 C:\Windows\System32\ping.exe 程序。

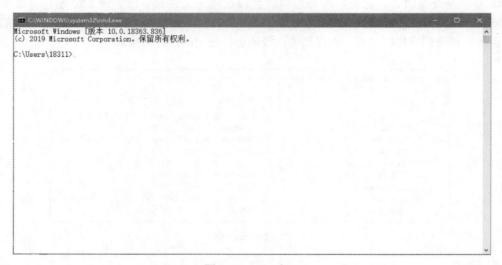

图 8.21　cmd 窗口

2. shell 的三大模块

shell 的三大模块是用户输入获取模块、字符串解析匹配模块、命令执行模块。

用户输入获取模块提供命令行交互界面。该模块采用行缓冲设计，监听用户输入内容并以回车符作为输入结束标志，将获取到的命令送入字符串解析匹配模块。

字符串解析匹配模块将获取到的命令与内部预设的命令进行对比。如果送入的命令与内部命令不匹配，则返回命令不存在的消息；如果送入的命令与内部命令匹配，则对命令进行解析，若解析成功就送入命令执行模块。

命令执行模块根据解析的参数，调用相应的函数来执行命令。

3. shell 的命令应答式设计

shell 的本质是命令行解释器，意味着 shell 会按照顺序逐行将用户命令翻译给系统核心处理，同时将核心处理的结果翻译给用户。只有当上一条命令处理结果返回给用户时，shell 才会等待下一条命令输入，这是典型的命令应答式设计。

8.2.2　分析iotlink的shell组件

1. 添加 shell 源代码工程

前文添加的源代码工程只包括了内核代码，本章需要手动将 shell 源代码加入工程。

shell 文件存放在 C:\Users\ 用户名 \.iotlink\sdk\IoT_LINK\iotlink 目录下，可以将文件复制到自定义文件夹下，同时还要复制相同路径下的 inc 文件夹。inc 文件夹下存放了 iotlink 共有的头文件，其中包含了 shell 的头文件，如图 8.22 所示。

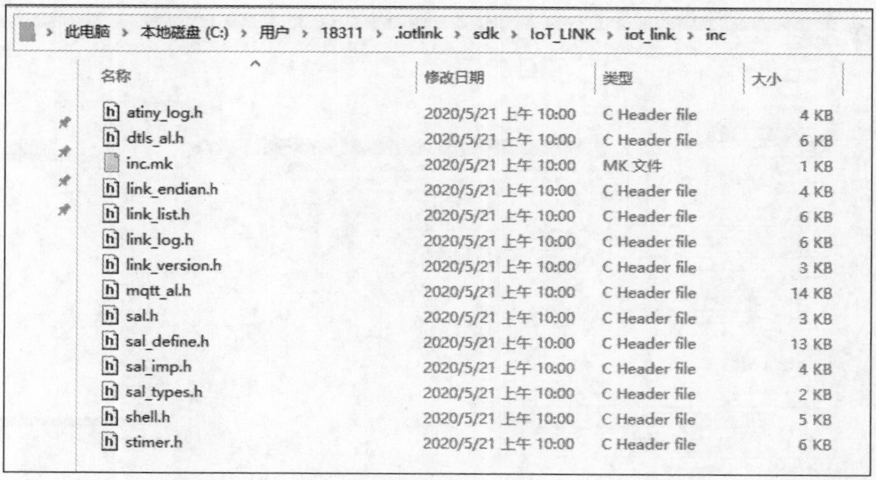

图 8.22　inc 头文件

启动 Source Insight，单击 "Project" 选项，选中 "Add and Remove Project Files"，找到 shell 文件夹，单击 "Add All" 按钮即可完成工程目录添加，如图 8.23 所示。

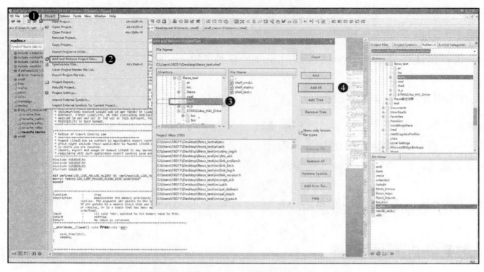

图 8.23　添加 shell 文件到 Source Insight

添加新的工程需要重新解析一次，单击"Project"选项下的"Synchronize Files"选项，选中"Force all files to be re-parsed"选项后，单击"Start"按钮，软件会重新解析添加的工程，如图 8.24 所示。

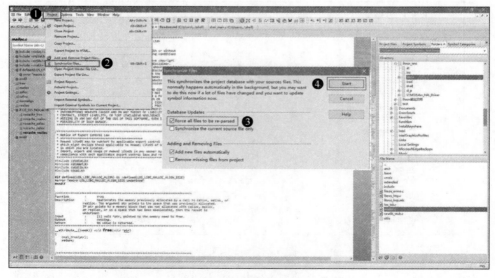

图 8.24　解析工程

完成工程解析后，可以在文件区看到 shell 文件夹下包括 kconfig_shell、Readme.md、shell.mk、shell_cmd.c、shell_main.c、shell.test.c 共 6 个子文件，文件界面如图 8.25 所示。

图 8.25　文件界面

2. shell 组件使能原理

无论是 shell 组件还是其他外围组件，使能都包含两步操作。第一步是用户选中在 VS Code 的 IoT Link 设置插件下 SDK 配置中的组件使能选项，配置 shell 组件使能，如图 8.26 所示。第二步是系统自动包含、编译组件源代码。编译 shell 组件是在 CONFIG_SHELL_ENABLE 宏文件、iot.mk、link_main.c 以及 shell.mk 文件的共同作用下完成的。

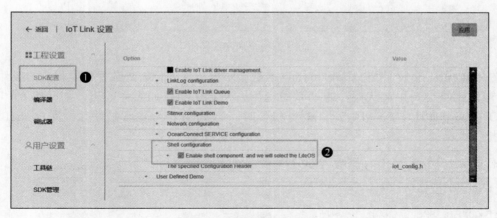

图 8.26　启用 shell 宏文件

在 SDK 选中"Enable shell component and we will select the LiteOS"选项后，IoT Link 在生成的代码中自动将 CONFIG_SHELL_ENABLE 宏文件配置成为"1"的状态，如图 8.27 与图 8.28 所示。

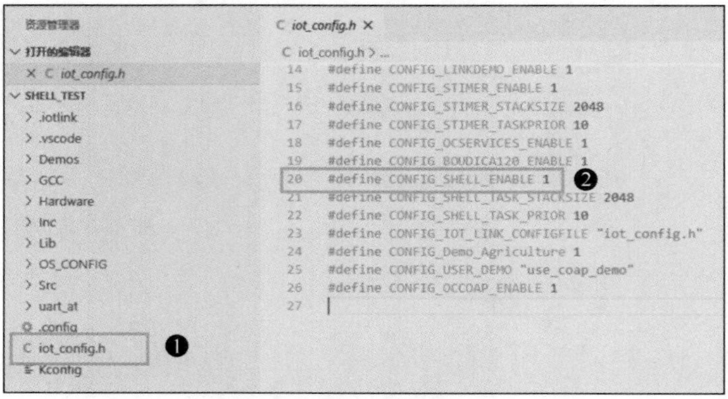

图 8.27　宏文件配置界面

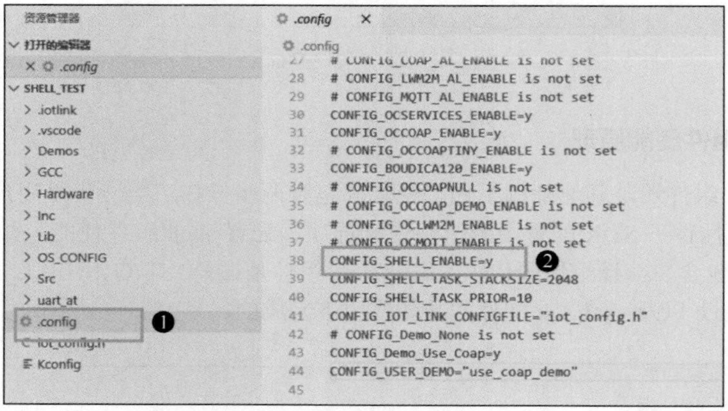

图 8.28　全局配置界面

在 link_main.c 文件中，link_main() 函数会根据条件编译宏来选择使能相应的组件，在系统初始化时会调用此代码，帮助系统调用、初始化相应的组件代码，如代码 8.1 所示。当 CONFIG_SHELL_ENABLE 状态为"1"时，对 shell 组件进行初始化，完成 shell 函数调用操作。

代码 8.1　link_main() 函数（部分）

```
int link_main(void *args)
{
ifdef CONFIG_SHELL_ENABLE //判断是否满足条件编译宏
    #include <shell.h>
    shell_init(); //shell组件初始化
#endif
    return 0;
}
```

Makefile 编译文件的功能前文已有介绍，本小节不再赘述。iot.mk 文件包含了 LiteOS 所有文件的编译文件。以 shell 组件为例，iot_link_root/shell/shell.mk 表示 iotlink 的根目录下 shell 文件夹中的 shell.mk 文件，如图 8.12 所示。iot.mk 表明 shell 组件是否被编译取决于 shell.mk 文件，如代码 8.2 所示。

代码 8.2　iot.mk（部分）

```
#configure the shell for the iot_link
include $(iot_link_root)/shell/shell.mk
```

由代码 8.3 可知，shell.mk 编译条件由 CONFIG_SHELL_ENABLE 宏文件决定，当 CONFIG_SHELL_ENABLE 等于"y"时，执行操作。

代码 8.3　shell.mk

```
ifeq ($(CONFIG_SHELL_ENABLE),y)
    shell_src  = ${wildcard $(iot_link_root)/shell/*.c}     (1)
    C_SOURCES += $(shell_src)

    shell_inc = -I $(iot_link_root)/shell                   (2)
    C_INCLUDES += $(shell_inc)

    C_DEFS += -D CONFIG_SHELL_ENABLE=1                       (3)
endif
```

代码 8.3（1）：将 shell 文件夹下所有格式为".c"的文件放入 shell_src，并将 shell_src 文件放入 C_SOURCES。

代码 8.3（2）：shell_inc 源代码将包含 shell 文件夹下所有格式为".h"的头文件，并将所有的文件放入 C_INCLUDES 等待编译。

代码 8.3（3）：在 GCC 编译器中，-D 等价于 #define 宏定义，为接下来编译链接提供辅助参数。-D CONFIG_SHELL_ENABLE=1 表示 #define CONFIG_SHELL_ENABLE 1 。

8.2.3　shell源代码分析

shell 的功能主要由 shell_main.c、shell_cmd.c 两个文件实现。其中 shell_main.c 用于实现 shell 服务器的整体框架；shell_cmd.c 提供 shell 命令基本操作，包括命令匹配、创建或删除命令等功能。

1. shell_main.c

shell_main.c 文件提供 shell 框架，包括服务框架、打印显示信息、光标操作等功能。具体函数和说明如表 8.1 所示。

表 8.1 shell_main.c 文件函数和说明

函数名称	说明
shell_init()	shell 函数初始化
shell_server_entry(void *args)	关键函数，实现 shell 功能框架
shell_insert_string()	在光标位置插入字符串
shell_cachecmd()	缓存当前命令
shell_moves_cursor_left()	向左移动光标
shell_bell()	让终端输出响铃符
shell_moves_cursor_right()	向右移动光标
shell_put_space()	输出空格
shell_put_backspace()	删除用户显示中的字符串
shell_put_index()	输出 "\n\rLiteOS:/>"，shell 的命令提示符
shell_put_string()	通过 shell 输出一段字符串
shell_put_char()	通过 shell 输出一个字符
shell_get_char()	获取一个字符

shell_init() 函数完成了 shell 命令初始化以及创建 sever 任务两个操作，如代码 8.4 所示。初始化函数会在文件 shell_cmd.c 中详细介绍。打开 shell 命令行窗口时，shell 会通过 osal_task_create 调用 shell_server_entry() 函数创建 server 主任务，以此来保证 shell 在窗口退出之前一直可以正常运行。

代码 8.4 shell_init()

```
void shell_init()
{
    shell_cmd_init();

    osal_task_create("shell_server",shell_server_entry,NULL,\
CONFIG_SHELL_TASK_STACKSIZE+CN_CMD_CACHE*CN_CMDLEN_MAX,NULL,CONFIG_SHELL_TASK_
STACKPRIOR);    //调用shell_server_entry()函数，进入shell主任务
}
```

shell_server_entry() 函数提供了命令接收与读取、方向键左移、方向键右移、方向键上移、方向键下移、Tab 键、Enter 键、BackSpace 键、Esc 键完整的 shell 服务框架，如代码 8.5 所示。

代码 8.5 shell_server_entry(void *args)

```
static int shell_server_entry(void *args)
{
    int     ch;
    int     len;
    unsigned char     offset;
    unsigned int     vk = CN_VIRTUAL_KEY_NULL;
    unsigned int     vkmask = CN_VIRTUAL_KEY_NULL;
    struct shell_buffer_t shell_cmd_cache;
```

```
(void) memset(&shell_cmd_cache,0,sizeof(shell_cmd_cache));          (1)
//初始化缓冲区
shell_put_string(gs_welcome_info);        //输出欢迎信息
shell_put_index();                        //输出命令提示符
while(1){
    ch= shell_get_char();                                          (2)
    if((ch == CN_VIRTUAL_KEY_NULL)||(EOF == ch)||(ch == 0xFF)){
        continue;
    }
    if((vk&0xFF) != 0)  {
        if(((vk>>8)&0xff) == CN_VIRTUAL_KEY_NULL)  {
            vk|=(ch<<8);
            continue;
        }
        else  {
            vk |= (ch <<16);//this is the vk code
            vkmask |= (ch <<16);
        }
    }
    else{
        vkmask  = ch;
    }
    switch (vkmask)                                                (3)
    {
        case CN_VIRTUAL_KEY_ARROWL: //将显示界面上的光标左移
            if(shell_cmd_cache.curoffset > 0){
                shell_cmd_cache.curoffset--; //光标左移实现方法
                shell_moves_cursor_left(1);
            }else
                shell_bell();
            //刷新vk
            vk = CN_VIRTUAL_KEY_NULL;
            vkmask = CN_VIRTUAL_KEY_NULL;
            break;
        case CN_VIRTUAL_KEY_ARROWR:          //将显示的光标右移
            len = strlen(shell_cmd_cache.curcmd);
            if(shell_cmd_cache.curoffset < len){
                shell_cmd_cache.curoffset++;//光标右移实现方法
                shell_moves_cursor_right(1,vk);
            } else
                shell_bell();
            //刷新vk
            vk = CN_VIRTUAL_KEY_NULL;
            vkmask = CN_VIRTUAL_KEY_NULL;
            break;
        case CN_VIRTUAL_KEY_ARROWU:   //切换到上一条命令
        //首先通过复位当前已经输入的命令，将命令缓存清空
            len = strlen(shell_cmd_cache.curcmd);
            if(shell_cmd_cache.curoffset < len){
                shell_put_space(len - shell_cmd_cache.curoffset);
                shell_cmd_cache.curoffset = len;
            }
            shell_put_backspace(len);
            (void) memset(shell_cmd_cache.curcmd,0,CN_CMDLEN_MAX);
```

```
            shell_cmd_cache.curoffset = 0;
            //将上一个命令复制到当前命令行下并回显所有信息
            offset = (shell_cmd_cache.taboffset +CN_CMD_CACHE -1)%CN_CMD_CACHE;
           (void)strncpy(shell_cmd_cache.curcmd,shell_cmd_cache.tab[offset],CN_CMDLEN_MAX);
            shell_cmd_cache.taboffset = offset;
           shell_cmd_cache.curoffset=strlen(shell_cmd_cache.curcmd);
            //将现有的命令放入终端
            shell_put_string(shell_cmd_cache.curcmd);
            //刷新vk
            vk = CN_VIRTUAL_KEY_NULL;
            vkmask = CN_VIRTUAL_KEY_NULL;
            break;
        case CN_VIRTUAL_KEY_ARROWD:   //切换到下一条命令
            //首先通过复位当前已经输入的命令，将命令缓存清空
            len = strlen(shell_cmd_cache.curcmd);
            if(shell_cmd_cache.curoffset < len){
                shell_put_space(len - shell_cmd_cache.curoffset);
                shell_cmd_cache.curoffset = len;
            }
            shell_put_backspace(len);
            (void) memset(shell_cmd_cache.curcmd,0,CN_CMDLEN_MAX);
            shell_cmd_cache.curoffset = 0;
            //将上一个命令复制到当前命令行
            offset = (shell_cmd_cache.taboffset +CN_CMD_CACHE +1)%CN_CMD_CACHE;
            (void)
strncpy(shell_cmd_cache.curcmd,shell_cmd_cache.tab[offset],CN_CMDLEN_MAX);
            shell_cmd_cache.taboffset = offset;
            shell_cmd_cache.curoffset =
strlen(shell_cmd_cache.curcmd);
            //将现有的命令放入终端
            shell_put_string(shell_cmd_cache.curcmd);
            //刷新vk
            vk = CN_VIRTUAL_KEY_NULL;
            vkmask = CN_VIRTUAL_KEY_NULL;
            break;
        case CN_KEY_TAB:
            //接收到Tab键，系统应该通过查询的方式自动补全命令
          if(shell_cmd_cache.curoffset > 0) {
char cursor=shell_cmd_cache.curcmd[shell_cmd_cache.curoffset];
shell_cmd_cache.curcmd[shell_cmd_cache.curoffset] = 0;
            const struct shell_tab_matches *matches;
            matches = shell_cmd_index((const
char*)shell_cmd_cache.curcmd);
            shell_cmd_cache.curcmd[shell_cmd_cache.curoffset] = cursor;
            if (matches->len == 1) {
            //如果只有一个命令匹配，直接在当前光标位置插入命令
            shell_insert_string(&shell_cmd_cache,
matches->matches[0] + shell_cmd_cache.curoffset);
            } else if (matches->len > 1) {
                LINK_LOG_DEBUG("\n\r");
                for (int i = 0; i < matches->len; i++) {
                    shell_put_string(matches->matches[i]);
                    shell_put_char('\t');
                }
```

```
                            LINK_LOG_DEBUG("\n\r");
                             shell_put_index();
                             shell_put_string(shell_cmd_cache.curcmd);
shell_moves_cursor_left(strlen(shell_cmd_cache.curcmd) -
shell_cmd_cache.curoffset);
                        } else
                             shell_bell();
                } else
                    shell_bell();
            //刷新vk
            vk = CN_VIRTUAL_KEY_NULL;
            vkmask = CN_VIRTUAL_KEY_NULL;
            break;
        case CN_KEY_LF:  //监测到Enter键，执行当前命令，并送到历史缓存       (4)
            if(strlen(shell_cmd_cache.curcmd) != 0){
                LINK_LOG_DEBUG("\n\r");
                //如果当前命令存在，则将当前命令复制到历史缓存
                shell_cachecmd(&shell_cmd_cache);
                //由于运行命令会拆分字符串，因此必须在运行前执行此代码
                shell_cmd_execute(shell_cmd_cache.curcmd);   //执行命令
                (void) memset(shell_cmd_cache.curcmd,0,CN_CMDLEN_MAX
                );
                shell_cmd_cache.curoffset = 0;
            }
            shell_put_index();
            //刷新vk
            vk = CN_VIRTUAL_KEY_NULL;
            vkmask = CN_VIRTUAL_KEY_NULL;
            break;
        case CN_KEY_CR:  //监测到换行执行当前命令，并送到历史缓存
            if(strlen(shell_cmd_cache.curcmd) != 0){
                LINK_LOG_DEBUG("\n\r");
                //如果当前命令存在，则将当前命令复制到历史缓存
                shell_cachecmd(&shell_cmd_cache);
                //由于运行命令会拆分字符串，因此必须在运行前执行此代码
                shell_cmd_execute(shell_cmd_cache.curcmd);   //执行命令
                (void) memset(shell_cmd_cache.curcmd,0,CN_CMDLEN_MAX
                );
                shell_cmd_cache.curoffset = 0;
            }
            shell_put_index();
            //刷新vk
            vk = CN_VIRTUAL_KEY_NULL;
            vkmask = CN_VIRTUAL_KEY_NULL;
            break;
        case CN_KEY_BS:          //删除字符并将其后字符向前移动一位
            if(shell_cmd_cache.curoffset >0){
                char *substr = shell_cmd_cache.curcmd +
shell_cmd_cache.curoffset;
                int len = strlen(substr);
                shell_put_char('\b');
                shell_put_string(substr);
                shell_put_char(' ');
                shell_moves_cursor_left(len + 1);
```

```
                (void) strcpy(substr - 1, substr);
                shell_cmd_cache.curoffset--;

            } else
                shell_bell();
            //刷新vk
            vk = CN_VIRTUAL_KEY_NULL;
.           vkmask = CN_VIRTUAL_KEY_NULL;
            break;
            break;
        case CN_KEY_ES:          //监测到Esc键，删除所有的输入
            vk= CN_KEY_ES;
            vkmask = CN_KEY_ES;
            break;
        default: //其他控制字符将被忽略
            //将字符推送到缓冲区，直到字符满并且出现'\n'
            if(shell_cmd_cache.curoffset <(CN_CMDLEN_MAX-1)){
                char *p = (char *)&ch;
                if (*p == 0)
                    *p = (char)ch;
                shell_insert_string(&shell_cmd_cache, p);
            } else
                shell_bell();
            //刷新vk
            vk = CN_VIRTUAL_KEY_NULL;
            vkmask = CN_VIRTUAL_KEY_NULL;
            break;
        }
    }
    return -1;
}
```

代码 8.5（1）：初始化 shell_cmd_cache 数据缓存区。shell_cmd_cache 作为局部变量在 shell_server_entry() 函数中被定义。shell_cmd_cache 栈的大小是有限的，需要根据实际需要选择静态分配或动态分配。

代码 8.5（2）：获取 shell_get_char() 收到的字符并进行对比，这里提供了禁止使用的几个字符，如 CN_VIRTUAL_KEY_NULL、EOF、0xFF。CN_VIRTUAL_KEY_NULL 宏定义为 0x000000 表示空命令；EOF 是 End Of File 的缩写，通常文本的最后若存在此字符则表示文件结束；0xFF 超过了基础 ASCII 的上限。如果没有使用上述字符，将字符赋值给 vkmask 后进行匹配。

代码 8.5（3）：接收到可用字符，与系统预设的方向键左移、方向键右移、方向键上移、方向键下移、Tab 键、Enter 键、BackSpace 键、Esc 键进行匹配，满足则执行对应代码。

代码 8.5（4）：CN_KEY_LF 与 CN_KEY_CR 都是监测到 Enter 键表示命令输入完毕进行执行操作。由于历史，不同的操作系统使用不同的字符表示回车键换行。在 UNIX、Linux 中 "\n" 表示回车加换行的操作，在 Windows、DOS 中只有 "\r\n" 表示回车加换行操作，并且顺序不能

更改，在 macOS 中 "\r" 表示回车加换行。接收到回车命令，可通过函数 shell_cachecmd() 函数获取命令，通过 shell_cmd_execute() 函数执行命令，二者的功能会在后文中详细介绍。

shell_cachecmd() 函数用于缓存当前命令，如代码 8.6 所示。

代码 **8.6** **shell_cachecmd()**

```
static void shell_cachecmd(struct shell_buffer_t *tab){
    int i = 0;
    int offset;
    for(i = 0;i < CN_CMD_CACHE;i++){
        if(0 == strcmp(tab->curcmd,tab->tab[i])){
            break;
        }
    }
    if(i == CN_CMD_CACHE){
        offset=tab->taboffset;
        (void) memset(tab->tab[offset],0,CN_CMDLEN_MAX);
        (void) strncpy(tab->tab[offset],tab->curcmd,CN_CMDLEN_MAX);
        offset = (offset +1)%CN_CMD_CACHE;
        tab->taboffset = offset;
    }
    return;
}
```

该代码段的核心是 strncpy() 函数，表示从命令行接收界面获取字符存放到命令缓冲区中。

2. shell_cmd.c

shell_cmd.c 文件提供 shell 命令主体功能的实现，包括初始化命令、命令匹配、执行命令等功能，具体函数和说明如表 8.2 所示。

表 **8.2** **shell_cmd.c 文件函数和说明**

函数名称	说明
shell_cmd_init()	初始化命令函数，加载命令表
shell_cmd_match()	命令匹配函数，将输入的命令与服务器中的命令匹配
shell_cmd_execute()	执行命令函数，用于执行字符串指定的命令
shell_cmd_index()	用来找到最相似的命令
shell_cmd_help()	系统帮助函数

shell_cmd_init() 函数用于命令初始化，同时根据当前系统的开发编译环境选择不同的编译方法，如代码 8.7 所示。

代码 **8.7** **shell_cmd_init()**

```
int    shell_cmd_init(void){                                              (1)
```

```
    void  *cmd_start = NULL;
    unsigned int len = 0;
#if defined (__CC_ARM)    //添加ARM编译器                                     (2)
    len = (unsigned int)&oshell$$Limit-(unsigned int)&oshell$$Base,
    cmd_start = &oshell$$Base; //获取shell命令段首地址
#elif defined(__GNUC__)    //添加GNU编译器                                    (3)
    cmd_start = &__oshell_start; //获取shell命令段首地址
    len = (unsigned int )&__oshell_end - (unsigned int)&__oshell_start; //获取shell命
令段长度
#else
    #error("unknown compiler here");
#endif
    if(len > 0){                                                            (4)
        len = len/sizeof(struct shell_item_t);
        gs_shell_cb.s = (struct shell_item_t *)cmd_start;
        gs_shell_cb.s_num = len;
    }
    return 0;
}
```

代码 8.7（1）：__CC_ARM 与 __GNUC__ 都是编译器的名称。前者对应 ARM RealView，由 ARM 开发，伴随 Keil MDK 等 IDE 发布。后者对应 GNU Compiler Collection，由 ARM、Linaro、Mentor 共同开发，开源免费。在本段代码中，虽然区分了两种不同的编译环境，但二者的功能是一致的，都是找到 shell 命令段首地址与长度。

代码 8.7（2）：__CC_ARM 编译环境下，找到 shell 代码段首地址和 shell 代码段长度。

代码 8.7（3）：在 __GNUC__ 编译环境下，找到 shell 代码段首地址和 shell 代码段长度。

代码 8.7（4）：通过 shell 段首地址可以找出所有的 shell 命令，通过格式化的 shell 数据结构在 shell 代码段内存中读取 shell 命令。

LiteOS 通过结构体 shell_cb_t 为 shell 实现了两种命令管理方法。一种是静态命令管理方法，将命令存储在预先分配好的静态内存中，方便命令管理但内存使用不够灵活，此方法在 LiteOS 最为常见。另一种是动态命令管理方法，通过链表将使用的命令内存连接起来，提高内存使用效率，此方法是 LiteOS 预留的管理方法，如代码 8.8 所示。

代码 8.8　结构体 shell_cb_t

```
struct shell_cb_t
{
    struct shell_item_t *s;      //静态标签
    int                s_num;   //静态数
    struct shell_item_t *d;      //动态表
    int                d_num;   //动态数
};
```

gs_shell_cb 是按照上文介绍的结构体 shell_cb_t 格式定义的全局变量，如代码 8.9 所示。

代码 8.9　全局变量 gs_shell_cb

```
static struct shell_cb_t gs_shell_cb; //shell控制器
```

shell_cmd_match() 函数提供命令解析功能，将命令缓冲区的命令与 shell 预设的命令通过遍历的方式进行匹配，如代码 8.10 所示。

代码 8.10　shell_cmd_match()

```
static struct shell_item_t *shell_cmd_match(const char *name)
{
    struct shell_item_t *item = NULL;
    struct shell_item_t  *ret = NULL;
    int   i;
    //首先寻找静态标签，如果没有找到，则寻找动态标签
    ret = NULL;                                                      （1）
    for(i = 0;i <gs_shell_cb.s_num;i++){   //遍历静态标签中的命令
        item = &(gs_shell_cb.s[i]);
        if(0 == strcmp(name,item->name)){
            ret = item;
            break;
        }
    }
    if(NULL == ret){                                                 （2）
        for(i = 0;i <gs_shell_cb.d_num;i++){   //遍历动态标签中的命令
            item = &(gs_shell_cb.d[i]);
            if(0 == strcmp(name,item->name)){
                ret = item;
                break;
            }
        }
    }
    return ret;
}
```

代码 8.10（1）：遍历静态标签，函数核心是调用 strcmp(const char *str1, const char *str2) 库函数实现命令的对比。将 str1 所指向的字符串与 str2 所指向的字符串进行对比，如果返回值等于 0，表示 str1 等于 str2；如果返回值非 0，则表示 str1 不等于 str2。匹配成功立即跳出，将命令送入 shell_cmd_execute() 执行。

代码 8.10（2）：遍历动态标签，实现方法与代码 8.9（1）一致。

shell_cmd_execute() 函数包含两部分，如代码 8.11 所示。第一部分是匹配命令，通过调用 shell_cmd_match() 函数对输入命令进行匹配，匹配成功执行命令；反之，输出命令未能找到的提示信息。第二部分是执行命令，这一部分又包含了两种机制：一种是通过命令执行可执行程序，另一种是通过命令设置环境变量。

代码 8.11　shell_cmd_execute()

```
int   shell_cmd_execute(char *param){
```

```
    int    ret= -1;
    int    argc = cn_shell_args;              //将参数拆分为argc和argv格式
    unsigned int     value;
    unsigned char    *bytes;
    int     i;
    const  char *argv[cn_shell_args];
    struct shell_item_t *item;                //用于匹配命令的变量
    fn_shell_cmdentry shell_cmd_entry;

    (void)bytes;

    string_to_arg(&argc,argv,param);          //格式化参数
    if(argc == 0){
        shell_cmd_help(0,NULL);          //没有传入参数显示系统帮助界面
        ret = 0;
    }
    else{
        item =shell_cmd_match(argv[0]);       //匹配命令                        (1)
        if(NULL == item){
            LINK_LOG_DEBUG("SHELL COMMAND NOT FIND:%s\n\r",argv[0]);
            ret = -1;
        }
        else{
            if(item->type == EN_OSSHELL_CMD){   //与系统预置命令匹配           (2)
                shell_cmd_entry = (fn_shell_cmdentry)item->addr;
                shell_cmd_entry(argc,argv);
            }
            else{             //设置环境变量的参数                              (3)
                if((argc == 3)&&(0 == strcmp(argv[1],"set"))){
                    value = strtol(argv[2],NULL,0);
                    (void) memcpy(item->addr,&value,item->len);
                }
                else{
                    bytes = item->addr;
                    LINK_LOG_DEBUG("(HEX):ADDR:0X%08X:",(unsigned int)bytes);
                    for(i = 0;i<item->len;i++){
                        LINK_LOG_DEBUG("%02x ",*bytes++);
                    }
                }
            }
        }
    }
    return ret;
}
```

代码 8.11（1）：调用 shell_cmd_match() 函数将输入的命令与预存的命令匹配，匹配失败则输出命令没有找到的信息；反之，执行命令。

代码 8.11（2）：匹配的命令与系统预设的命令一致，将系统预设命令的地址送入 shell_cmd_entry 中，通过 shell_cmd_entry(argc,argv) 执行。

代码 8.11（3）：如果传入 3 个参数，并且匹配到 set 配置参数的关键字，首先通过

strtol(const char *nptr,char **endptr,int base) 函数将参数转换成 10 进制的长整型数，然后通过 memcpy(void *destin, void *source, unsigned n) 函数使唤环境参数的更改。

3. 创建 shell 新命令

前文介绍了 shell 整体框架、命令解析与执行，本节主要介绍创建新命令的方法。由 shell.h 与 shell_cmd.c 两个文件提供 OSSHELL_EXPORT_CMD() 宏来静态添加驱动程序。

首先是 shell.h 文件，它为创建新的 shell 命令以及新的环境变量参数提供了标准格式，分别对应 OSSHELL_EXPORT_CMD() 宏文件与 OSSHELL_EXPORT_VAR() 宏文件。

为了更好地介绍 OSSHELL_EXPORT_CMD() 宏文件，首先介绍相关支撑文件。在 GCC 编译环境下，## 用于连接两边的符号。BUILD_VAR_NAME(A,B) 宏文件表示将 A,B 两个符号连接成一个符号，用于命名 shell 命令，如代码 8.12 所示。

代码 8.12　BUILD_VAR_NAME() 宏文件

```
#define BUILD_VAR_NAME(A,B)            A##B
```

OSSHELL_EXPORT_CMD() 宏文件为创建 shell 命令提供了标准的数据结构，如代码 8.13 所示。开发者只需传入命令函数、命令名称以及命令帮助 3 个参数，即可创建 shell 命令。

代码 8.13　OSSHELL_EXPORT_CMD() 宏文件

```
//通过指定的命令名称创建shell命令
#define OSSHELL_EXPORT_CMD(cmdentry,cmdname,cmdhelp)\
  static const struct shell_item_t BUILD_VAR_NAME(__oshell_,cmdentry)
__attribute__((used,section("oshell")))=\
  {\
    .name=cmdname,\            //命令名称
    .help=cmdhelp, \          //命令帮助
    .addr=(void *)&cmdentry,\    //获取命令函数地址
    .type=EN_OSSHELL_CMD,\        //命令标识
    .len = sizeof(void *),\      //命令长度
  }
```

通过结构体变量 shell_item_t 定义名称由输入参数 cmdentry 决定的数据结构。通过 BUILD_VAR_NAME() 宏文件将字符串 __oshell 与 cmdentry 连接起来，确保名称是唯一的。然后通过 section("oshell") 将新创建的 shell 命令存放到 shell 代码段中，使命令可以通过段首与段尾的方式被读取到。

OSSHELL_EXPORT_CMD() 宏文件与 OSSHELL_EXPORT_VAR() 宏文件两者实现方式是一致的，区别在于 OSSHELL_EXPORT_CMD() 宏文件的标识位是 EN_OSSHELL_CMD，OSSHELL_EXPORT_VAR() 宏文件的标识位是 EN_OSSHELL_VAR，如代码 8.14 所示。

代码 8.14　OSSHELL_EXPORT_VAR() 宏文件

```
//创建具有指定名称的shell环境变量
```

```
#define OSSHELL_EXPORT_VAR(var,varname,varhelp)\
  static const struct shell_item_t BUILD_VAR_NAME(__oshell_,var) __attribute__
((used,section("oshell")))= \
  {\
      .name=varname,\            //环境变量名称
      .help=varhelp,\            //环境变量参数
      .addr=(void *)&var,\           //获取环境变量地址
      .type=EN_OSSHELL_VAR,\ //数据标识
      .len =sizeof(var),\             //环境变量长度
  }
```

以 shell 命令中 help 命令为例，首先创建实现 help 的功能函数，如代码 8.15 所示，用于输出所有 shell 命令。然后调用 OSSHELL_EXPORT_CMD() 宏文件，传入 help 命令函数、命令名称以及命令帮助信息，如代码 8.16 所示。完成以上操作，即可创建新的 shell 命令。

代码 8.15 shell_cmd_help()

```
static int   shell_cmd_help(int argc, const char *argv[]){
    int   i ;
    struct shell_item_t *item;

    (void) item;
    (void) gs_os_shell_type;

    LINK_LOG_DEBUG("%-16s%-5s%-4s%-10s%-20s\n\r",\      //输出命令表的表头
        "Name","Type","Len","RunAddr","Description");
    for(i = 0;i <gs_shell_cb.s_num;i++){ //通过遍历，输出获取的shell命令
        item = &(gs_shell_cb.s[i]);
        LINK_LOG_DEBUG("%-16s%-5s%-4x%08x  %-30s\n\r",\
item->name,gs_os_shell_type[item->type%EN_OSSHELL_LAST],\
            item->len,(unsigned int)item->addr,item->help);
    }
    for(i = 0;i <gs_shell_cb.d_num;i++){
        item = &(gs_shell_cb.d[i]);
        LINK_LOG_DEBUG("%-2x  %-16s%-5s%-4x%08x  %-30s\n\r",\
i,item->name,gs_os_shell_type[item->type%EN_OSSHELL_LAST],\
            item->len,(unsigned int)item->addr,item->help);
    }
    return 0;
}
```

通过 OSSHELL_EXPORT_CMD 宏文件实现创建 shell 的 help 命令的操作，shell_cmd_help 是 help 命令的功能函数，第一个 help 是 shell 命令名称，最后一个 help 是帮助信息。开发者只需在 Shell 操作界面下，输入 "help" 指令即可查看所有载入的 shell 命令。

代码 8.16 调用 OSSHELL_EXPORT_CMD() 宏文件

```
OSSHELL_EXPORT_CMD(shell_cmd_help,"help","help");
```

8.2.4　shell效果演示

本书演示的功能均基于 NB476 开发板以及移远 BC95-B5 通信模组，开发板与通信模组的内容会在本书第 9 章详细介绍。

当搭载 LiteOS 的设备通过串口与电脑通信时，将会输出如下信息。正如前文分析 shell_main.c 代码得出的结论，首先计算机会接收到欢迎信息，并显示命令提示符，用户可以在命令提示符后面进行输入、方向键上下、回车等操作。

```
task1 init success!
WELCOME TO IOT_LINK SHELL
LiteOS:/
```

1. help 命令

在串口助手界面下输入命令 help 并按 Enter 键，串口助手会输出接收到的表头和搜索到的 shell 命令，输出如下信息。

```
LiteOS:/>help
Name                  Type      Len     RunAddr       Dcription
readTemp              CMD       4       080047e5      readTemp
shellversion          CMD       4       0800a835      shellversion
help                  CMD       4       0800a465      help
taskinfo              CMD       4       0800b155      taskinfo
helpinfo              CMD       4       0800b16d      helpinfo
reboot                CMD       4       0800b189      reboot
stimer                CMD       4       0800b51d      stimer
devlst                CMD       4       0800b69d      devlst
atcmd                 CMD       4       0800b9a9      atcmd atcommand atrespindex
atdebug               CMD       4       0800ba71      atdebug rx/tx none/ascii/hex
LiteOS:/>
```

2. readTemp 命令与 shellversion 命令

readTemp 命令是我们基于 NB476 开发板创建的 shell 命令，用于从板载的 DHT11 温湿度模块中读取到当前环境下温度与湿度信息，输出信息如下所示。除 readTemp 命令外，示例还通过 shellversion 命令输出了当前 shell 的版本信息。

```
LiteOS:/>readTemp
temp = 27.09 ; humi = 52.00

LiteOS:/>shellversion
os_shell_version:1.0
```

8.3 iotlink的driver框架解析

driver 目录下包括两个部分，一个是由 driver.c 与 driver.h 构成的主体部分，另一个是由 dev_fs.c、dev_fs_test.c 以及 dev_test.c 组成的文件系统配合包。前者是本节内容的重点，之后会详细展开。后者配合 iotlink 对应的文件夹中 fs 文件系统，可以让系统实现以读写文件的形式访问驱动，这套模式很大程度上参考了 Linux 驱动设计思路。driver 目录下还包括 driver.mk 文件，使用方法与 shell.mk 一致，此处不再赘述。

8.3.1 driver框架

1. driver 是驱动框架

driver 是驱动管理者，它本身不提供具体硬件的驱动方法，只是一种通过标准的函数指针接口来调用具体硬件驱动函数的软件框架，不是驱动本身，不管理具体硬件。

与大多数驱动管理方式类似，driver 框架通过定义一个包含管理、注册、寻找等元素的结构体——los_driv_op_t，实现对硬件驱动的管理。

2. los_driv_op_t

los_driv_op_t 是定义在 driver.h 文件的结构体。结构体内部元素如代码 8.17 所示，封装了打开文件、读取文件、文件写入、关闭文件、自定义操作、移动光标、初始化以及去初始化等驱动硬件操作的函数。这套操作模式参考了 Linux 中"一切皆是文件，设备也是文件"的思路。

代码 8.17　结构体 los_driv_op_t

```
typedef struct
{
    fn_devopen    open;    //打开文件
    fn_devread    read;    //读取文件
    fn_devwrite   write;   //文件写入
    fn_devclose   close;   //关闭文件
    fn_devioctl   ioctl;   //自定义操作
    fn_devseek    seek ;   //搜寻
    fn_devinit    init;    //初始化
    fn_devdeinit  deinit;  //去除初始化
}los_driv_op_t;
```

los_driv_para_t 结构体用来静态地添加驱动程序，是封装了驱动名、操作函数、预留数据、文件权限的数据结构体，如代码 8.18 所示。

代码 8.18　结构体 los_driv_para_t

```
typedef struct
{
    const char              *name;      //设备驱动名
    los_driv_op_t           *op;        //设备操作函数
    void                    *pri;       //预留数据，可传给设备操作函数
    uint32_t                flag;       //文件权限
}los_driv_para_t;
```

不论是在 Linux 还是在 LiteOS 中，名称是识别设备文件的关键，当调用的文件名与设置的文件名一致时，才能正常操作。因此不论是 driver 组件还是其他组件，都会进行文件名称的设置。

3. OSDRIV_EXPORT

OSDRIV_EXPORT 是驱动框架提供给具体驱动，用来实现和注册驱动的接口，如代码 8.19 所示。

代码 8.19　OSDRIV_EXPORT() 宏文件

```
#define OSDRIV_EXPORT(varname,drivname,operate,pridata,flagmask)\
    static const os_driv_para_t varname __attribute__((used,section("osdriv")))=\
    {\
        .name   = drivname,\
        .op     = operate,\
        .pri    = pridata,\
        .flag   = flagmask,\
    }
```

OSDRIV_EXPORT() 宏文件传入 varname、drivname、operate、pridata、flagmask 这 5 个参数，通过结构体 os_driv_para_t 创建以 varname 为名的驱动。然后将其封装入 "osdriv" 的代码段中，整体操作方式与创建 shell 命令类似。

以上都是在宏文件 CONFIG_DRIVER_ENABLE 启用的情况下实现的。如果宏文件 CONFIG_DRIVER_ENABLE 未启用，则执行下列代码，如代码 8.20 所示。可以看出系统依旧会执行初始化等操作，设置为 "false" 状态，确保 "意料之外" 的状态不会出现。

代码 8.20

```
#define    los_driv_init()                              false
#define    los_driv_register(name,op,pri,flagmask)      NULL
#define    los_driv_unregister(name)                    false
#define    los_driv_event(drive,event,para)             false
#define    los_dev_open(name,flag)                      NULL
#define    los_dev_read (dev,offset,buf,len,timeout)      0
#define    los_dev_write(dev,offset,buf,len,timeout)      0
#define    los_dev_ioctl (dev,cmd,para,paralen)         false
#define    los_dev_close (dev)                          false
#define    los_dev_seek (dev,offset,fromwhere)          -1

#define OSDRIV_EXPORT(varname,drivname,operate,pridata,flagmask)
```

4. Driver.c

Driver.c 文件包含了对驱动程序的多种操作，如读、写、打开、关闭等基本操作，具体函数和说明如表 8.3 所示。它们实现的方式大多相似，此处以介绍打开驱动文件、注册驱动文件为主。

表 8.3　Driver.c 文件函数和说明

函数名称	说明
__driv_match ()	查询驱动
los_driv_register ()	将设备驱动添加到系统
los_driv_unregister()	将设备驱动从系统删除
los_driv_event()	事件通知
osdriv_load_static()	遍历驱动链表
los_driv_init()	设备驱动初始化
los_dev_open()	用指定的名称打开设备
los_dev_close()	关闭打开的设备
los_dev_read()	从设备读取数据
los_dev_write()	将数据写入设备
los_dev_ioctl()	自定义驱动控制函数
los_dev_seek()	设置缓冲区

创建驱动时，一定会创建驱动函数，驱动函数内部会包含启动驱动的操作。函数 los_dev_open() 通过指定的名称打开驱动设备，如代码 8.21 所示。通过内部函数 __driv_match() 传入参数 name 与驱动列表中的驱动进行匹配。匹配成功则调用对应驱动函数中的 open() 函数打开驱动。

代码 8.21　los_dev_open()

```c
los_dev_t  los_dev_open  (const char *name,unsigned int flag)
{
   bool_t opret = true;
   struct driv_cb *driv = NULL;
   struct dev_cb  *dev = NULL;
   if (NULL == name)
   {
       goto EXIT_PARAERR;
   }

   dev = osal_malloc(sizeof(struct dev_cb));  //申请设备内存
   if (NULL == dev)
   {
       goto EXIT_MEMERR;
   }
   (void) memset(dev,0,sizeof(struct dev_cb));  //设备内存初始化

   opret = osal_mutex_lock(s_los_driv_module.lock);  //获取互斥锁
   if(false == opret)
   {
     goto EXIT_MUTEXERR;
```

```
    }
    driv = __driv_match(name);    //通过name匹配驱动
    if(NULL == driv)              //驱动不存在
    {
        goto EXIT_DRIVERR;
    }
    //目前版本的权限控制未实现
    if((O_EXCL & (unsigned int )driv->flagmask) && (NULL != driv->devlst))
    {
        goto EXIT_EXCLERR;
    }
    //驱动初始化
    if((0 == (driv->drivstatus & cn_driv_status_initialized)) && \
       (NULL != driv->op->init))
    {
        opret = driv->op->init(driv->pri);
        if(false == opret)
        {
            driv->errno = en_dev_err_init;
            goto EXIT_INITERR;
        }
        driv->drivstatus |= cn_driv_status_initialized;
    }

    if(NULL != driv->op->open)    //查询驱动函数中是否有open()函数
    {
        opret = driv->op->open(driv->pri,flag); //执行open()函数
        if(false == opret)
        {
            driv->errno = en_dev_err_open;
            goto EXIT_OPENERR;
        }
    }
    //将驱动设备添加到驱动器列表中，并将驱动器连接到设备
    driv->opencounter++;
    dev->nxt = driv->devlst;
    driv->devlst = dev;

    dev->driv = driv;
    dev->openflag = flag;

    (void) osal_mutex_unlock(s_los_driv_module.lock);
    return dev;

XIT_OPENERR:
EXIT_INITERR:
EXIT_EXCLERR:
EXIT_DRIVERR:
    (void) osal_mutex_unlock(s_los_driv_module.lock);
EXIT_MUTEXERR:
    osal_free(dev);
    dev = NULL;
EXIT_MEMERR:
EXIT_PARAERR:
```

```
    return dev;
}
```

结构体 los_driv_module 作为全局变量用于存储与管理所有注册的驱动设备，如代码 8.22 所示。

代码 8.22　结构体 los_driv_module

```
typedef struct
{
    osal_mutex_t                    lock;       //提供互斥锁
    struct driv_cb                  *drivlst;   //增加的驱动都添加到此链表中
    unsigned int                    drivnum;    //系统注册驱动的数量
}los_driv_module;
static  los_driv_module   s_los_driv_module ;   //用于管理所有的驱动
```

内部函数 __driv_match() 传入 name 参数，通过 strcmp(str1,str2) 函数匹配传入参数与驱动链表中驱动名是否一致。如果不一致则返回 NULL，否则返回设备句柄，如代码 8.23 所示。

代码 8.23　__driv_match()

```
static struct driv_cb *__driv_match(const char *name)
{
    struct driv_cb *ret = NULL;

    ret = s_los_driv_module.drivlst;
    while(NULL != ret)
    {
        if(0 == strcmp(name,ret->name))
        {
            break;
        }
        ret = ret->nxt;
    }

    return ret;
}
```

结构体 driv_cb 主要用于实现驱动框架，如代码 8.24 所示。一般在使用驱动框架时用不到。

代码 8.24　结构体 driv_cb

```
struct driv_cb
{
    void                    *nxt;           //将设备添加到设备列表
    void                    *pri;           //BSP开发的参数
    const char              *name;          //设备名称
    int                     flagmask;       //从寄存器复制
    const los_driv_op_t     *op;            //操作方法
    unsigned int            drivstatus;     //显示状态
    los_dev_t               devlst;         //打开列表,支持多打开
    //以下成员用于调试
    size_t                  total_write;    //已发送多少数据
    size_t                  total_read;     //已接收多少数据
```

```
    size_t          opencounter;          //参考计数器
    unsigned int    errno;                //错误标志
};
```

los_driv_register() 函数用于添加新的驱动到系统中，如代码 8.25 所示。首先为新的驱动动态分配内存，然后将新的驱动与驱动列表匹配，防止重复注册驱动，最后将设备驱动添加到驱动列表中。

代码 8.25　los_driv_register()

```
los_driv_t los_driv_register(os_driv_para_t *para)
{
    struct driv_cb  *driv = NULL;

    if((NULL == para->name)||(NULL == para->op))
    {
        goto EXIT_PARAS;
    }

    driv = osal_malloc(sizeof(struct driv_cb));   //动态分配内存
    if(NULL == driv)
    {
        goto EXIT_MALLOC;
    }
    (void) memset(driv,0,sizeof(struct driv_cb));  //内存初始化

    //将驱动中每一个成员进行初始化
    driv->name = para->name;
    driv->op = para->op;
    driv->pri = para->pri;
    driv->flagmask = para->flag;

    //防止重复注册驱动，先要匹配驱动链表。如果没用重复，执行添加驱动操作
    if(false == osal_mutex_lock(s_los_driv_module.lock))
    //返回NULL表示驱动没有被注册
    {
        goto EXIT_MUTEX;
    }
    if(NULL != __driv_match(para->name))
    {
        goto EXIT_EXISTED;
    }
    //将驱动设备添加到驱动器列表中
    driv->nxt = s_los_driv_module.drivlst;
    s_los_driv_module.drivlst = driv;
    (void) osal_mutex_unlock(s_los_driv_module.lock);
    s_los_driv_module.drivnum++;

    return driv;

EXIT_EXISTED:
    (void) osal_mutex_unlock(s_los_driv_module.lock);
EXIT_MUTEX:
```

```
    osal_free(driv);
    driv = NULL;
EXIT_MALLOC:
EXIT_PARAS:
    return driv;
}
```

event 在驱动中一般用于异步通知，如代码 8.26 所示，在 LiteOS 目前版本中并没有实现此功能，感兴趣的读者可以参考 Linux 下的 event 原理与实现方法。

代码 8.26　los_driv_event()

```
bool_t los_driv_event(los_driv_t driv,unsigned int event,void *para)
{
    return false;
}
```

8.3.2　串口添加驱动详解

串口是一种具体硬件，后文介绍的 AT 指令与连接华为云都是基于串口实现的。在 LiteOS 中使用串口有两种方法。第一种方法是利用裸机中使用串口，封装串口底层函数，然后调用这些函数以实现串口收发，但这种方法不推荐使用。第二种方法是实现驱动框架下的串口驱动，然后通过 open()、read()、write() 等函数实现串口收发功能。

这里以基于 NB476 开发板开发的串口驱动 uart_at.c 为例进行讲解。此文件存放在 IoT_LINK\targets\STM32L476RG_NB476\uart_at 路径下，具体函数及说明如表 8.4 所示。

表 8.4　uart_at.c 文件函数和说明

函数名称	说明
__at_write()	写函数
__at_read()	读函数
uart_at_receive()	串口接收函数
uart_at_init()	串口初始化
atio_irq()	中断处理程序，将串口数据存入环形缓冲区中
OSDRIV_EXPORT()	调用 driver 框架接口注册驱动

调用 driver 框架接口函数 OSDRIV_EXPORT() 注册名为"atdev"的驱动，如代码 8.27 所示。将此宏文件和传入参数展开，如代码 8.28 所示。此接口中最重要的两个参数为 CONFIG_UARTAT_DEVNAME 与 s_at_op，前者配置驱动名"atdev"，后者实现串口收发的功能。

代码 8.27　OSDRIV_EXPORT()

```
OSDRIV_EXPORT(uart_at_driv,CONFIG_UARTAT_DEVNAME,(los_driv_op_t *)&s_at_op,NULL,O_
RDWR);
```

添加新的驱动，相当于创建了类型为 os_driv_para_t，而名为 uart_at_driv 的结构体，如代码 8.28 所示。在这个结构体中填充新驱动相应的参数，最后封装入驱动代码段中。

代码 8.28　uart_at.c 文件的 OSDRIV_EXPORT() 代码展开

```
static const os_driv_para_t uart_at_driv
__attribute__((used,section("osdriv")))=
{
    .name   = "atdev",      //驱动名称
    .op     = &s_at_op,     //驱动功能函数
    .pri    = NULL,         //预留参数
    .flag   = O_RDWR,       //文件权限
}
```

函数 s_at_op() 实现了串口函数的基本功能，如初始化、去初始化、读、写，如代码 8.29 所示。

代码 8.29　s_at_op()

```
static const los_driv_op_t s_at_op = {

    .init = uart_at_init,    //串口初始化
    .deinit = uart_at_deinit,  //串口去初始化
    .read = __at_read,       //串口读
    .write = __at_write,     //串口写
};
```

写操作是向串口发送数据的操作，如代码 8.30 所示。它一般是主动操作，与读操作相比相对简单。通过调用底层函数 uart_at_send() 实现发送数据的操作。

代码 8.30　__at_write()

```
static ssize_t  __at_write (void *pri, size_t offset,const void *buf,size_t
len,uint32_t timeout)
{
    return uart_at_send(buf, len, timeout); //串口发送函数, 发送内容buf
}
```

函数 uart_at_send() 是对硬件底层串口发送函数的封装，如代码 8.31 所示。其核心是调用 HAL 库函数 HAL_UART_Transmit() 操作串口硬件寄存器。此代码与 STM32 硬件强关联，如果使用其他硬件，整个代码都需要重新移植编写。

代码 8.31　uart_at_send()

```
static ssize_t uart_at_send(const char  *buf, size_t len,uint32_t timeout)
{
    HAL_UART_Transmit(&uart_at,(unsigned char *)buf,len,timeout);
    //调用HAL库函数操作串口硬件寄存器
    g_atio_cb.sndlen += len;   //记录发送长度
    g_atio_cb.sndframe ++;     //记录发送数据帧的数量

    return len;
}
```

读操作是通过串口接收数据的操作，如代码 8.32 所示。由于不确定数据到达的事件，一般采用异步的方式接收。通过调用底层函数 uart_at_receive() 实现接收数据的操作。

代码 8.32　__at_read()

```
static ssize_t  __at_read  (void *pri,size_t offset,void *buf,size_t len, uint32_t
timeout)
{
    return uart_at_receive(buf,len, timeout);   //串口接收函数
}
```

串口接收到的数据先存入环形缓冲区中，函数 uart_at_receive() 再从环形缓冲区中读取数据，如代码 8.33 所示。由于串口操作的排他性，通常首先获取信号量从而获得串口读数据的权限，然后不停地从环形缓冲区读取数据，直至读完为止，或读取超时才会退出。

代码 8.33　uart_at_receive()

```
function      :use this function to read a frame from the uart
static ssize_t uart_at_receive(void *buf,size_t len,uint32_t timeout)
{
    unsigned short cpylen;
    unsigned short framelen;
    unsigned short readlen;
    int32_t ret = 0;
    unsigned int lock;
    if(osal_semp_pend(g_atio_cb.rcvsync,timeout))   //挂起信号量
    {
        lock = LOS_IntLock();   //关闭中断
        readlen = sizeof(framelen);
        cpylen = ring_buffer_read(&g_atio_cb.rcvring,(unsigned char *)&framelen,readlen);
//从环形缓冲区中读取数据
        if(cpylen != readlen) //循环读取数据，直到读完为止
        {
            ring_buffer_reset(&g_atio_cb.rcvring);
            g_atio_cb.rcvringrst++;
        }
        else
        {
            if(framelen > len)
            {
                ring_buffer_reset(&g_atio_cb.rcvring);
                g_atio_cb.rcvringrst++;
            }
            else
            {
                readlen = framelen;
                cpylen = ring_buffer_read(&g_atio_cb.rcvring,(unsigned char *)buf,readlen);
                if(cpylen != framelen)
                {
                    ring_buffer_reset(&g_atio_cb.rcvring);
                    g_atio_cb.rcvringrst++;
                }
```

```
                else
                {
                    ret = cpylen;
                }
            }
        }
        LOS_IntRestore(lock);
    }
    return ret;
}
```

函数 uart_at_init() 用于串口初始化,包括环形缓冲区初始化、硬件初始化、中断接收初始化等,如代码 8.34 所示。

代码 8.34　uart_at_init()

```
bool_t uart_at_init(void *pri)
{
    //初始化 at 控制器,其中包括接收数据的环形缓冲区
    (void) memset(&g_atio_cb,0,sizeof(g_atio_cb));
    if(false == osal_semp_create(&g_atio_cb.rcvsync,CN_RCVMEM_LEN,0))
    {
        printf("%s:semp create error\n\r",__FUNCTION__);
        goto EXIT_SEMP;
    }
ring_buffer_init(&g_atio_cb.rcvring,g_atio_cb.rcvringmem,CN_RCVMEM_LEN,0,0);
    //以下是硬件初始化,与HAL库强相关
    uart_at.Instance = s_pUSART;                                        (1)
    uart_at.Init.BaudRate = CONFIG_UARTAT_BAUDRATE; //波特率
    uart_at.Init.WordLength = UART_WORDLENGTH_8B; //数据位长度
    uart_at.Init.StopBits = UART_STOPBITS_1;            //停止位
    uart_at.Init.Parity = UART_PARITY_NONE;            //奇偶校验位
    uart_at.Init.HwFlowCtl = UART_HWCONTROL_NONE; //流控设置
    uart_at.Init.Mode = UART_MODE_TX_RX;                //模式设置
    uart_at.Init.OverSampling = UART_OVERSAMPLING_16; //过采样设置
    if(HAL_UART_Init(&uart_at) != HAL_OK)    //判断初始化是否成功
    {
        _Error_Handler(__FILE__, __LINE__);
    }
    __HAL_UART_CLEAR_FLAG(&uart_at,UART_FLAG_TC);
    LOS_HwiCreate(s_uwIRQn, 3, 0, atio_irq, 0);                         (2)
    __HAL_UART_ENABLE_IT(&uart_at, UART_IT_IDLE);
    __HAL_UART_ENABLE_IT(&uart_at, UART_IT_RXNE);
    return true;

EXIT_SEMP:
    return false;
}
```

代码 8.34 (1):设置串口号,即选择某一个串口进行收发数据。本节是基于 NB476 开发板开发的驱动,串口配置如代码 8.35 所示。

代码 8.34 (2):函数 LOS_HwiCreate() 可以绑定中断处理程序。如果绑定的中断发生,系

统会依据此函数跳转到对应的中断处理函数。中断处理函数 atio_irq() 起到了接收串口数据的作用，详细介绍如代码 8.36 所示。

　　NB476 开发板的 BC95 通信模块是通过串口 3 进行数据收发，因此给变量 s_pUSART 使用串口 3 在 HAL 库的名字——USART3。如果使用其他串口，如低功耗串口，则串口 s_pUSART 和串口中断 s_uwIRQn 分别要配置为 LPUART 3 和 LPUART 3_ IRQn，如代码 8.35 所示。

代码 8.35　串口配置

```
static USART_TypeDef*      s_pUSART = USART3;
static uint32_t            s_uwIRQn = USART3_IRQn;
```

　　使用函数处理串口中断，由于接收是异步操作，接收时间、接收方式都是未知的，因此我们将数据缓存在临时缓冲区。当达到空闲中断时，如果环形缓冲器有足够的空间，则将数据和长度写入环。

　　首先串口将收到数据存放到接收寄存器 RDR 中，然后将数据读取到 rcvbuf 缓冲区中，最后数据从 rcvbuf 缓冲区写入 rcvring 缓冲区，如代码 8.36 所示。

代码 8.36　atio_irq()

```
static void atio_irq(void)
{
    unsigned char   value;
    unsigned short ringspace;
    if(__HAL_UART_GET_FLAG(&uart_at, UART_FLAG_RXNE) != RESET)
    //查看串口权限
    {
        value = (uint8_t)(uart_at.Instance->RDR & 0x00FF);
        //从寄存器RDR中读取接收到的数据value
        g_atio_cb.rcvlen++;
        if(g_atio_cb.w_next < CONFIG_UARTAT_RCVMAX)
        {
            g_atio_cb.rcvbuf[g_atio_cb.w_next] = value;
            //把value数据存放到rcvbuf缓冲区中
            g_atio_cb.w_next++;
        }
        else
        {
            g_atio_cb.rframeover++;
        }
    }
    else if (__HAL_UART_GET_FLAG(&uart_at,UART_FLAG_IDLE) != RESET)
    {
        __HAL_UART_CLEAR_IDLEFLAG(&uart_at);
        ringspace = CN_RCVMEM_LEN -
ring_buffer_datalen(&g_atio_cb.rcvring); //检查环形缓冲区剩余空间
        if(ringspace < g_atio_cb.w_next)   //空间不足的情况
        {
            g_atio_cb.rframedrop++;
        }
```

```
        else //空间充足的情况
        {
            //write data to the ring buffer:len+data format
            ringspace = g_atio_cb.w_next;
            ring_buffer_write(&g_atio_cb.rcvring,(unsigned char *)&ringspace,size
of(ringspace)); //将数据从缓冲区中读出来

ring_buffer_write(&g_atio_cb.rcvring,g_atio_cb.rcvbuf,ringspace);
            (void) osal_semp_post(g_atio_cb.rcvsync);
            g_atio_cb.rcvframe++;
        }
        g_atio_cb.w_next=0; //write from the head
    }
    else
    {
        __HAL_UART_CLEAR_PEFLAG(&uart_at);
        __HAL_UART_CLEAR_FEFLAG(&uart_at);
        __HAL_UART_CLEAR_NEFLAG(&uart_at);
        __HAL_UART_CLEAR_OREFLAG(&uart_at);
    }

}
```

8.4　iotlink的at框架

8.4.1　AT指令简介

AT 指令是设备发送数据或命令的方法，与 shell 一样是一种典型的问答式的结构。正如前文所述，设备平时处在等待指令状态，当它收到一个合法的命令之后就会对其进行解析并执行。

AT 指令本质是由通信模组提供的一套标准 shell，是模组厂商对通信模组进行底层封装的一套标准。虽然各个厂商、不同模块之间使用的指令集存在差异，但指令的设置还是遵守相应的基本规则。at 指令并没有组织或机构制定统一的标准，各个通信模组厂商在遵守其基本规则的前提下，可定制化设计 AT 指令集。因此，即使通信模块的 AT 指令有所区别，但 AT 指令的用法、格式等规则都是类似的。

采用 AT 指令控制的通信模组有 2G、3G、4G、5G、Wi-Fi、蓝牙、NB-IoT 等。厂商为模块封装一个 AT 指令的 shell，用户在项目实践中只需使用单片机的串口与通信模组的窗口进行对接，单片机的串口向通信模组的串口发送相应的 AT 指令，通信模组就会执行 AT 指令，完成我们想让它完成的工作。通信模组的工作主要是设置联网信息、连接相应服务器的 IP 地址、通过网络发送数据以及接收数据，因此 AT 指令通常是围绕这些功能进行设计的。

在标准 I/O 中缓存类型分为 3 种，分别是全缓存、无缓存及行缓存。全缓存是指只有填满了标准 I/O 缓存区才进行实际的 I/O 操作。无缓存是指不对 I/O 操作进行缓存。行缓存是指当输入输出遇到换行符时候就会执行 I/O 操作。AT 指令就是典型的行缓存设计，其结尾必须为 "\r\n"。

AT 指令的格式以 "AT+" 为开头，中间为发送的参数，结尾为 "\r\n"。AT 指令的回复为 OK 表示收到了命令，回复为 Error 表示收到了命令但存在错误。带参数的返回值会在返回 OK 或 Error 后输出带有关键字的参数信息。

1. 移远 BC95 通信模块简介

BC95 通信模组是由移远公司推出的 NB-IoT 系列通信模组，如图 8.29 所示。它支持串口收发数据，是一款高性能、低功耗的单频段 NB-IoT 无线通信模块，包含两个型号 BC95-B8 R2.0、BC95-B5 R2.0，分别支持 B8 和 B5 频段。其尺寸仅为 236mm×19.9mm×2.2mm，能最大限度地满足终端设备对小尺寸模块产品的需求。

图 8.29　BC95-B5 通信模组

凭借紧凑的尺寸、超低功耗及超宽工作温度范围，该模块常被用于无线抄表、共享单车、智能停车、智慧城市、安防、资产追踪、智能家电、农业和环境监测以及其他诸多领域，以提供完善的短信和数据传输服务。

2. BC95 模块 AT 指令演示

首先完成 BC95 通信模块与串口工具的连接。需要注意的是，BC95 通信模块串口收发数据的功能是通过发送（TX）与接收（RX）两个接口实现的，使用杜邦线将 BC95 模块与串口工具连接时，需要将 BC95 的 TX 接口连接到串口工具的 RX 接口上，BC95 的 RX 接口需要接到串口工具的 TX 接口上。然后将串口工具接入计算机的 USB 接口，对 BC95 通信模块进行供电以及数据收发。在计算机上通过串口调试小助手实现与 NB-IoT 模组通信，波特率调整为 9600，如图 8.30 所示。

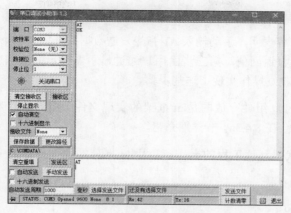

图 8.30　串口调试小助手参数设置

　　首先发送 AT 指令测试模块连接是否正常，在发送区输入"AT"。需要注意的是，AT 指令必须以"\r\n"结尾，在输入完命令后需要按 Enter 键，再单击"手动发送"。否则命令无法正常发送。

　　然后测试几个简单的 AT 指令，如 AT+CSQ，用于测试当前网络信号强度，如图 8.31 所示。模块返回了"28,99"两个数字。前者表示信号强度，信号范围在 10 ～ 31，数值越大表示信号越强，若前者出现 99 的特殊情况表示无信号。后者表示误码率。

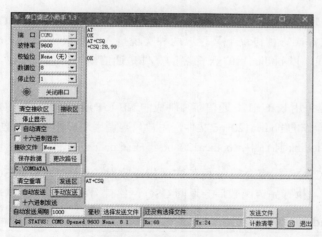

图 8.31　AT+CSQ 指令

8.4.2　LiteOS的at框架使用方法

　　AT 指令本身是实现与通信模组交互的工具，我们认为先通过介绍 at 框架使用方法，使读者对 AT 指令使用流程有直观的感受，再分析 at 框架源代码，能够帮助读者更好地理解。

8.4.1 小节的演示内容表明，手动输入 AT 指令发送数据共分三步：第一步编辑 AT 指令手动发送，第二步由串口接收返回值，第三步由用户通过显示器显示的数据进行分析。at 框架通过软件自动操纵串口进行收发操作实现了这些步骤。

Iot_link 文件夹下的 at 组件存放的是 at 框架的实现文件，由 OC 组件调用 at 框架实现于华为云的对接，具体内容会在 8.4.3 小节详细介绍。

将 at 框架添加到代码阅读工程的操作和启用 at 框架的使能操作前文已有叙述，此处不再介绍。

1. 什么是 at 框架

at 框架的设计运用了模块化思维，其本身作为软件底层，实现了 AT 指令发送、接收及分析的基本函数。这些函数交由上层，如 bodica120、bodica150 等通信模组内置协议栈进行调用，实现通过 AT 指令完成与华为云 IoT 的对接。

对于开发者而言，at 框架的价值在于实现了底层函数。如果开发者面临使用一个没有适配 LiteOS 的通信模块，可以调用 at 框架的函数，完成代码移植，提高开发效率。

2. at 框架使用案例

at 框架存放的是功能框架，真正利用 AT 指令进行操作的文件存放在 OC 组件目录下。OC 组件包含三种协议文件，每种协议下又存放两种实现接入的协议栈。以 atiny_xx 命名的文件是 MCU 集成软件协议栈，以 bodica1x0_xx 命名的文件是通信模组内置协议栈，二者之间的区别会在 8.5 节中详细介绍。

BC95 是移远通信采用 bodica120 通信芯片制成的 NB-IoT 通信模块，LiteOS 提供的 OC 组件中包含了封装 AT 指令操作的 bodica120_oc 文件，用户只需调用对应指令的函数，即可实现 AT 指令收发操作。在新版的 iotlink 插件中，bodica120_oc 集成在 oc_coap 文件下，无须用户移植。

本节选用"AT+CSQ"指令介绍 at 框架实现指令收发的操作。"AT+CSQ"指令用于获取当前网络下的信号强度，执行完该函数后会返回 CSQ 网络信号强度的值。

代码 8.37　**boudica120_get_csq()**

```
int boudica120_get_csq(int *value)   //value 输出型参数，输出CSQ的值
{
    char cmd[64];   //命令缓冲区
    char resp[64];   //消息缓冲区
    const char *index = "OK";   //OK设为关键字，用于匹配消息成功发送的返回值
    const char *str;
    int csq = 0;
```

```
        int ret = -1;

        if(NULL == value)    //value为空表示模块没有正常入网
        {
            return ret;
        }

        (void) memset(cmd,0,64);   //清空缓冲区
        (void) memset(resp,0,64);  //清空缓冲区
        (void) snprintf(cmd,64,"AT+CSQ\r");   //将指令格式化输入命令缓冲区中
        if(boudica120_atcmd_response(cmd,index,resp,64))                    (1)
        {
          str = strstr((char *)resp,"+CSQ:");                              (2)
          if(NULL != str)
          {
            str += strlen("+CSQ:");
            for (; *str <= '9' && *str >= '0' ;str++)                      (3)
            {
                csq = (csq * 10 + (*str - '0'));
            }
            if(csq != 99) //99 是无信号的标志
            {
                *value = csq;
                ret = 0;
            }
          }
        }
        return ret;
}
```

代码 8.37（1）：向 boudica120_atcmd_response() 函数传入 cmd、index、resp 以及 64（存货周期）这 4 个参数，由该函数完成 AT 指令的发送操作，成功发送则返回 true，代码向下执行。

代码 8.37（2）：strstr(str1,str2) 函数用于判断字符串 str2 是否是 str1 的子串。"AT+CSQ"指令的返回值为"+CSQ:28,99"，如果正常执行"AT+CSQ"指令，接收的返回值必然包括"+CSQ:"字符串，代码向下执行。

代码 8.37（3）：读取 CSQ 返回值的有效信息并进行简单的解析。将字符串指针 str 移动到"+CSQ:"字符串之后，即字符 2 的位置，然后进行两次 for 循环，分别读出十位与个位的字符。在移远 BC95 通信模组设置中 CSQ 为 99 表示无信号，代码解析 CSQ 为 99，直接退出不再进行解析。

boudica120_atcmd_response() 函数的核心是调用 at 框架中 at_command() 函数，由它完成 AT 指令的发送与接收，如代码 8.38 所示。

代码 8.38　boudica120_atcmd_response()

```
static bool_t boudica120_atcmd_response(const char *cmd,const char *index,char *buf,
int len)
```

```
{
    int ret = 0;
    ret = at_command((unsigned char *)cmd,strlen(cmd),index,(char *)buf,len,cn_
boudica120_cmd_timeout);
    if(ret >= 0)
    {
        return true;
    }
    else
    {
        return false;
    }
}
```

8.4.3　LiteOS的at框架源代码解析

AT 框架采用分层的设计思想，每层只关注自己需要实现的功能。at 框架为通信模组发送 AT 指令、实现与华为云 OC 对接提供基础的命令收发函数，通信模组在其基础上调用相关的函数，封装成常用的 AT 指令。

at 框架的核心是 at_command() 函数，如代码 8.49 所示。该函数设计了两种 AT 指令发送方式。一种是不接收反馈的发送方式，可直接调用函数 __cmd_send() 实现；另一种是接收反馈的发送方式，通过调用内部函数 __cmd_create()、__cmd_send()、__cmd_clear() 并配合信号量与互斥锁实现。

1. __cmd_send()

对于不需要接收反馈的 AT 指令，可以直接通过内部函数 __cmd_send() 实现指令发送。函数需要传入 3 个参数才能发送指令。第一个参数是 buf，表示需要发送的 AT 指令；第二个参数是 buflen，表示命令长度；第三个参数是 timeout，设置系统等待时间。

发送的操作会调用硬件底层。AT 指令收发操作基于串口，因此内部函数 __cmd_send() 最终实现对串口硬件进行操作，如代码 8.39 所示。由内部函数 __cmd_send() 调用函数 los_dev_write() 实现调用函数 uart_at_send() 中 HAL 库函数 HAL_URAT_Transmit() 进行发送 AT 指令操作。

代码 8.39　__cmd_send()

```
static int __cmd_send(const void *buf,size_t buflen,uint32_t timeout)
{
    int i = 0;
    ssize_t ret = 0;
    int debugmode;

    ret = los_dev_write(g_at_cb.devhandle,0,buf,buflen,timeout);  (1)
    if(ret > 0)   //成功发送后，输出调试信息
    {
```

```
        debugmode = g_at_cb.txdebugmode; //读取发送调试模式
        switch (debugmode)
        {
            case en_at_debug_ascii:  //ascii码的调试信息
                LINK_LOG_DEBUG("ATSND:%d Bytes:%s\n\r",(int)ret,(char *)buf);
                break;
            case en_at_debug_hex:  //十六进制的调试信息
                LINK_LOG_DEBUG("ATSND:%d Bytes:",(int)ret);
                for(i =0;i<ret;i++)
                {
                    LINK_LOG_DEBUG("%02x ",*((uint8_t *)(buf) + i));
                }
                LINK_LOG_DEBUG("\n\r");
                break;
            default:
                break;
        }
        ret = 0;
    }
    else
    {
        ret = -1;
    }
    return ret;
}
```

代码 8.39（1）：函数 los_dev_write() 是 driver 组件中实现写操作的函数。调用此函数并传入 devhandle、0、buf、buflen、timeout 共 5 个参数，devhandle 是内部函数 __rcv_task_entry() 打开硬件时获得的句柄，0 表示将偏移量 offset 置为 0，因为串口作为设备不能调整偏移量。

2. at_cmd_item()

需要接收反馈的函数要考虑多种因素，如反馈的延迟、对返回值的解析等，这导致接收反馈的命令发送的代码相对复杂。因此设计了 3 个函数 __cmd_create()、__cmd_send()、__cmd_clear()，在信号量、互斥锁的配合下，实现接收反馈的命令发送。

结构体 at_cmd_item 定义了 AT 指令配置、信号量及互斥锁，该数据结构中最为关键的是信号量 respsync、cmdsync 以及互斥锁 cmdlock，如代码 8.40 所示。

代码 8.40　自定义结构体 at_cmd_item()

```
//at control block here
typedef struct
{
    const void *cmd;                //命令字符串
    size_t      cmdlen;             //命令字符串的长度
    const char *index;              //设置返回值的关键字
    const void *respbuf;            //存储AT指令的返回值
    size_t      respbuflen;         //返回值中关键字长度
    size_t      respdatalen;        //返回值有效信息长度
```

```
    osal_semp_t      respsync;      //如果AT指令得到响应，获得信号量
    osal_semp_t      cmdsync;       //用于AT指令同步
    osal_mutex_t     cmdlock;       //命令互斥锁
}at_cmd_item;
```

内部函数 __cmd_create() 核心是结构体 at_cmd_item，如代码 8.40 所示。首先获取信号量 cmdsync，保证在释放此信号量之前不会被其他任务打断操作。接着填充 AT 指令，同样为了不被其他任务打断获取互斥锁，在完成填充后立即释放互斥锁。该函数仅完成指令填充与获取信号量的功能，发送 AT 指令需要函数 __cmd_create() 完成，如代码 8.41 所示。

代码 8.41　__cmd_create()

```c
static int  __cmd_create(const void *cmdbuf,size_t cmdlen,const char *index,void
*respbuf,size_t respbuflen,uint32_t timeout)
{
    int  ret = -1;
    at_cmd_item *cmd;

    cmd = &g_at_cb.cmd;
    if(osal_semp_pend(cmd->cmdsync,timeout))   //获取命令同步的信号量
    {
        if(osal_mutex_lock(cmd->cmdlock))  //获取互斥锁
        {
            cmd->cmd = cmdbuf;  //填充AT指令
            cmd->cmdlen = cmdlen;  //填充指令长度
            cmd->index = index;  //填充关键字
            cmd->respbuf = respbuf;
            cmd->respbuflen = respbuflen;
            (void) osal_semp_pend(cmd->respsync,0);
            //获取接收信号量，在完成数据接收前不会释放
            (void) osal_mutex_unlock(cmd->cmdlock); //释放互斥锁
        }
        ret = 0;
    }
    return ret;
}
```

内部函数 __cmd_clear() 与内部函数 __cmd_create() 是一组对应的函数。为了保证返回值能够被正常获取，在函数 __cmd_create() 完成 AT 指令填充后没有释放信号量，而是等到完成发送、接收的操作后，由内部函数 __cmd_clear() 实现清空结构体、释放信号量的操作，如代码 8.42 所示。

代码 8.42　__cmd_clear()

```c
static int __cmd_clear(void)
{
    at_cmd_item *cmd;

    cmd = &g_at_cb.cmd;
    if(osal_mutex_lock(cmd->cmdlock))      //获取互斥锁
    {
```

```
        cmd->cmd = NULL;    //清空AT指令
        cmd->cmdlen = 0;
        cmd->index = NULL;
        cmd->respbuf = NULL;
        cmd->respbuflen = 0;
        cmd->respdatalen = 0;
        (void) osal_mutex_unlock(cmd->cmdlock);    //释放互斥锁
    }
    (void) osal_semp_post(cmd->cmdsync);            //释放信号量
    return 0;
}
```

3. 反馈接收函数

反馈接收函数由 __rcv_task_entry()、__resp_rcv()、__cmd_match()、__oob_match() 这 4 个内部函数实现。与主动发送 AT 指令不同的是，接收反馈由于不确定返回值到达的时间，通常采用异步接收的方法实现。异步接收主要有两种实现方法。一种是采用中断方式接收反馈，通过设定硬件中断，当接收到返回值时触发操作。第二种是采用任务轮询的方式接收反馈，通过软件设置"死循环"的任务，不停地检测是否存在反馈。通过阅读代码可知，接收反馈的操作是通过任务轮询实现的。

函数 at_init() 通过调用内部函数 __rcv_task_entry() 创建接收 AT 指令的任务，如代码 8.43 所示。

代码 8.43　at_init()（部分）

```
int at_init()
{

    if(NULL ==
osal_task_create("at_rcv",__rcv_task_entry,NULL,0x800,NULL,10))
//创建名为"at_rcv"的任务，调用内部函数__rcv_task_entry
    {
        LINK_LOG_DEBUG("%s:rcvtask create error\n\r",__FUNCTION__);
        goto EXIT_RCVTASK;
    }

}
```

内部函数 __rcv_task_entry() 会持续读取硬件设备的数据，将读取到的返回值进行匹配。如果不匹配就会继续读取串口接收的数据；否则会先匹配内部 AT 指令，再与带外数据（Out of Band，OOB）进行匹配，直到完成读取或者超时才会结束循环读取，如代码 8.44 所示。

AT 指令的收发有两种模式：一种是 stream mode，另一种是 dgram mod。两者之间的关系可以类比为 TCP/IP 中的 TCP 与 UDP。在网络编程中，stream mode 对应 TCP 流模式，即数据的发送与接收是连续的；dgram mod 对应 UDP 数据报模式，即数据收发不是连续的，一次只能读取一个报文。

代码 **8.44** **__rcv_task_entry()**

```
static int __rcv_task_entry(void *args)
{
    bool_t matchret;
    int oobret;
    int  rcvlen = 0;

    g_at_cb.devhandle = los_dev_open(g_at_cb.devname,O_RDWR);
    //读/写操作前要先打开硬件设备
    if(NULL == g_at_cb.devhandle)
    //读/写操作输出错误调试信息
    {
        LINK_LOG_DEBUG("%s:open %s err\n\r",__FUNCTION__,g_at_cb.devname);
        return 0;
    }

    while(NULL != g_at_cb.devhandle)
    {
        if (1 == g_at_cb.streammode)
        //进入stream mode模式前，需要在缓冲区中保存以前的帧
        {
         if(rcvlen == 0)
         // rcvlen等于"0"表示上一轮收发结束，新接收操作前要清空缓存区
         {
                (void)memset(g_at_cb.rcvbuf,0,CONFIG_AT_RECVMAXLEN);
            }
            rcvlen += __resp_rcv(g_at_cb.rcvbuf+ rcvlen,CONFIG_AT_RECVMAXLEN,cn_osal_
timeout_forever); (1)
            if(rcvlen > 0)  //读取返回值，进行解析
            {
                matchret = __cmd_match(g_at_cb.rcvbuf,rcvlen); //命令匹配
                if(0 != matchret)
                {
                    oobret = __oob_match(g_at_cb.rcvbuf,rcvlen);
                    //进行OOB匹配
                    if(oobret != -1)
                    {
                        rcvlen = 0;
                    }
                }
                else
                {
                    rcvlen = 0;
                }
            }
        }
        else
        {
            (void) memset(g_at_cb.rcvbuf,0,CONFIG_AT_RECVMAXLEN);
        rcvlen = __resp_rcv(g_at_cb.rcvbuf,CONFIG_AT_RECVMAXLEN,cn_osal_timeout_forever);
            if(rcvlen > 0) //读取返回值，进行解析
            {
                matchret = __cmd_match(g_at_cb.rcvbuf,rcvlen);
```

```
            if(0 != matchret)
            {
                (void) __oob_match(g_at_cb.rcvbuf,rcvlen);
            }
        }
    }
}

    return 0;
}
```

代码 8.44（1）：内部函数 __resp_rcv() 起到接收数据的作用，它执行完会将数据存放到 rcvbuf 环形缓冲区并且返回本次读取的长度。本代码传给函数 __resp_rcv() 的 buf 参数并没有直接使用 rcvbuf 的地址，而是使用 rcvbuf 加上一次读出数据的长度 rcvlen。这是因为 rcvbuf 中还存有上一次读取到的数据，要从上一个数据之后开始读取。

内部函数 __resp_rcv() 用于接收发送 AT 指令后返回的数据，如代码 8.45 所示。将从串口设备读取到的数据存放到 buf 缓存区中，并计算出其数据长度。设置超时时间，当超过 timeout 数值代表的时间时，函数自动退出。此函数设计思路与函数 __cmd_send() 类似。

代码 8.45　__resp_rcv()

```
static int __resp_rcv(void *buf,size_t buflen,uint32_t timeout)
{
    int i = 0;
    ssize_t ret = 0;
    int debugmode;

    ret = los_dev_read(g_at_cb.devhandle,0,buf,buflen,timeout);
    if(ret > 0) //输出调试信息
    {
        debugmode = g_at_cb.rxdebugmode;
        switch (debugmode)
        {
            case en_at_debug_ascii: //ASCII的调试信息
                LINK_LOG_DEBUG("ATRCV:%d Bytes:%s\n\r",(int)ret,(char *)buf);
                break;
            case en_at_debug_hex: //十六进制的调试信息
                LINK_LOG_DEBUG("ATRCV:%d Bytes:",(int)ret);
                for(i =0;i<ret;i++)
                {
                    LINK_LOG_DEBUG("%02x ",*((uint8_t *)(buf) + i));
                }
                LINK_LOG_DEBUG("\n\r");
                break;
            default:
                break;
        }
    }
    return ret;
}
```

内部函数 __cmd_match() 用于检查收到的数据是否是 AT 指令需要的内容，确保接收到的返回值是我们发送的 AT 指令获取的，如代码 8.46 所示。

代码 8.46　__cmd_match()

```
static int __cmd_match(const void *data,size_t len)
{
    int  ret = -1;
    int  cpylen;
    at_cmd_item *cmd = NULL;

    cmd = &g_at_cb.cmd; //读取cmd命令
    if(osal_mutex_lock(cmd->cmdlock))
    {
        if((NULL != cmd->index)&&(NULL != strstr((const char *)data,cmd->index)))   (1)
        {
            if(NULL != cmd->respbuf)                                                (2)
            {
                cpylen = len > cmd->respbuflen?cmd->respbuflen:len;
                (void) memcpy((char *)cmd->respbuf,data,cpylen);
                //从data中读取数据存放到接收缓存区respbuf
                cmd->respdatalen = cpylen;
                //获取返回值长度
            }
            else //AT指令不需要返回值，执行以下代码
            {
                cmd->respdatalen = len; //告诉命令已经获取了多少数据
            }
            (void) osal_semp_post(cmd->respsync);
            //释放在__cmd_create()获取的接收信号量
            ret = 0;
        }
        (void) osal_mutex_unlock(cmd->cmdlock);
    }
    return ret;
}
```

代码 8.46（1）：条件 1(NULL != cmd->index) 与条件 2(NULL != strstr((const char *)data,cmd->index) 必须在同时满足的情况下才会接收返回值进行匹配。在条件 1 中，如果 index 等于 NULL，表明发送的指令不需要返回值，AT 指令直接发送即可。满足条件 1 表明发送的 AT 指令需要接收反馈，再判断条件 2 是否能从返回值中读取到 index 关键字。

代码 8.46（2）：对 respbuf 缓存区进行校验，防止用户分配 index 关键字却没有分配接收缓存区的状况出现。

4. OOB 相关函数

OOB 存储带内数据以外的数据。以 AT 指令为例，带内数据存放 AT 指令反馈信息，而带外数据存放通信模组复位后反馈的重启信息、错误信息、低电量信息等非主动获取的数据。虽

然这类数据出现的时间难以预料，但其包含的信息是有价值的，因此再轮询串口设备时，不仅会匹配带内数据，也会匹配带外数据。

内部函数 __oob_match() 通过预设关键字与内部函数 __cmd_match() 都采用关键字匹配，如代码 8.47 所示。

代码 8.47　__oob_match()

```
//检查是否有带外方法可以处理数据
static int  __oob_match(void *data,size_t len)
{
    int ret = -1;
    at_oob_item *oob;
    int i = 0;
    for(i =0;i<CONFIG_AT_OOBTABLEN;i++)
    {
        oob = &g_at_cb.oob[i];
        if((oob->func != NULL)&&(oob->index != NULL)&&\
           (0 == memcmp(oob->index,data,oob->len)))
        //oob判断关键字是否匹配
        {
            ret = oob->func(oob->args,data,len);
            break;
        }
    }
    return ret;
}
```

函数 at_oobregister() 是 OOB 寄存器，用于创建 OOB 相关信息，如代码 8.48 所示。与函数 __cmd_create() 实现方法类似，使用 OOB 匹配反馈信息之前，首先要配置 OOB 寄存器。

代码 8.48　at_oobregister()

```
int at_oobregister(const char *name,const void *index,size_t len,fn_at_oob func,void
*args)
{
    int ret = -1;
    at_oob_item *oob;
    int i = 0;

    if((NULL == func)||(NULL == index))
    //功能函数与关键字有一个未填充，返回"-1"报错
    {
        return ret;
    }

    for(i =0;i<CONFIG_AT_OOBTABLEN;i++)
    {
        oob = &g_at_cb.oob[i];
        if((oob->func == NULL)&&(oob->index == NULL))
        {
            oob->name = name; //填充OOB名称
```

```
            oob->index = index;  //填充OOB关键字
            oob->len = len;  //填充OOB长度
            oob->func = func;  //填充功能函数
            oob->args = args;  //填充功能函数的参数
            ret = 0;
            break;
        }
    }

    return ret;
}
```

5. at_command()

at_command() 函数的功能是完成 AT 指令发送和接收反馈信息，设计了接收反馈的命令发送与不接收反馈的命令发送两种命令发送模式，如代码 8.49 所示。

首先进行模式判断，以关键字作为标志，不存在关键字则直接通过内部函数发送。存在关键字，先调用内部函数通过互斥锁完成 AT 指令填充，获取 cmdsync 命令同步信号量与 respsync 确保 AT 指令收发的过程不被其他任务打断。然后通过内部函数发送 AT 指令，在释放接收信号量或超时之前都处在接收反馈状态。最后清空 AT 缓存区，释放 AT 信号量。

代码 8.49　at_command()

```
int  at_command(const void *cmd,size_t cmdlen,const char *index,void *respbuf,\
            size_t respbuflen,uint32_t timeout)
{
    int ret = -1;
    if(NULL == cmd)
    {
        return ret;
    }
        if(NULL != index) //判断AT指令是接收返回值，还是不接收直接发送
    {

        ret = __cmd_create(cmd,cmdlen,index,respbuf,respbuflen,timeout);
        //完成AT指令填充，获取cmdsync命令同步信号量与respsync接收信号量
        if(0 == ret)
        {
            ret = __cmd_send(cmd,cmdlen,timeout);
            //发送AT指令
            if(0 == ret)
            {
                if(osal_semp_pend(g_at_cb.cmd.respsync,timeout))
                 //采用阻塞方式等待反馈信息
                {
                    ret = g_at_cb.cmd.respdatalen;
                    //获取反馈信息
                }
                else
                {
```

```
                    ret = -1;
                }
            }
            else
            {
                ret = -1;
            }

            (void) __cmd_clear();//清空AT指令缓存，释放信号量
        }

    }
else
//不需要返回值直接发送AT指令
    {
        ret = __cmd_send(cmd,cmdlen,timeout);
    }

    return ret;
}
```

8.5　iotlink的华为云OC对接模块解析

8.5.1　华为云OC介绍

华为云 OceanConnect（以下简称华为云 OC）是华为云 IoT 平台的前身。物联网的一大特征是海量设备入网，即每一个烟感探头、每一台路灯都可以入网络、产生数据，为城市大数据分析，为智慧城市提供统一的控制平台。华为云 OC 正是基于华为云平台开发的，它面向 IoT 海量连接的业务，是华为云平台重要业务之一。

前文介绍的物联网 4 层模型包括感知层、网络层、平台层及应用层。华为云 OC 属于物联网平台层，起承上启下的作用，南向接入是对下通过网络层与感知层对接，北向接入则是对上开放标准 restful 接口对接应用层。

华为云 OC 的价值在于整合海量设备的连接、海量数据存取以及开放接口，为应用层创造价值奠定基础。

1. 华为云 OC 对接方法

华为云 OC 的本质是基于云计算技术的服务器，因此不论是南向接入或是北向接入都需要使用相应的 IP 地址、端口号、协议以及软件接口。

用户注册并登录华为云 OC 后，平台的首页会显示协议接入的域名与端口号，如图 8.32

所示。需要注意的是，新版的华为云 OC 不再直接提供对接的 IP 地址，有需要的用户要通过 CMD 的 ping 命令工具获取 IP 地址。

图 8.32　华为云 IoT 平台接入信息

2. 华为云 OC 对接协议

华为云 OC 南向接入与北向接入采用了不同的协议，南向接入支持 MQTT、CoAP、LwM2M 等应用层协议。根据产品的需求采用不同的接入协议，如果设备采用 4G 或 Wi-Fi 接入云平台，推荐使用 MQTT 协议；如果设备采用 NB-IoT 等低功耗通信技术，推荐使用 CoAP 或 LwM2M 协议。

北向接入主要是 HTTPS，严格来说，北向开发属于互联网开发，这套开发体系已经成熟，因此没有像南向接入一样采用物联网定制的通信协议。

8.5.2　IoT设备如何对接华为云OC

IoT 设备实现与华为云 OC 平台对接，首先在硬件上要搭载入网模块，包括 Wi-Fi、NB-IoT、4G 等。同时，选用的入网模块还要支持华为云 OC 的接入协议，如 MQTT、CoAP、LwM2M 等。IoT 设备与物联网云平台选用相同的协议才能实现设备接入与数据收发等功能。

云平台的协议栈由云平台工程师实现，对于 IoT 设备开发者，需要重点关注设备端协议栈的实现。设备端协议栈的实现方法有两种。一种是 MCU 软件集成协议栈，设备开发者需要自行移植协议代码，集成到自己的 MCU 软件工程中。另一种是通信模组内置协议栈，并封装为 AT 指令，这种方法使用简单，开发协议栈的任务由通信模组厂商完成，IoT 设备开发者只需要调用封装好的 AT 指令即可实现功能。

在 LiteOS oc 组件中，包含了以上两种协议栈的实现方法。在 oc 目录下实现了 MQTT、CoAP、LwM2M 3 种物联网协议，如图 8.33 所示。考虑到 CoAP 协议和 LwM2M 协议两种协议框架十分相似，这里选用 LwM2M 和 bodica150 为案例进行讲解。

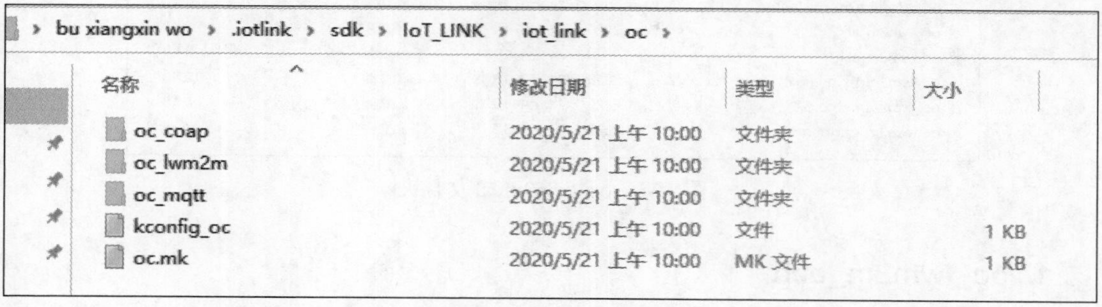

图 8.33　oc 组件兼容协议

　　每一个协议文件夹下都包含了两种协议栈的实现，以 LwM2M 协议为例，如图 8.34 所示。其中，以 atiny_xx 命名的文件夹是 MCU 集成软件协议栈方式。需要注意的是，atiny_xx 文件夹存放的只是功能接口，协议主体功能存放在 network 组件中。以 bodica1x0_xx 命名的文件是对接 NB-IoT 模组 AT 指令，使用模组内置协议栈。

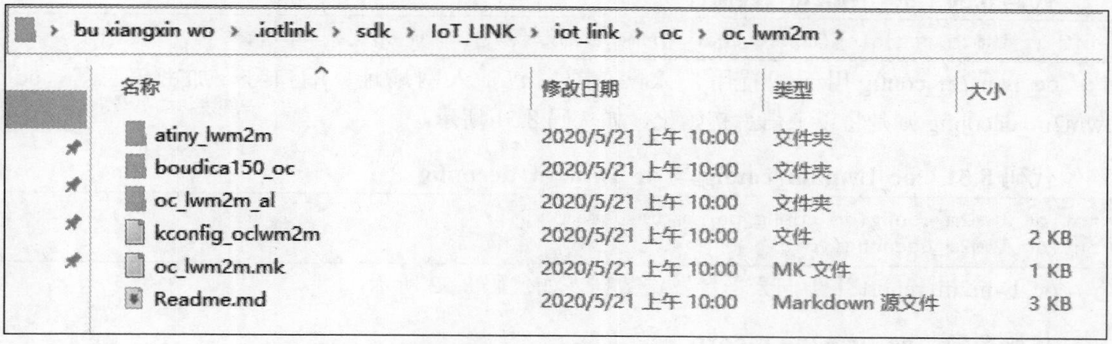

图 8.34　oc_lwm2m 协议栈

8.5.3　分析oc_lwm2m_al文件夹

　　OSAL 实现了功能模块化，阅读 al 接口文件有助于理解功能。创建代码阅读工程以及 mk 文件功能的操作前文已有叙述，本节不赘述。

　　为了使 LiteOS 能够兼容两种协议栈，并具有可移植性，LiteOS 官方提供 oc_lwm2m_al 作为 OSAL。oc_lwm2m_al 文件夹提供了 8 个文件，如图 8.35 所示。其中 API 文件 oc_lwm2m_al.h 与主体功能文件 oc_lwm2m_al.c 起到了功能支撑作用，其余的 6 个文件均属于演示文件。

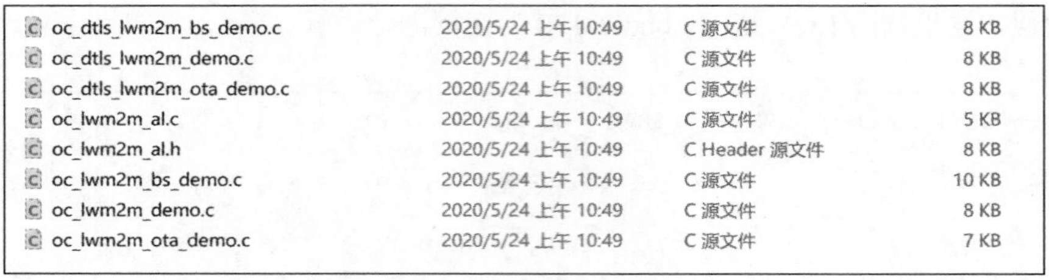

oc_dtls_lwm2m_bs_demo.c	2020/5/24 上午 10:49	C 源文件	8 KB
oc_dtls_lwm2m_demo.c	2020/5/24 上午 10:49	C 源文件	8 KB
oc_dtls_lwm2m_ota_demo.c	2020/5/24 上午 10:49	C 源文件	8 KB
oc_lwm2m_al.c	2020/5/24 上午 10:49	C 源文件	5 KB
oc_lwm2m_al.h	2020/5/24 上午 10:49	C Header 源文件	8 KB
oc_lwm2m_bs_demo.c	2020/5/24 上午 10:49	C 源文件	10 KB
oc_lwm2m_demo.c	2020/5/24 上午 10:49	C 源文件	8 KB
oc_lwm2m_ota_demo.c	2020/5/24 上午 10:49	C 源文件	7 KB

图 8.35　oc_lwm2m_al 文件夹

1. oc_lwm2m_al.h

oc_lwm2m_al.h 文件提供了两种 API。一种是 LwM2M 注册，即 oc_lwm2m_register，用于选择采用 MCU 软件集成协议栈或采用通信模组内置协议栈。另一种是与云平台对接，包括 oc_lwm2m_config、oc_lwm2m_report 以及 oc_lwm2m_deconfig，其中 oc_lwm2m_deconfig 是配置初始化操作。与华为云 OC 对接，关键是调用 oc_lwm2m_config 与 oc_lwm2m_report 的 API。

oc_lwm2m_register 会根据用户配置，选用不同的协议栈，如代码 8.50 所示。

代码 8.50　oc_lwm2m_register

```
int oc_lwm2m_register(const char *name, const oc_lwm2m_opt_t *opt);
```

oc_lwm2m_config 用于配置用户入网信息，包括入网地址、端口号、加密信息等，oc_lwm2m_deconfig 则是将以上信息初始化，如代码 8.51 所示。

代码 8.51　oc_lwm2m_config 与 oc_lwm2m_deconfig

```
int oc_lwm2m_config(oc_config_param_t *param);
int oc_lwm2m_deconfig(void);
```

oc_lwm2m_report 用于向云平台发送数据，如代码 8.52 所示。

代码 8.52　oc_lwm2m_report

```
int oc_lwm2m_report(char *buf, int len, int timeout);
```

2. oc_lwm2m_al.c

oc_lwm2m_al.c 文件承担了功能主体实现。在文件内定义一个全局结构体变量，通过这个全局变量实现与主体函数对接，如代码 8.53 所示。

代码 8.53　结构体 s_oc_lwm2m_ops

```
    typedef struct
{
    const char              *name;      ///< LwM2M具体名称
    const oc_lwm2m_opt_t    *opt;       ///< LwM2M实现方法
} oc_lwm2m_t;
static oc_lwm2m_t  s_oc_lwm2m_ops;
```

oc_lwm2m_register() 函数通过将注册信息填充进结构体变量 s_oc_lwm2m_ops 完成注册操作，如代码 8.54 所示。

代码 8.54　oc_lwm2m_register()

```
int oc_lwm2m_register(const char *name, const oc_lwm2m_opt_t *opt)
{
    int ret = -1;

    if (NULL == s_oc_lwm2m_ops.opt)
    {
        s_oc_lwm2m_ops.name = name;
        s_oc_lwm2m_ops.opt =  opt;
        ret = 0;
    }

    return ret;
}
```

oc_lwm2m_report() 函数通过函数指针调用相关注册信息，实现发送功能，如代码 8.55 所示。

代码 8.55　oc_lwm2m_report()

```
int oc_lwm2m_report(char  *buf, int len, int timeout)
{
    int ret = (int)en_oc_lwm2m_err_system;

    if ((NULL != s_oc_lwm2m_ops.opt) && (NULL !=
s_oc_lwm2m_ops.opt->report))
    {
        ret = s_oc_lwm2m_ops.opt->report(buf, len, timeout);
    }

    return ret;
}
```

8.5.4　bodica150_oc分析

选用 bodica150_oc 文件意味着选用通信模组内置协议栈，也就是说，只需调用通信模组厂商已经封装好的 LwM2M 协议的 AT 指令，就可以实现与华为云 OC 平台的对接。因此，bodica150_oc 文件除了少数配置函数外，都是调用 AT 指令实现相应的功能。

1. oc_lwm2m_imp_init()

函数 oc_lwm2m_imp_init() 起到初始化的作用，主要应用在设备与云平台交互任务中。通过调用函数 oc_lwm2m_register() 完成 "boudica150" 与操作方法 g_boudica150_oc_opt 注册操作，如代码 8.56 所示。

代码 8.56　oc_lwm2m_imp_init()

```
int oc_lwm2m_imp_init(void)
```

```
{
    int ret = -1;

    s_boudica150_oc_cb.plmn = NULL;
    s_boudica150_oc_cb.apn = NULL;
    s_boudica150_oc_cb.bands = CONFIG_BOUDICA150_BANDS;

    osal_mutex_create(&s_report_mutex);

    ret = oc_lwm2m_register("boudica150",&g_boudica150_oc_opt);    (1)

    return ret;
}
```

代码 8.56（1）：调用 oc_lwm2m_register() 函数向云平台注册发起注册，注册名为 boudica150，对应的操作方法是 g_boudica150_oc_opt。

结构体 g_boudica150_oc_opt 包含 3 个函数 config()、deconfig()、report()，其中 config() 函数与 report() 函数起到了配置 boudica150 通信模组与数据收发的关键作用，如代码 8.57 所示。

代码 8.57   g_boudica150_oc_opt

```
const oc_lwm2m_opt_t  g_boudica150_oc_opt = \
{
    .config = boudica150_oc_config, //boudica150模组配置
    .deconfig = boudica150_oc_deconfig,
    .report = (fn_oc_lwm2m_report)boudica150_oc_report, //模组通信配置
};
```

2. 关键函数实现：boudica150_oc_config 与 boudica150_oc_report

函数 boudica150_oc_config() 的核心是调用 boudica150_boot() 函数，实现对通信模组的基本配置，如重启模组、关闭 echo 模式、打开错误信息码等，如代码 8.58 所示。

代码 8.58   boudica150_oc_config()

```
static int boudica150_oc_config(oc_config_param_t *param)
{
    int ret = en_oc_lwm2m_err_configured;

    if(NULL == param)
    {
        ret = en_oc_lwm2m_err_parafmt;
        return ret;
    }
    if(NULL == s_oc_handle)
    {
        s_boudica150_oc_cb.oc_param = *param;

if(boudica150_boot(s_boudica150_oc_cb.plmn,s_boudica150_oc_cb.apn,s_boudica150_oc_cb.bands,\
s_boudica150_oc_cb.oc_param.app_server.address,s_boudica150_oc_cb.oc_param.app_
server.port))
                                                                            (1)
```

```
        {
            s_oc_handle = &s_boudica150_oc_cb;
            ret = en_oc_lwm2m_err_ok;
        }
        else
        {
            ret = en_oc_lwm2m_err_network;
        }
    }

    return ret;
}
```

代码 8.58(1)：向 boudica150_boot() 函数传入通信模组的配置信息，由 boudica150_boot() 函数调用 AT 指令实现通信模组的配置。boudica150_boot() 函数的具体内容如代码 8.60 所示。

函数 boudica150_oc_report() 的功能是将用户的数据压缩成云平台可以识别的格式，通过 AT 框架发送到华为云 OC 平台。由三部分构成，编辑发送数据、转换数据格式及发送数据，如代码 8.59 所示。

代码 8.59　boudica150_oc_report()

```
static int boudica150_oc_report(unsigned char *buf,int len, int timeout)
{
    int ret = en_oc_lwm2m_err_noconfigured;
    const char *cmd = "AT+NMGS=";     //"AT+NMGS="是AT指令的发送命令
    const char *index = "OK";         //接收关键字设为"OK"

    if(NULL == s_oc_handle)
    {
        return ret;
    }

    if ((NULL == buf) || ( len >= cn_boudica150_cachelen/2 )||(false == s_boudica150_
oc_cb.sndenable))
    {
        ret = en_oc_lwm2m_err_parafmt;
        return ret;
    }
    osal_mutex_lock(s_report_mutex);
    (void) memset(s_boudica150_oc_cb.sndbuf, 0, cn_boudica150_cachelen);
    (void) snprintf((char
*)s_boudica150_oc_cb.sndbuf,cn_boudica150_cachelen,"%s%d,",cmd,len);
//上式是编辑AT指令需要发送的数据和数据长度
    ret = byte_to_hexstr((unsigned char *)buf, len, (char
*)&s_boudica150_oc_cb.sndbuf[strlen((char *)s_boudica150_oc_cb.sndbuf)]);
    s_boudica150_oc_cb.sndbuf[strlen((char
*)s_boudica150_oc_cb.sndbuf)]='\r';
//"AT+NMGS="指令发送十六进制的数据，因此在发送数据前，要将数据格式转换成十六进制
    ret = at_command((unsigned char *)s_boudica150_oc_cb.sndbuf,strlen((char *)s_
boudica150_oc_cb.sndbuf),index,NULL,0,timeout);
```

```
//最终是调用at_command()函数发送
    (void) osal_mutex_unlock(s_report_mutex);
    if(ret >= 0)
    {
        ret = en_oc_lwm2m_err_ok;
    }
    else
    {
        ret = en_oc_lwm2m_err_network;
    }

    return ret;
}
```

3. boudica150_boot()

函数 boudica150_boot() 通过 AT 指令不断与本地通信模组进行配置，考虑到实际配置过程中可能会有多种意外出现，因此函数采用 while(1) 循环的方式发送 AT 指令，直到所有配置完成才会退出，如代码 8.60 所示。

代码 8.60　boudica150_boot()

```
static bool_t boudica150_boot(const char *plmn, const char *apn, const char
*bands,const char *server,const char *port)
{
at_oobregister("qlwevind",cn_urc_qlwevtind,strlen(cn_urc_qlwevtind),urc_qlwevtind,NU
LL);                                                      (1)
at_oobregister("boudica150rcv",cn_boudica150_rcvindex,strlen(cn_boudica150_
rcvindex),boudica150_rcvdeal,NULL);

    while(1)
    {

        s_boudica150_oc_cb.lwm2m_observe = false;

        boudica150_reboot();//调用"AT+NRB"软重启模块
        boudica150_set_echo (0); //调用"ATE"设置回显信息
        boudica150_set_regmode(1); //调用"AT+QREGSWT"设置华为云OC注册
        boudica150_set_cmee(1); //调用"AT+CMEE"输出错误信息
        boudica150_set_autoconnect(0);
        //调用"AT+NCONFIG=AUTOCONNECT"设置自动联网
        //如果自动联网设置失败，则必须调用cgatt和cfun
        boudica150_set_bands(bands); //调用"AT+NBAND"查看当前所在的频段
        boudica150_set_fun(1); //调用"AT+CFUN"设置CFUN的使能
        boudica150_set_plmn(plmn); //调用"AT+COPS"设置网络信息
        boudica150_set_apn(apn); //调用"AT+CGDCONT"定义PDP上下文
        boudica150_set_cdp(server,port);
        //调用"AT+NCDP"配置华为云OC的地址与端口号
        boudica150_set_cgatt(1); //调用"AT+CGATT"检测设备是否接入核心网
        boudica150_set_nnmi(1);
        //调用"AT+AT+NNMI"检测到华为云OC下行的数据后会自动接收
        if(false == boudica150_check_netattach(16))
```

```
    {
        continue;
    }

    if(false == boudica150_check_observe(16))
    {
        continue;  //应该重启模块
    }

    break;  //模块配置完毕
}
s_boudica150_oc_cb.sndenable = true;
LINK_LOG_DEBUG("NB MODULE RXTX READY NOW\n\r");
return true;
}
```

代码 8.60（1）：调用 AT 框架中 at_oobregister() 函数接口，注册 OOB 信息。

8.5.5　协议栈对接华为云OC流程总结

前文主要分析了 LiteOS LwM2M 协议的 OSAL 以及通信模组内置协议栈——Boudica150 通信模组协议栈功能实现。本小节主要分析 MCU 软件集成协议栈与通信模组内置协议栈对接华为云 OC 平台的区别。

1. MCU 软件集成协议栈

MCU 软件集成协议栈对接华为云 OC 的流程如图 8.36 所示，以 oc_lwm2m_al 作为对接中间件，atiny_lwm2m 文件只起到对接功能实体的作用，真正的功能实现是 network 文件夹下的 LwM2M 协议。

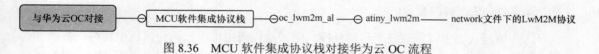

图 8.36　MCU 软件集成协议栈对接华为云 OC 流程

2. 通信模组内置协议栈

通信模组内置协议栈对接华为云 OC 的流程如图 8.37 所示，以 oc_lwm2m_al 作为对接中间件，选择 boudica150 通信模组协议栈，只需调用 AT 指令即可实现与华为云 OC 的对接。

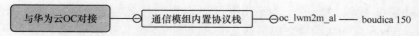

图 8.37　通信模组内置协议栈对接华为云 OC 流程

华为针对物联网开发提供了完善的开发生态，设备开发者如果选用了华为物联网开发生态，如 Boudica 150 通信模组、LiteOS 等，可以极大的降低整体开发难度，缩短开发周期。

8.5.6　设备与华为云OC对接流程

与没有搭载操作系统的传统物联网设备相比，搭载 LiteOS 的物联网设备在接入物联网云平台方面更具优势。

传统物联网设备对接物联网云平台要考虑接入协议、指令等内容，需要设备开发者根据硬件自行适配，导致开发工程量大、开发周期长等问题。搭载 LiteOS 的物联网设备则极大地简化了设备侧开发流程，接入物联网云平台涉及的协议、指令会由 LiteOS 官方提供适配，设备开发者只需关注产品功能实现。IoT 设备对接华为云 OC 流程如图 8.38 所示。同时，LiteOS 能够提供安全、空中升级等功能，使物联网设备开发更加灵活。

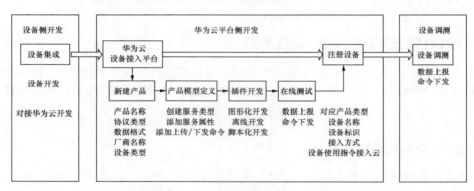

图 8.38　IoT 设备对接华为云 OC 流程

第一步设备侧开发。在 VS Code 可视化插件下做好各组件配置，使能产品需要的各个组件，注意 .mk 文件中宏文件的配置信息。

第二步编写代码工程完成云平台侧开发。用户的代码工程在初始化流程中要以任务的形式调用 boudica150_init。如果用户采用其他协议或软件协议栈的方式连接华为云 OC，需要注意 server 配置以及调用相应的初始化函数。

在设备侧完成了对接华为云的配置的开发后，还需要在华为云平台进行线上开发。需要实现对接入设备的描述、接入方法配置等操作。设备端与云端二者协同操作实现物联网设备入网。

第三步设备调测。由本地设备获取用户要上报的信息，如温度、湿度、断电、电压、烟雾浓度等，并将其打包封装成华为云 IoT 可以识别的格式，再根据本地上报规则，调用 boudica150_oc_report 或同级函数完成信息上报，以上的步骤未考虑网络安全和数据加密，如果用户有需求，可以通过调用 iotlink 提供的 dtls 加密组件实现数据加密。

第**9**章

硬件平台介绍

本书采用"深创客"的"NB476 低功耗多功能开发板",因此本章首先介绍该开发板的板载外设和对应原理图。

9.1 硬件平台

"硬件平台"是指单片机和板载外设资源构成的开发板,如 STM32L476_NB476 硬件平台是指 STM32L476RG 单片机 +OLED 显示屏 + 温湿度传感器 +NB-IoT(BC95/BC28)等一系列硬件资源的组合。

LiteOS 目前支持 GD32F303_BearPi、GD32VF103V_EVAL、NUCLEO_STM32L496ZG、STM32F429IGTx_FIRE、STM32F429_GSL、STM32F429_NOVA、STM32L431VCT6_Bossay、STM32L431_BearPi、STM32L431_EVBM1 及 STM32L476RG_NB476 等多款开发板,后续会对更多的开发板进行支持。

9.2 NB476开发板简介

NB476 开发板如图 9.1 所示,由低功耗系列芯片 STM32L476RG 作为主控,主频最高可达 80MHz,板载外设资源多达 18 个。

接下来详细介绍开发板上的各组成模块及其原理图。

① STM32L476RG 及外围电路,原理

图 9.1 NB476 开发板

图如图 9.2 所示。

STM32L476RG 是 ST 公司推出的一款低功耗系列 Cortex-M4 内核的单片机，内置 2 个低功耗定时器、2 个低功耗比较器、1 个低功耗串口。闪存大小为 1024KB，RAM 大小为 128KB，最高主频为 80MHz，采用 LQFP64 封装。

外围电路由 8MHz 晶振、32.768kHz 晶振及其起振电路构成。

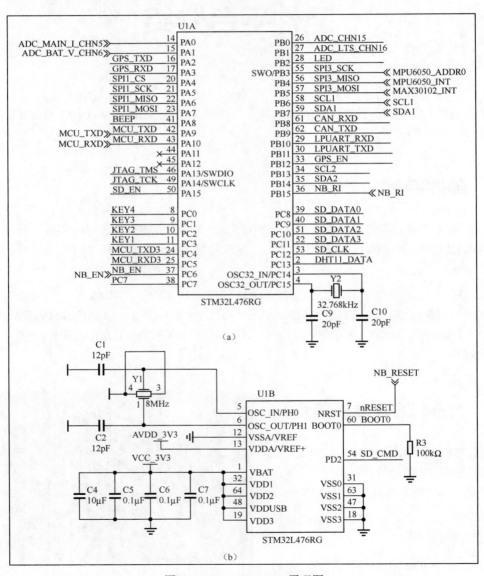

图 9.2　STM32L476RG 原理图

②串口和 SWD，原理图如图 9.3 所示。

串口排针与 STM32L476RG 单片机的串口 1 对应。TX 与 MCU_TXD 对应；RX 与 MCU_RXD 对应。

可以使用 ST-Link 或 J-Link 连接下载调试接口进行程序下载和调试。

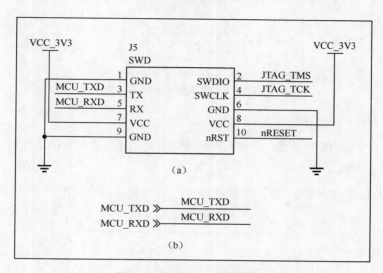

图 9.3　串口和 SWD 原理图

③复位电路，原理图如图 9.4 所示。

按复位按键可以让程序重新运行。

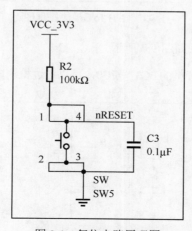

图 9.4　复位电路原理图

④串口选择，原理图如图 9.5 所示。

通过跳线帽选择 NB-IoT 与单片机通信的串口（UART3 或 LPUART）。

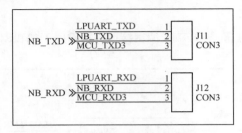

图 9.5　串口使能原理图

⑤ NB-IoT 模块，原理图如图 9.6 所示。

NB-IoT 属于窄带物联网技术，具有低功耗的特点，适用于非频发的小数据包传送，如智能路灯、智能抄表、智能烟感 / 气感等场景。

NB476 开发板通过 NB-IoT 模块与物联网平台进行通信，主要采用 BC95 或 BC28 型号的 NB-IoT 模块。

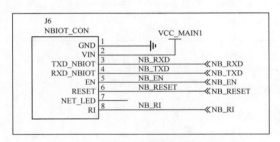

图 9.6　NB-IoT 模块原理图

⑥用户自定义按键，原理图如图 9.7 所示。

KEY1 ～ KEY4 分别对应单片机的 PC3 ～ PC0，可以通过检测电平或者外部中断的方式来使用。

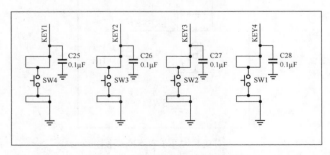

图 9.7　用户自定义按键原理图

⑦TF 卡槽，原理图如图 9.8 所示。

TF 卡槽可以配合 TF 卡，用于存储一些数据。

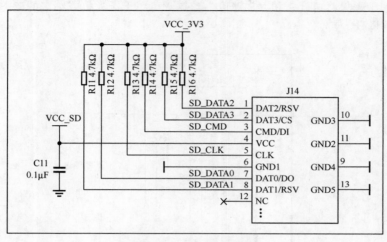

图 9.8　TF 卡槽原理图

⑧LED，原理图如图 9.9 所示。

LED 有 3 个，分别是用户自定义 LED、GPS 模块使能状态 LED 及 SD 卡模块使能状态 LED。

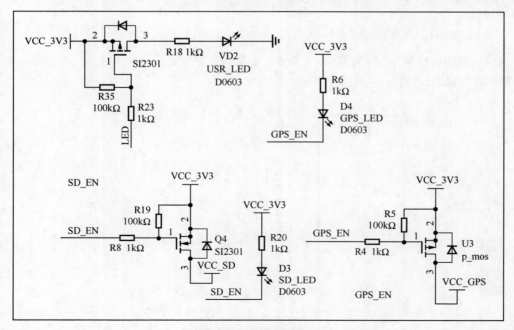

图 9.9　LED 原理图

⑨MPU6050 模块，原理图如图 9.10 所示。

六轴传感器使用 MPU6050 模块实现。该模块内置陀螺仪和加速度传感器，使用 I2C 协议与单片机通信，用于采集"角度"和"加速度"数据，可用于无人机或小车的姿态检测、智能手环的运动检测等场景。

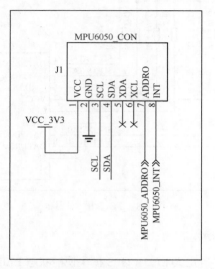

图 9.10　MPU6050 模块原理图

⑩OLED12864，原理图如图 9.11 所示。

该显示屏的分辨率为 128 像素 ×64 像素，像素颜色不可更改，用于显示一些简单的数据，可使用 I2C 协议进行控制。

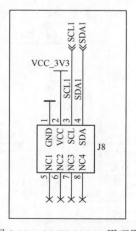

图 9.11　OLED12864 原理图

⑪DHT11 温湿度传感器，原理图如图 9.12 所示。

温湿度传感器的型号为 DHT11，用于采集温度和湿度，温度范围为 0 ～ 50℃，湿度范围为 20% ～ 90%RH，温度精度为 ±2℃，湿度精度为 ±5%RH。它采用单总线协议与单片机进行数据传输。

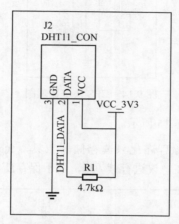

图 9.12　DHT11 温湿度原理图

⑫光敏传感器，原理图如图 9.13 所示。

光敏传感器的电阻值随光照的增强而减小，它可与单片机内部模 / 数转换器（A/D 转换器）ADC 相连接，通过 A/D 转换并获得电压值可判断光照强度。

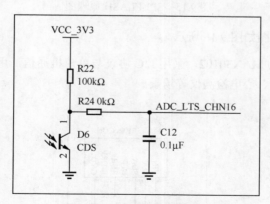

图 9.13　光敏传感器原理图

⑬GPS 模块，原理图如图 9.14 所示。

GPS 模块通过与单片机的串口 2 相连接进行通信，可以实时获取当前的位置信息。

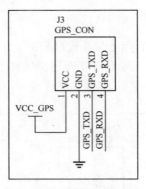

图 9.14　GPS 模块原理图

⑭SPI-FLASH，原理图如图 9.15 所示。

FLASH 是一种电子式可清除程序化只读存储器工具，允许在操作中被多次擦或写。SPI-FLASH 的大小为 8MB，采用 SPI 协议进行读 / 写，用于保存断电后不能丢失的数据。

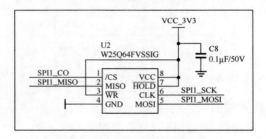

图 9.15　SPI-FLASH 原理图

⑮心率传感器，原理图如图 9.16 所示。

心率传感器的型号为 MAX30102，采用 I2C 协议与单片机通信，用于采集心率和血氧。可应用在智能手环、血压计、心电检测仪等场景。

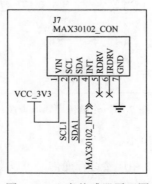

图 9.16　心率传感器原理图

⑯功耗检测，原理图如图 9.17 所示。

　　通过在开发板的主电源电路中串联一颗电阻值极小的电阻（如 0.5Ω，选择小电阻值主要是防止该电阻消耗太多的能量），通过放大该电阻上的分电压可以计算出电流，最终通过电流和主电源的电压实时计算出功耗。检测出来的功耗可以用于计算续航时间和判断设备是否真正做到"低功耗"。

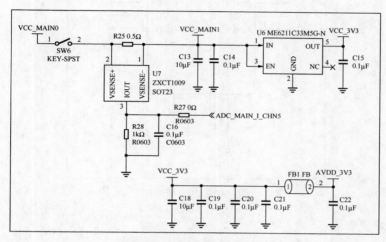

图 9.17　功耗检测电路原理图

⑰锂电池充放电管理，原理图如图 9.18 所示。

　　当接入外部电源时，电池充放电管理模块将开发板的供电电源切换为外部电源，并对电池进行充电。当电池充满后，会停止对电池的充电，防止过充，并改变指示灯状态来提示用户电池已经充满。当外部电源断开时，电池充放电管理模块将开发板的供电电源切换为电池供电电源。

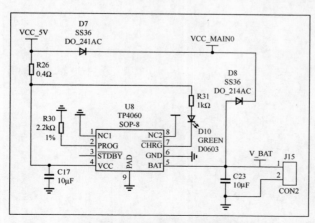

图 9.18　锂电池充放电管理原理图

⑱电源，原理图如图 9.19 所示。

电源接口主要用于给开发板供电或者给电池充电，并未使用 USB 功能。

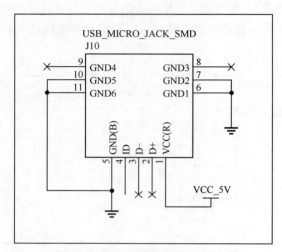

图 9.19   电源原理图

⑲18650 电池原理图。

18650 电池的工作电压为 3.7V，电池容量较大，内阻较小，可重复充放电。

第 **10** 章

LiteOS 在 NB476 开发板上的移植

LiteOS 移植是指将 LiteOS 工程中的部分代码针对特定硬件平台进行修改和优化，使其最终能在特定硬件平台上运行。本章主要介绍如何将 LiteOS 移植到 NB476 开发板上。

10.1 移植分析

移植的第一步是弄明白 SDK 是如何设计的？由哪些部分组成？我们重点需要关注哪些部分？官方提供的案例是如何移植出来的？找到了这些问题的答案后，我们的移植思路也就清晰了。

LiteOS SDK 主要分为"硬件无关部分"和"硬件相关部分"，下面以图 10.1 展示其层次结构。每个层次之间都有一个依赖关系，如"硬件无关部分"依赖于"硬件相关部分"，这样的设计是为了最大化的解耦，并尽可能地将组件独立，便于裁剪。假如在项目中，将单片机 STM32F429 更换为 STM32L476，一般情况下，只需要对"硬件相关部分"进行修改，"硬件相关部分"的上层组件就能正常运行。

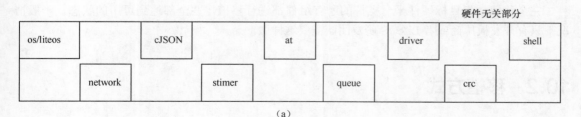

图 10.1 LiteOS SDK 概述

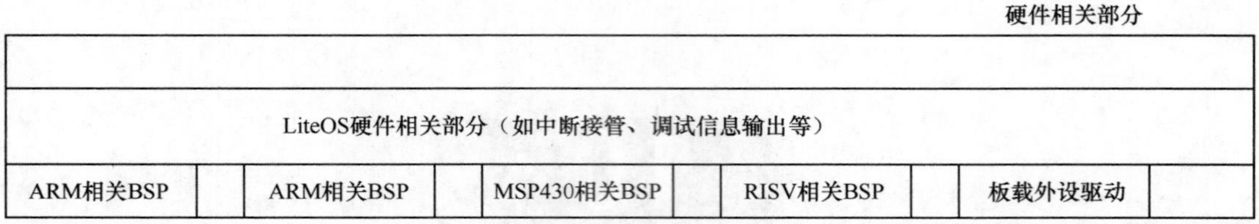

硬件相关部分				
LiteOS硬件相关部分（如中断接管、调试信息输出等）				
ARM相关BSP	ARM相关BSP	MSP430相关BSP	RISV相关BSP	板载外设驱动

(b)

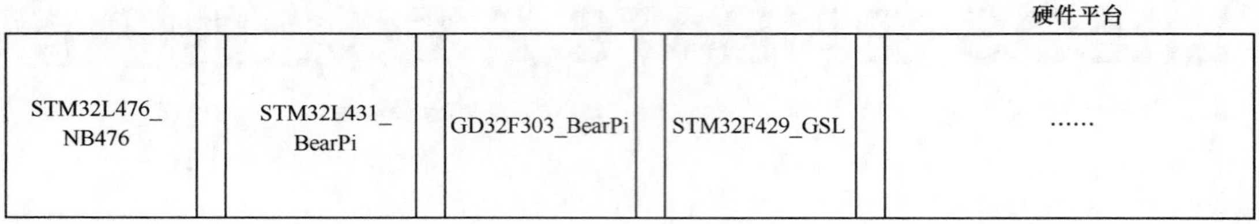

硬件平台				
STM32L476_NB476	STM32L431_BearPi	GD32F303_BearPi	STM32F429_GSL	……

(c)

图 10.1　LiteOS SDK 概述（续）

LieteOS 中大部分的组件都属于硬件无关部分，对应图 10.1 所示的"硬件无关部分"。

"硬件相关部分"主要在 drivers 目录、iot_link/os/liteos/arch 目录以及 targets 目录中，如 ARM 公司和 ST 公司共同提供的 HAL 和 LL 库，华为提供的中断接管和任务调度相关文件等。

移植的主要关注点是"硬件相关部分"和"硬件平台"，我们需要让"硬件相关部分"和"硬件平台"（STM32L476_NB476）适配好，LiteOS 和"硬件无关部分"才能正常运行。

移植的标准由低至高大致可以分为：让内核跑起来、足够完成项目的需求、移植。

让内核跑起来：只有内核在运行，一直进行任务调度，板载资源无法使用，这只证明内核是可用的。

足够完成项目的需求：只移植部分组件，假设我们的项目需要用到 NB-IoT 设备，我们就可以只移植内核、at 组件及 driver 组件，让 NB-IoT 设备可用即可，这就是这里的移植标准。

完全移植：将目标硬件平台支持的所有组件都进行移植，并全部达到可用的状态，一般情况下只有开发板厂商或者 LiteOS 研发团队需要这样做。

10.2　移植方式

移植工作可以采用以下两种方式进行。

- 方式 1：采用 Linux 操作系统，通过命令行使用 Kconfig、Makefile 及 arm-none-gcc 工具链对工程进行配置、编译等操作。这是原厂工程师对 SDK 开发和 Demo 设计常用的方式。

- 方式 2：采用 VSCode 软件中的 IoT Link Studio 插件及相关依赖，使用图形化的方式对工程进行配置、编译等操作。这是用户常用的开发方式，也是本书移植部分使用的方式。

以上两种方式的差异可以用汽车来类比，方式 1 类似手动挡汽车，方式 2 类似自动挡汽车。自动挡汽车对换挡时的踩离合器、挂挡等一系列操作进行了"封装"。对应地，方式 2 中的 rebuild 操作对命令行下的 make clean 和 make 等操作进行了封装，但是在编写完某个模块后，只想对该模块进行测试，就只能用命令行的方式进行编译，无法通过图形化单击 build 来进行。其主要目的是简化用户的操作，以及防止一些误操作带来的不利影响。

两种方式没有好坏之分，选择使用哪种方式开发，可以根据开发效率、便利性、能否实现需求等多种因素进行衡量。

10.3　移植过程

移植可以采取"照猫画虎"的思路进行。根据目标开发板所搭载的单片机型号，在 targets 目录中，选取一个尽可能与目标单片机型号相近的官方移植好的工程进行参考，这样可以降低移植工作量，缩短项目周期。NB476 开发板所使用的单片机为 STM32L476RG，所以我们选取 STM32L431_BearPi 工程进行分析和参考，如图 10.2 所示。

名称	修改日期	类型	大小
Demos	2020/5/24 3:12	文件夹	
GCC	2020/5/24 3:12	文件夹	
Hardware	2020/5/24 3:12	文件夹	
Inc	2020/5/24 3:12	文件夹	
Lib	2020/5/24 3:12	文件夹	
OS_CONFIG	2020/5/24 3:12	文件夹	
Src	2020/5/24 3:12	文件夹	
uart_at	2020/5/24 3:12	文件夹	
.config	2020/5/24 3:12	CONFIG 文件	3 KB
.config.old	2020/5/24 3:12	OLD 文件	3 KB
iot_config.h	2020/5/24 3:12	C++ Header file	1 KB
Kconfig	2020/5/24 3:12	文件	3 KB

图 10.2　STM32L431_BearPi 工程目录

STM32L431_BearPi 工程目录下的各文件夹和文件分别解释如下。

- Demos：该文件夹中存放开发板支持的多个案例程序。

- GCC：该文件夹中存放编译工程所需的 Makafile 文件，生成烧写文件所需的链接脚本，编译过程中产生的中间文件和编译完成后生成的烧写文件。
- Hardware：该文件夹中存放板载外设的驱动文件。
- Inc：该文件夹中存放在工程中能用到的大部分头文件。
- OS_CONFIG：该文件夹中存放对 LiteOS 相关参数进行配置的文件。
- Src：该文件夹中存放 STM32CubeMX 生成的单片机初始化文件和 main.c 程序入口文件。
- uart_at：该文件夹中存放含有 at 组件所调用串口的初始化、接收和发送等函数的文件。
- .config：该文件为 Kconfig（SDK 配置）生成的配置文件，被 Makefile 所引用，用于添加被选中组件对应的源文件和参数进行编译。
- .config.old：该文件为早期的配置文件，现在已经没有使用了，可以忽略。
- iot_config.h：该文件为 Kconfig（SDK 配置）生成的配置文件，用于定义部分源文件中的宏，使能被选中组件对应的代码。
- Kconfig：当我们执行 make menuconfig（打开 SDK 配置）时，其显示的内容是该文件中定义的和引用其他 Kconfig 文件构成的。

我们可以参考上述目录结构和复用部分文件来设计最终移植好的工程目录。

移植过程大致可以分为以下 5 步。

第 1 步：在 STM32CubeMX 中建立工程并进行相应配置，以 Makefile 的形式生成工程。

第 2 步：调整工程中的文件、移除多余的文件并复用例程中的部分文件进行占位。

第 3 步：修改 Makefile 文件和链接脚本。

第 4 步：调试与排错，最终生成烧写文件。

第 5 步：烧写与运行测试 Demos。

在移植和项目实战中，我们使用如下版本的软件。

STM32CubeMX 软件版本号：V5.6.1。

STM32L4 firmware 版本号：V1.15.1。

iot-link-studio 插件版本号：V1.0.1。

iotlink SDK 版本号：V2.1.0。

10.4 STM32CubeMX中配置并生成原始工程

本节完成移植过程的第 1 步，具体操作步骤如下。

①打开 STM32CubeMX 软件、选择 MCU 并创建工程。

双击安装好的 STM32CubeMX 软件即可运行，单击菜单栏"File"，并单击"New Project"选项，如图 10.3 所示。

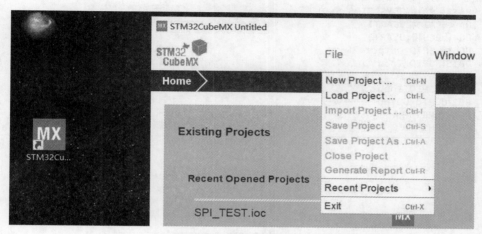

图 10.3　创建工程

在 New Project 界面左上角的搜索框中输入"STM32L476RG"，单击右上角的"Start project"完成创建，如图 10.4 所示。

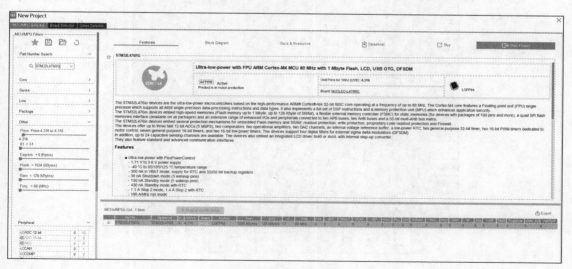

图 10.4　选择 MCU 型号

②根据项目需求使能引脚和对应外设。

我们需要用到 NB-IoT 设备、OLED 显示屏、DHT11 温湿度传感器、调试与下载接口、用户串口、用户 LED、外部高速和低速晶振等，根据第 9 章节讲解的原理图，将相应引脚使能和重命名，如图 10.5 所示。

PA13和PA14和SYS_JTMS-SWDIO	下载调试接口
PA9和PA10和USART1	用户串口
PC4和PC5和 USART3	NB-IoT串口
PC6和 GPIO_Output	NB-IoT使能引脚
PB15和GPIO_Input	NB-IoT输出振铃提示
PB6和PB7和I2C	OLED通信接口
PC13和GPIO_Input	DHT11通信接口
PB2和GPIO_Output	用户LED
PC14和PC15和RCC_OSC32	外部低速晶振
PH0和PH1和RCC_OSC	外部高速晶振

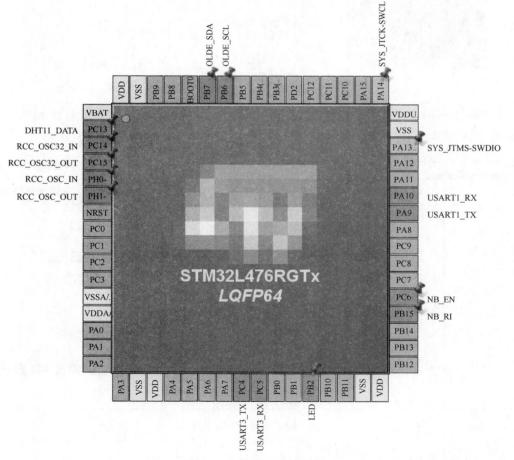

图 10.5　使能并重命名引脚

③配置外设。

GPIO 配置，根据原理图进行配置，让外设都保持一个关闭的状态，使用时通过代码来开启，主要配置上拉电阻和初始电平，如图 10.6 所示。

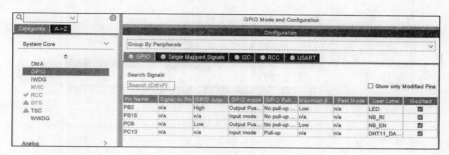

图 10.6　GPIO 配置

RCC 配置，使能外部晶振输入，修改外部高速时钟（HSE）和外部低速时钟（LSE）为 Crystal/Ceramic Resonator，如图 10.7 所示，其余参数均不用修改。

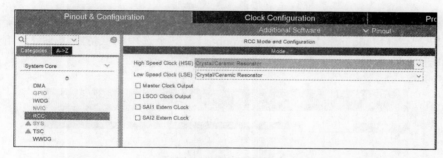

图 10.7　RCC 配置

System 配置，选择使用 Serial Wire 模式进行调试和下载，如图 10.8 所示，对应原理图中的调试接口，其余配置保持默认即可。

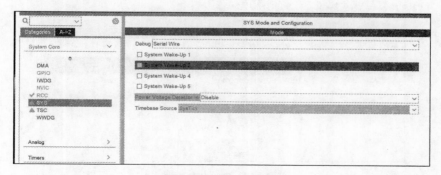

图 10.8　System 配置

I2C 配置，用于控制 OLED 显示屏，具体参数如图 10.9 所示。

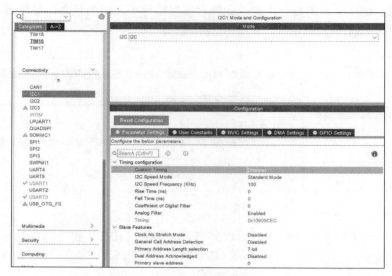

图 10.9　I2C 配置

USART1 配置，Mode 选择异步（Asynchronous），其余选项均保持默认即可，用于输出调试信息，如图 10.10 所示。

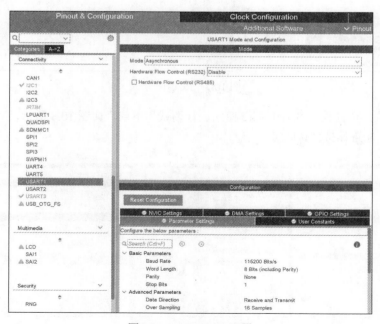

图 10.10　USART1 配置

USART3 配置，用于与 NB-IoT 设备通信，如图 10.11 所示。

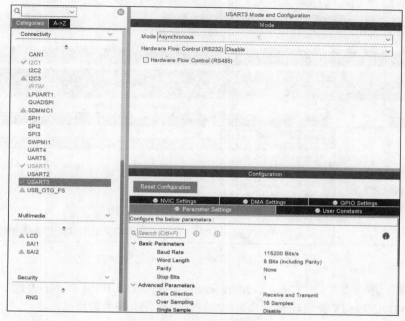

图 10.11 USART3 配置

NVIC 配置，选择 "NVIC" 选项卡，将所有非内核相关中断的使能选项都取消，如图 10.12 所示。这样做是因为 LiteOS 采用中断接管机制，它的内部已经写好了中断使能和处理函数，并不需要在这里使能。

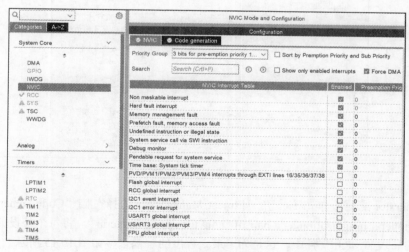

图 10.12 NVIC 配置

Code generation 配置，选择"Code generation"选项卡，将生成处理 Time base 中断的勾选取消，如图 10.13 所示。这样做是因为 LiteOS 已经为我们提供了处理 Time base 中断的函数，如果重新生成会导致"函数重复定义错误"。

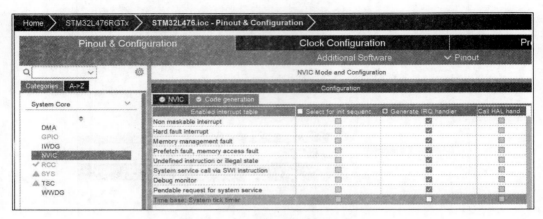

图 10.13　Code generation 配置

Clock 配置，单击上方的"Clock Configuration"，直接在图 10.14 所示的方框中输入 80 并按 Enter 键，STM32CubeMX 会自动设置其余部分，然后进行一些微调即可。

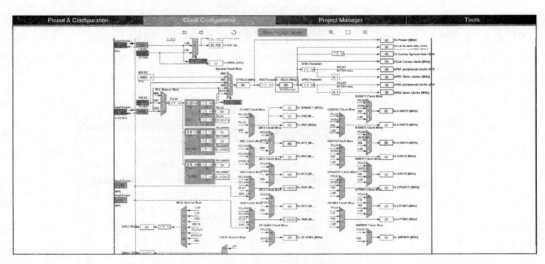

图 10.14　Clock 配置

Code generator 配置，单击右上角"Project Manager"，选择左侧"Code Generator"，选中 "Generate peripheral initialization as a pair of '.c/.h' files per peripheral"，将每个外设的初始化代码生成到单独的 .c 文件和 .h 文件中，这是为了最大程度的解耦合，如图 10.15 所示。

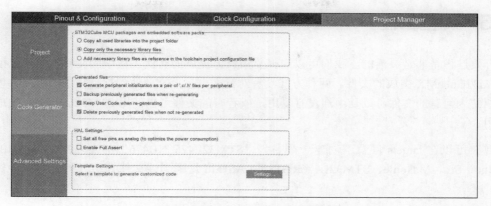

图 10.15　Code Generator 配置

Project 配置，单击左侧"Project"，设置一个工程名称，选择输出目录，配置 tool chain/IDE 为 Makefile，如图 10.16 所示。单击右上角的"GENERATE CODE"，将得到图 10.17 所示的工程文件，其中包含了外设初始化文件、Makefile 文件、连接脚本文件等，后文需要对这些文件进行调整。

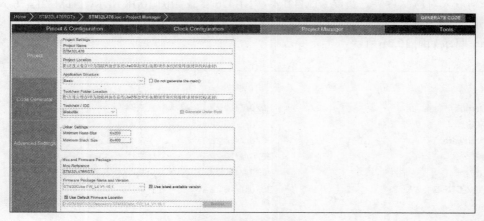

图 10.16　Project 配置

名称	修改日期	类型	大小
Drivers	2020/7/10 21:58	文件夹	
Inc	2020/7/10 21:58	文件夹	
Src	2020/7/10 21:58	文件夹	
.mxproject	2020/7/10 21:58	MXPROJECT 文件	8 KB
Makefile	2020/7/10 21:58	文件	6 KB
startup_stm32l476xx.s	2020/6/9 21:11	VisualStudio.s.14.0	14 KB
STM32L476.ioc	2020/7/10 21:58	STM32CubeMX	8 KB
STM32L476RGTx_FLASH.ld	2020/7/10 21:58	LD 文件	7 KB

图 10.17　工程文件

10.5　调整工程

开发过程是非常灵活的，我们可以选择复用官方提供的实例工程中的文件，也可以使用通过 STM32CubeMX 生成的文件。两种方式没有对错之分，只需要达到项目需求即可，希望读者不要纠结为何有的文件可以复用却没有复用，或者有的文件可以使用 STM32CubeMX 生成却没有使用。

现在可以在 targets 目录下创建一个名为"STM32L476_NB476"的文件夹，将图 10.17 所示的 Inc、Src、Makefile、STM32L476RGTx_FLASH.ld 复制到该文件夹中，剩下的文件暂时不使用。

将 STM32L431_BearPi 目录下除 Inc、Src 文件夹以外的文件和文件夹也复制过来。

将 STM32L431_BearPi/Src 目录下的 dwt.c、sys_init.c 及 uart_debug.c 文件复制到 STM32L476_NB476/Src 目录下；将 STM32L431_BearPi/Inc 目录下的 at_hal.h、dwt.h、sys_init.h 及 stm32l4xx.h 文件复制到 STM32L476_NB476/Inc 目录下；将 STM32L476_NB476 /Hardware 目录下的文件全部删除，并创建 DHT11ey OLED 两个文件夹将开发板资料包中的 dht11.c、dht11.h 及 oled.c、oled.h 文件分别放入对应文件夹。最终 STM32L476_NB476 目录如图 10.18 所示，STM32L476_NB476/Src 目录如图 10.19 所示，STM32L476_NB476/Inc 目录如图 10.20 所示，STM32L476_NB476/Hardware 目录如图 10.21 所示。

名称 ^	修改日期	类型	大小
Demos	2020/7/10 22:47	文件夹	
GCC	2020/7/10 22:47	文件夹	
Hardware	2020/7/10 22:47	文件夹	
Inc	2020/7/10 22:45	文件夹	
Lib	2020/7/10 22:47	文件夹	
OS_CONFIG	2020/7/10 22:47	文件夹	
Src	2020/7/10 22:45	文件夹	
uart_at	2020/7/10 22:47	文件夹	
.config	2020/6/9 0:10	CONFIG 文件	3 KB
iot_config.h	2020/6/9 0:10	C++ Header file	1 KB
Kconfig	2020/6/9 0:10	文件	4 KB
Makefile	2020/7/10 21:58	文件	6 KB
STM32L476RGTx_FLASH.ld	2020/7/10 21:58	LD 文件	7 KB

图 10.18　STM32L476_NB476 目录

名称	修改日期	类型	大小
dwt.c	2020/6/9 0:10	sourceinsight.c_file	4 KB
gpio.c	2020/7/10 21:58	sourceinsight.c_file	3 KB
i2c.c	2020/7/10 21:58	sourceinsight.c_file	4 KB
main.c	2020/7/10 21:58	sourceinsight.c_file	6 KB
rtc.c	2020/7/10 21:58	sourceinsight.c_file	3 KB
stm32l4xx_hal_msp.c	2020/7/10 21:58	sourceinsight.c_file	3 KB
stm32l4xx_it.c	2020/7/10 21:58	sourceinsight.c_file	6 KB
sys_init.c	2020/6/9 0:10	sourceinsight.c_file	8 KB
system_stm32l4xx.c	2020/6/9 21:11	sourceinsight.c_file	13 KB
uart_debug.c	2020/6/9 0:10	sourceinsight.c_file	6 KB
usart.c	2020/7/10 21:58	sourceinsight.c_file	6 KB

图 10.19　STM32L476_NB476/Src 目录

名称	修改日期	类型	大小
at_hal.h	2020/6/9 0:10	C++ Header file	3 KB
dwt.h	2020/6/9 0:10	C++ Header file	3 KB
gpio.h	2020/7/10 21:58	C++ Header file	2 KB
i2c.h	2020/7/10 21:58	C++ Header file	2 KB
main.h	2020/7/10 21:58	C++ Header file	3 KB
rtc.h	2020/7/10 21:58	C++ Header file	2 KB
stm32l4xx.h	2020/6/9 0:10	C++ Header file	9 KB
stm32l4xx_hal_conf.h	2020/7/10 21:58	C++ Header file	16 KB
stm32l4xx_it.h	2020/7/10 21:58	C++ Header file	3 KB
sys_init.h	2020/6/9 0:10	C++ Header file	4 KB
usart.h	2020/7/10 21:58	C++ Header file	2 KB

图 10.20　STM32L476_NB476/Inc 目录

名称	修改日期	类型	大小
DHT11	2020/7/10 23:32	文件夹	
OLED	2020/7/10 23:32	文件夹	

图 10.21　STM32L476_NB476/Hardware 目录

10.6　修改Makefile文件和链接脚本

在 GCC 目录下有个 Makefile 文件，在 STM32L476_NB476 目录下也有一个 Makefile 文件，有两种方式可以修改。

方式 1：根据 GCC/Makefile 修改 STM32L476_NB47/Makefile。

方式 2：根据 STM32L476_NB47/Makefile 修改 GCC/Makefile。

虽然两种方式最终都能达到目的，但是效率不一样，从修改量的大小可以决定采用方式 2 效率最高。

将 STM32L476_NB47 目录中的 Makefile 更名为 Makefile_New，并剪切后粘贴到 GCC 目录下，用文本编辑器同时打开 GCC/Makefile_New 和 GCC/Makefile。

将注释"STM32L431_BearPI GCC compiler Makefile"修改为"STM32L476_NB476 GCC compiler Makefile"，表示该 Makefile 是针对 STM32L476_NB476 硬件平台的。

该 Makefile 其余部分均不用修改，因为它是一个通用的 Makefile，根据该 Makefile 中的以下三行。

include ../.config

include $(SDK_DIR)/iot_link/iot.mk

include $(MAKEFILE_DIR)/project.mk

可以判断其引入了 3 个 makefile 文件。.config 是由 Kconfig 生成的，无须修改；iot.mk 是 SDK 自带的，无须修改；只需修改最后一个 project.mk，也就是 GCC/ project.mk。

以下为 project.mk 中截取的部分语句，如代码 10.1 ～代码 10.4 所示。

代码 10.1 中的开始是一个名为"HAL_DRIVER_SRC"变量，用于指代 HAL 库中的源文件。可以查阅之前 STM32CubeMX 生成的 Makefile 来判断使用的哪些 HAL 库中的源文件，并对现有的源文件进行删改。

"DRIVERLIB_DIR"变量是一个目录，指代了"SDK/drivers"，并且该目录正好为 STM32L4 的 HAL 库目录，所以我们只需要修改最后的文件名，其余部分均不用修改。

如果没有用到 stm32l4xx_hal_adc.c 文件，就可以将这一行删除。

"\"是换行符，为了美观和便于阅读，可以添加换行符后按 Enter 键换行，最终并不会因为加入了换行符导致编译失败。注意：最后一条语句的结尾并不需要换行符。

代码 10.1　HAL_DRIVER_SRC 变量

```
HAL_DRIVER_SRC = \
$(DRIVERLIB_DIR)/third_party/ST/STM32L4xx_HAL_Driver/Src/stm32l4xx_hal_flash.c \
$(DRIVERLIB_DIR)/third_party/ST/STM32L4xx_HAL_Driver/Src/stm32l4xx_hal_tim_ex.c \
$(DRIVERLIB_DIR)/third_party/ST/STM32L4xx_HAL_Driver/Src/stm32l4xx_hal_rcc.c \
$DRIVERLIB_DIR)/third_party/ST/STM32L4xx_HAL_Driver/Src/stm32l4xx_hal_pwr_ex.c \
$(DRIVERLIB_DIR)/third_party/ST/STM32L4xx_HAL_Driver/Src/stm32l4xx_hal_pwr.c \
$(DRIVERLIB_DIR)/third_party/ST/STM32L4xx_HAL_Driver/Src/stm32l4xx_hal_gpio.c \
$($(DRIVERLIB_DIR)/third_party/ST/STM32L4xx_HAL_Driver/Src/stm32l4xx_hal_rcc_ex.c \
$(DRIVERLIB_DIR)/third_party/ST/STM32L4xx_HAL_Driver/Src/stm32l4xx_hal_flash_ex.c \
```

```
$(DRIVERLIB_DIR)/third_party/ST/STM32L4xx_HAL_Driver/Src/stm32l4xx_hal_flash_
ramfunc.c \
$(DRIVERLIB_DIR)/third_party/ST/STM32L4xx_HAL_Driver/Src/stm32l4xx_hal_cortex.c \
$(DRIVERLIB_DIR)/third_party/ST/STM32L4xx_HAL_Driver/Src/stm32l4xx_hal_uart.c \
$(DRIVERLIB_DIR)/third_party/ST/STM32L4xx_HAL_Driver/Src/stm32l4xx_hal_uart_ex.c \
$(DRIVERLIB_DIR)/third_party/ST/STM32L4xx_HAL_Driver/Src/stm32l4xx_hal.c \
$(DRIVERLIB_DIR)/third_party/ST/STM32L4xx_HAL_Driver/Src/stm32l4xx_hal_tim.c \
$(DRIVERLIB_DIR)/third_party/ST/STM32L4xx_HAL_Driver/Src/stm32l4xx_hal_spi.c \
$(DRIVERLIB_DIR)/third_party/ST/STM32L4xx_HAL_Driver/Src/stm32l4xx_hal_i2c.c \
$(DRIVERLIB_DIR)/third_party/ST/STM32L4xx_HAL_Driver/Src/stm32l4xx_hal_i2c_ex.c \
$(DRIVERLIB_DIR)/third_party/ST/STM32L4xx_HAL_Driver/Src/stm32l4xx_hal_iwdg.c \
$(DRIVERLIB_DIR)/third_party/ST/STM32L4xx_HAL_Driver/Src/stm32l4xx_hal_adc.c
        C_SOURCES += $(HAL_DRIVER_SRC)
```

"HARDWARE_SRC"变量指代板载外设驱动代码的源文件，可以将之前删除的文件，将 DHT11、OLED 的驱动源文件添加进去，修改后如代码 10.2 所示。

代码 10.2　HARDWARE_SRC 变量

```
HARDWARE_SRC =  \
        ${wildcard $(TARGET_DIR)/Hardware/DHT11/*.c} \
        ${wildcard $(TARGET_DIR)/Hardware/OLED/*.c}
        C_SOURCES += $(HARDWARE_SRC)
```

"HAL_DRIVER_SRC_NO_BOOTLOADER"变量指代位置无关的源文件，可以理解为这些源文件中的符号无论被链接到哪里都可以正常使用，本书中未使用，不用关心。

"USER_SRC"变量指代用户源文件，如 main.c 和外设初始化代码都属于用户源文件，可以查阅之前 STM32CubeMX 生成的 Makefile 来判断有哪些外设驱动文件，从而对该变量的内容进行修改和添加。

代码 10.3 中"HAL_DRIVER_INC"变量是用于指代 HAL 库中头文件所在的目录，前面的 -I 是 GCC 工具链的选项，用于指定一个目录，编译时才能找到属于该目录的头文件。

代码 10.3　HAL_DRIVER_INC 变量

```
HAL_DRIVER_INC = \
        -I $(DRIVERLIB_DIR)/third_party/ST/STM32L4xx_HAL_Driver/Inc \
        -I $(DRIVERLIB_DIR)/third_party/ST/STM32L4xx_HAL_Driver/Inc/Legacy
        C_INCLUDES += $(HAL_DRIVER_INC)
```

"HARDWARE_INC"变量是用于指代板载外设驱动的头文件所在的目录，可以将之前的目录删除，将 OLED、DHT11 驱动代码的头文件所在目录添加上去，如代码 10.4 所示。

代码 10.4　HARDWARE_INC 变量

```
HARDWARE_INC = \
        -I ${wildcard $(TARGET_DIR)/Hardware/OLED} \
        -I ${wildcard $(TARGET_DIR)/Hardware/DHT11}
```

```
        C_INCLUDES += $(HARDWARE_INC)
```

"USER_INC" 变量是用于指代用户代码的头文件所在路径。

"C_DEFS" 变量用于指代编译参数，GCC 的 -D 参数，相当于在所有文件中都定义了 -D 后面的内容。如 -D USE_HAL_DRIVER，其效果和在所有文件中写入 #define USE_HAL_DRIVER 是一样的，我们需要将 STM32L431xx 修改为 STM32L476xx，如代码 10.5 所示。

代码 10.5　C_DEFS 变量

```
# C defines
C_DEFS += -D USE_HAL_DRIVER -D STM32L431xx -D NDEBUG
```

Makefile 的修改就算告一段落了，接下来需要修改链接脚本。

链接脚本主要用于指定程序的各个段放在某个特定的运行时地址和加载地址。这里根据 STM32CubeMX 生成的链接脚本（STM32L476RGTx_FLASH.ld 文件）修改官方例程中的链接脚本（os.ld），只需要修改 RAM 和 FLASH 的地址以及大小即可。

如图 10.22 所示，因为 STM32L476RG 的 RAM 最高地址为 0x20018000（栈顶地址 _estack），起始地址为 0x20000000，大小为 96KB；RAM2 起始地址为 0x10000000，大小为 32KB；FLASH 起始地址为 0x8000000，大小为 1024KB；所以修改为代码 10.6 所示即可。

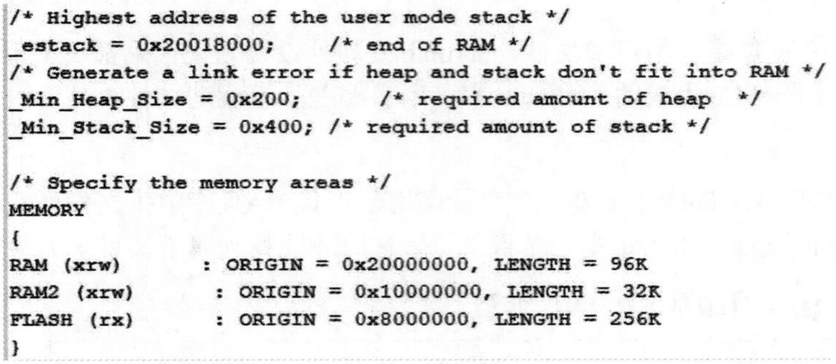

```
/* Highest address of the user mode stack */
_estack = 0x20018000;    /* end of RAM */
/* Generate a link error if heap and stack don't fit into RAM */
_Min_Heap_Size = 0x200;       /* required amount of heap  */
_Min_Stack_Size = 0x400; /* required amount of stack */

/* Specify the memory areas */
MEMORY
{
RAM (xrw)       : ORIGIN = 0x20000000, LENGTH = 96K
RAM2 (xrw)      : ORIGIN = 0x10000000, LENGTH = 32K
FLASH (rx)      : ORIGIN = 0x8000000, LENGTH = 256K
}
```

图 10.22　RAM 地址和大小

代码 10.6　RAM 与 FLASH 的地址和大小

```
/* Highest address of the user mode stack */
_estack = 0x20018000;    /* end of RAM */
/* Generate a link error if heap and stack don't fit into RAM */
_Min_Heap_Size = 0x200;       /* required amount of heap  */
_Min_Stack_Size = 0x400; /* required amount of stack */

/* Specify the memory areas */
MEMORY
{
```

```
RAM (xrw)      : ORIGIN = 0x20000000, LENGTH = 96K
RAM2 (xrw)     : ORIGIN = 0x10000000, LENGTH = 32K
FLASH (rx)     : ORIGIN = 0x8000000, LENGTH = 1024K
}
```

10.7　调试和排错

大部分的修改到这里已经做完了，现在可以使用 VS Code 中的 iot-link-studio 插件来创建工程了。如果前面的工程放入 SDK/targets 文件夹中，这时可以看到 iot-link-studio 创建工程中多了一个 STM32L476_NB476 的硬件平台，如图 10.23 所示。

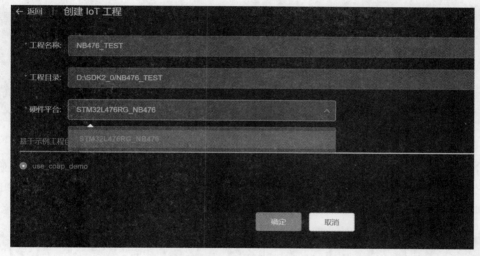

图 10.23　创建 IoT 工程

填写一个工程名称，选择工程目录，选择 STM32L476_NB476 硬件平台，选择 hello_world_demo 示例工程，单击"确定"按钮，即可在工程目录下得到一个工程。

这个工程是基于前文创建的 targets/ STM32L476_NB476 工程复制过来的，所以后面我们进行的调试和排错需要在现在创建的这个工程中完成，然后用正确的文件去覆盖 targets/ STM32L476_NB476 工程中的文件。

单击左下角的"Build"按钮进行编译，如图 10.24 所示。界面中会出现一些错误，如图 10.25 所示。根据错误提示"fatal error: stm32l476xx.h: No such file or director"，可以得知缺少一个 stm32l476xx.h 头文件，在通过 STM32CubeMX 创建的工程中 Drivers\CMSIS\Device\ST\ STM32L4xx\Include 目录内可以找到该文件，将其复制到当前工程中的 Inc 目录下。

图 10.24　按钮

图 10.25　编译错误 1

再次编译，出现图 10.26 所示的错误"fatal error: system_stm32l4xx.h: No such file or directory"，提示缺少 system_stm32l4xx.h 头文件。可以在 STM32CubeMX 创建的工程中 Drivers\CMSIS\Device\ST\STM32L4xx\Include 目录内可以找到该文件，将其复制到当前工程中的 Inc 目录下。

图 10.26　编译错误 2

　　再次编译，出现图 10.27 所示的错误 "fatal error: stm32l4xx_hal_exti.h: No such file or directory"，提示缺少 stm32l4xx_hal_exti.h 头文件。该文件属于外部中断相关文件，暂时不需要使用，打开 Inc/stm32l4xx_hal_conf.h 文件，并将 #define HAL_EXTI_MODULE_ENABLED 语句注释。

图 10.27　编译错误 3

　　再次编译，出现图 10.28 所示的错误 "fatal error: hal_rng.h: No such file or directory"，提示缺少 hal_rng.h 头文件。该文件未使用，可以到 Inc/sys_init.h 将 #include "hal_rng.h" 注释，顺便注释 #include"spi.h"、#include "lcd.h" 因为这些文件我们都没有使用。

图 10.28　编译错误 4

　　再次编译，出现图 10.29 所示的错误 "warning:"FLASH_SIZE" redefined"，FLASH_SIZE() 宏被重复定义，可以选择注释 stm32l476xx.h 文件中的这个宏定义。

图 10.29　编译错误 5

再次编译，出现图 10.30 所示的错误"No rule to make target 'Src/spi.c'"，修改 GCC/project.mk 中的 USER_SRC 变量，将 spi.c 和 Huawei_IoT_QR_Code.c 的路径删除，这是因为官方使用的部分外设我们并未使用，所以需要删除。

图 10.30　编译错误 6

再次编译，出现图 10.31 所示的错误"warning: implicit declaration of function'XXX'"，使用官方例程 STM32L431_BearPi\Src\main.c 替换当前工程的 Src\main.c 文件。

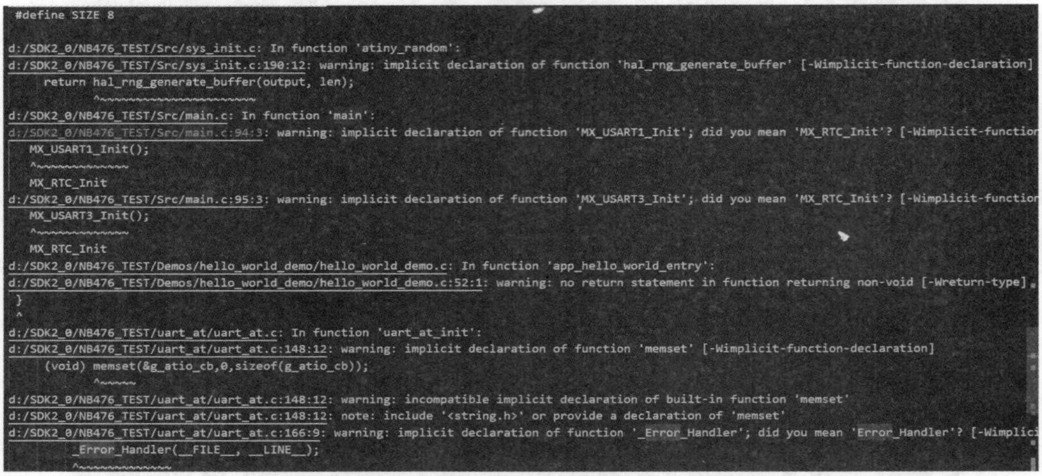

图 10.31　编译错误 7

再次编译，出现图 10.32 所示的错误"error:'XXX' undeclared"，将 main.c 中的 HardWare_Init() 函数调用的以下语句删除，因为官方例程中使用的板载外设和我们的不同，所以需要删除以下语句。

```
    MX_SPI2_Init();
    LCD_Init();
    LCD_Clear(BLACK);
    POINT_COLOR = GREEN;
    LCD_ShowString(10, 50, 240, 24, 24, "Welcome to BearPi!");
    LCD_ShowString(20, 90, 240, 16, 16, "BearPi-IoT Develop Board");
    LCD_ShowString(20, 130, 240, 16, 16, "Powerd by Huawei LiteOS!");
    LCD_ShowString(30, 170, 240, 16, 16, "Connecting NET......");
```

图 10.32　编译错误 8

再次编译，出现图 10.33 所示的错误 " warning: implicit declaration of function'XXX'"，在 main.h 文件中将 void Error_Handler(void); 语句删除，添加 #include "sys_init.h" 宏定义，再次编译，即可出现编译成功提示，如图 10.34 所示。

图 10.33　编译错误 9

图 10.34　编译成功

10.8　下载运行并修改输出语句

使用 ST-Link 或 J-Link 调试器连接开发板上 "串口和 SWD 接口" 区域的 SWDIO、SWCLK

及 GND。使用 USB-TTL 连接开发板上"串口和 SWD 接口"区域的 RX、TX 及 GND。

ST-Link 烧录方法如下。

单击左下角"Home"，单击"IoT Link 设置"，单击左侧"调试器"，选择"OpenOCD"，在"OpenOCD 参数"一栏中填入"-f interface/stlink-v2-1.cfg -f target/stm32l4x.cfg"，单击右上角"应用"按钮，如图 10.35 所示。再单击左下角"Download"即可完成烧录。

图 10.35　OpenOCD 方式烧录

J-Link 烧录方法如下。

单击左下角"Home"，单击"IoT Link 设置"，单击左侧"调试器"，选择"JLINK"，接口类型选择"SWD"，设备名称手动输入"STM32L476RG"，单击右上角"应用"按钮，如图 10.36 所示。再单击左下角"Download"即可完成烧录。

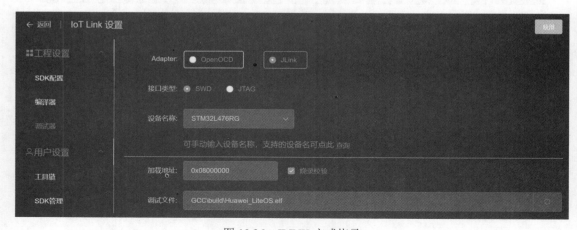

图 10.36　JLINK 方式烧录

　　烧录完成之后，单击左下角"Serail"，选择 USB-TTL 的串口，波特率为 115200，数据位为 8，校验位为 None，停止位为 1，流控制为 None，单击"打开"按钮，即可看到开发板每隔 4s 输出一次"Hello World! This is BearPi!"，如图 10.37 所示，说明 LiteOS 运行起来了。

图 10.37　串口输出

　　现在可以查看一下 main.c 文件，沿着 main() 函数找到输出"Hello World! This is BearPi!"的地方并进行一些修改。

　　代码 10.7 所示的 main() 函数，也是整个程序的运行入口。首先执行硬件初始化操作、操作系统内核初始化及 shell 界面初始化，"进入"link_test() 这个函数并执行，如代码 10.8 所示。在该函数内创建一个优先级为 2，任务名为"link_main"，任务入口函数为 link_main()，任务大小为 0x1000 的任务。

　　代码 10.7　main() 函数

```
int main(void)
{
    UINT32 uwRet = LOS_OK;
    HardWare_Init();
    uwRet = LOS_KernelInit();
    if (uwRet != LOS_OK)
    {
        return LOS_NOK;
    }
    extern void shell_uart_init(int baud);
    shell_uart_init(115200);
    link_test();
 (void)LOS_Start();
    return 0;
}
```

代码 10.8　link_test() 函数

```c
static int link_test()
{
    int ret = -1;
    UINT32 uwRet = LOS_OK;
    UINT32  handle;
    TSK_INIT_PARAM_S task_init_param;

    memset (&task_init_param, 0, sizeof (TSK_INIT_PARAM_S));
    task_init_param.uwArg = (unsigned int)NULL;
    task_init_param.usTaskPrio = 2;
    task_init_param.pcName =(char *) "link_main";
    task_init_param.pfnTaskEntry = (TSK_ENTRY_FUNC)link_main;
    task_init_param.uwStackSize = 0x1000;
    uwRet = LOS_TaskCreate(&handle, &task_init_param);
    if(LOS_OK == uwRet){
        ret = 0;
    }
    return ret;
}
```

任务入口函数 link_main() 如代码 10.9 所示，在该函数内初始化在 SDK 配置中使能的组件。假如使能了 stimer 软件定时器组件，IoT Link Studio 则会在 iot_config.h 文件夹中加入 #define CONFIG_STIMER_ENABLE 1 这条宏定义，link_main() 函数中的 stimer_init() 函数则会被使能，后面就能使用软件定时器组件了。

在 link_main() 函数的最后调用 standard_app_demo_main() 函数，如代码 10.10 所示。该函数的定义在 Demo/hello_world_demo.c 文件中，我们能看到串口不停地输出 "Hello World! This is BearPi!"，就是因为该函数创建了一个 "helloworld" 任务并且该任务正在运行。

代码 10.9　link_main() 函数

```c
int link_main(void *args)
{
    ///< install the RTOS kernel for the link
    if(s_link_start)
    {
        return -1;
    }
    s_link_start =1;

    (void)osal_init();
    LINK_LOG_DEBUG("linkmain:%s \n\r",linkmain_version());

#ifdef CONFIG_STIMER_ENABLE
    #include <stimer.h>
    stimer_init();
#endif

#ifdef CONFIG_SHELL_ENABLE
```

```
    #include <shell.h>
    shell_init();
#endif

    /* add loader code here */
#ifdef CONFIG_OTA_ENABLE
    extern void hal_init_ota(void);
    hal_init_ota();
#endif

#ifdef CONFIG_LOADER_ENABLE
    LINK_LOG_DEBUG("loader main!\n");
    extern int ota_detection();
    ota_detection();
    loader_main();
    return;
#endif
    /* add loader code here end */

///< install the driver framework
#ifdef CONFIG_DRIVER_ENABLE
    #include <driver.h>
    ///< install the driver framework for the link
    (void)los_driv_init();
#endif

///< install the at framework
#ifdef CONFIG_AT_ENABLE
    #include <at.h>
    (void)at_init();
#endif

///< install the cJSON, for the oc mqtt agent need the cJSON
#ifdef CONFIG_CJSON_ENABLE
    #include <cJSON.h>

    cJSON_Hooks  hook;
    hook.free_fn = osal_free;
    hook.malloc_fn = osal_malloc;
    cJSON_InitHooks(&hook);
#endif

//////////////////////////// TCPIP PROTOCOL ////////////////////////////////////////////
#ifdef CONFIG_TCIP_AL_ENABLE
    #include <sal.h>
    (void)link_tcpip_init();
#endif

//////////////////////////// DTLS PROTOCOL ////////////////////////////////////////////
#ifdef CONFIG_DTLS_AL_ENABLE
    #include <dtls_al.h>
    (void)dtls_al_init();
#endif

//////////////////////////// MQTT PROTOCOL ////////////////////////////////////////////
```

```
#ifdef CONFIG_MQTT_AL_ENABLE
    #include <mqtt_al.h>
    mqtt_al_init();
#endif

//////////////////////////   COAP PROTOCOL  //////////////////////////////////
#ifdef CONFIG_COAP_AL_ENABLE
    #include <coap_al.h>
    (void)coap_al_init();
#endif

//////////////////////////   LWM2M PROTOCOL  /////////////////////////////////
#ifdef CONFIG_LWM2M_AL_ENABLE
    #include <lwm2m_al.h>
    (void)lwm2m_al_init();
#endif

//////////////////////////   OC MQTT  ///////////////////////////////////////
#ifdef CONFIG_OCMQTT_ENABLE
    #include <oc_mqtt_al.h>
    (void)oc_mqtt_init();

#endif

//////////////////////////   OC LWM2M /////////////////////////////////////////
#ifdef CONFIG_OCLWM2M_ENABLE
    #include <oc_lwm2m_al.h>
    oc_lwm2m_init();
#endif

//////////////////////////   OC COAP /////////////////////////////////////////
#ifdef CONFIG_OCCOAP_ENABLE
        #include <oc_coap_al.h>
    oc_coap_init();
#endif

#ifdef CONFIG_AUTO_TEST
    #include <test_case.h>
    autotest_start();
#endif

#ifdef CONFIG_LINKDEMO_ENABLE
    extern int standard_app_demo_main(void);
    standard_app_demo_main();
#endif

    return 0;
}
```

代码 10.10　standard_app_demo_main() 函数

```
static int app_hello_world_entry()
{
```

```
    while (1)
    {
        printf("Hello World! This is BearPi!\r\n");
        osal_task_sleep(4*1000);
    }
}

int standard_app_demo_main()
{
    osal_task_create("helloworld"",app_hello_world_entry,NULL,0x400,NULL,2);
    return 0;
}
```

可以尝试修改输出语句为"Hello World! This is NB476"，修改后的代码如代码 10.11 所示编译并烧录，即可看到图 10.38 所示的现象。

代码 10.11　修改后的 standard_app_demo_main() 函数

```
static int app_hello_world_entry()
{
    while (1)
    {
        printf("Hello World! This is NB476\r\n");
        osal_task_sleep(4*1000);
    }
}

int standard_app_demo_main()
{
    osal_task_create("helloworld",app_hello_world_entry,NULL,0x400,NULL,2);
    return 0;
}
```

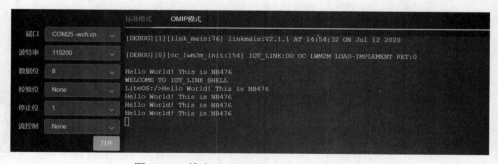

图 10.38　输出"Hello World! This is NB476"

移植需要有一定基础，至少需要熟悉 ST 的 HAL 库、CubeMX 工具的使用方法，熟悉 Makefile 和链接脚本等工程管理工具，熟悉 iotlink SDK。

本移植重在学习思路、方法而不是验证结论。物联网相关的软件产品更新速度很快，我们只能学习其思路和本质，然后才能做到一通百通，无论怎么变化，都能很快上手。

第 11 章

基于 LiteOS 的温湿度项目实战

本章基于已移植好的案例——以基于 LiteOS 的温度项目为例，介绍从设备开发到接入华为 IoT 平台的整个流程。

本项目的产品属于典型的传感器型 IoT 产品。

项目功能：将开发板采集到的温湿度信息通过 NB-IoT 网络上传到华为云平台。

项目准备：NB476 开发板、DHT11 温湿度传感器、OLED 显示屏、NBIOT 设备（BC28/BC95）、LiteOS SDK、华为设备接入服务。

项目目标：演示如何基于 IoTStudio 和 LiteOS SDK 开发一个 IoT 设备。

本章将基于移植好的 BSP 和 demo 来实现，并讲解所有模块。因为重点是 LiteOS，所以没有讲解"手把手"写代码并调试的内容。项目整体示意如图 11.1 所示。

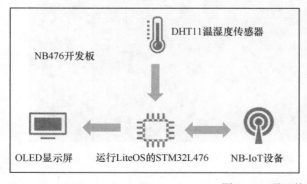
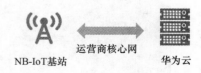

图 11.1　项目整体

11.1 准备工作

在开始之前需要将 DHT11 温湿度传感器、OLED 显示屏、NB-IoT 设备（BC28/BC95）安装到开发板的相应位置（开发板上有丝印标识）。

①将开发板配套资料包中的"STM32L476RG_NB476.zip"解压缩到 SDK/targets 目录中，如图 11.2 所示。

名称 ^	修改日期	类型	大小
GD32F303_BearPi	2020/7/14 12:01	文件夹	
GD32VF103V_EVAL	2020/7/14 12:01	文件夹	
STM32L431_BearPi	2020/7/14 12:01	文件夹	
STM32L431_BearPi_OS_Func	2020/7/14 12:01	文件夹	
STM32L431VCT6_Bossay	2020/7/14 12:01	文件夹	
STM32L476RG_NB476	2020/5/15 19:22	文件夹	
STM32L476RG_NB476.zip	2020/5/15 19:23	WinRAR ZIP 压缩文件	356 KB

图 11.2 解压缩"STM32L476RG_NB476.zip"

②打开"IoT Link Studio"，创建硬件平台为"STM32L476RG_NB476"的"use_coap_demo"工程，如图 11.3 所示。

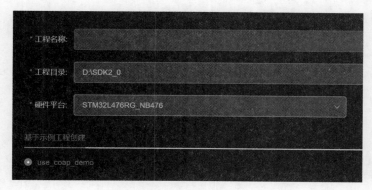

图 11.3 创建工程

③编译，出现图 11.4 所示的错误，提示找不到"oc_coap_al.h 中包含的 coap_al.h 文件"。打开 SDK/ iot_link/oc/oc_coap/oc_coap_al/oc_coap_al.h，将"#include coap_al.h"注释即可，该问题在后续版本更新中会修复。

```
In file included from C:/Users/10234/.iotlink/sdk/IoT_LINK/iot_link/oc/oc_coap/boudica120_oc/boudica120_oc.c:41:0:
C:/Users/10234/.iotlink/sdk/IoT_LINK/iot_link/oc/oc_coap/oc_coap_al/oc_coap_al.h:42:10: fatal error: coap_al.h: No such file or directory
 #include <coap_al.h>
          ^~~~~~~~~~~~
compilation terminated.
```

图 11.4 编译错误 1

④再次编译，出现图 11.5 所示的错误，找不到 "en_oc_coap_err_parafmt、en_oc_coap_err_ok" 等多个枚举类型。将 GitHub 仓库最新 SDK 的 SDK/ iot_link/oc/oc_coap/oc_coap_al/oc_coap_al.h 文件中的 en_oc_coap_err_code_t 枚举类型定义复制到 oc_coap_al.h 文件中即可，如图 11.6 所示，该问题在后续版本更新中会修复。

```
C:/Users/10234/.iotlink/sdk/IoT_LINK/iot_link/oc/oc_coap/boudica120_oc/boudica120_oc.c:139:15: error: 'en_oc_coap_err_noconfigured' undeclar
    int ret = en_oc_coap_err_noconfigured;
              ^~~~~~~~~~~~~~~~~~~~~~~~~~~~~
              fn_oc_coap_deconfig
C:/Users/10234/.iotlink/sdk/IoT_LINK/iot_link/oc/oc_coap/boudica120_oc/boudica120_oc.c:139:15: note: each undeclared identifier is reported
C:/Users/10234/.iotlink/sdk/IoT_LINK/iot_link/oc/oc_coap/boudica120_oc/boudica120_oc.c:151:15: error: 'en_oc_coap_err_parafmt' undeclared (f
    ret = en_oc_coap_err_parafmt;
          ^~~~~~~~~~~~~~~~~~~~~~~
          fn_oc_coap_report
C:/Users/10234/.iotlink/sdk/IoT_LINK/iot_link/oc/oc_coap/boudica120_oc/boudica120_oc.c:164:15: error: 'en_oc_coap_err_ok' undeclared (first
```

图 11.5　编译错误 2

```
typedef enum
{
    en_oc_coap_err_ok              = 0,
    en_oc_coap_err_parafmt,
    en_oc_coap_err_network,
    en_oc_coap_err_conserver,
    en_oc_coap_err_noconfigured,
    en_oc_coap_err_configured,
    en_oc_coap_err_noconected,
    en_oc_coap_err_gethubaddrtimeout,
    en_oc_coap_err_sysmem,
    en_oc_coap_err_system,
    en_oc_coap_err_last,
}en_oc_coap_err_code_t;
```

图 11.6　en_oc_coap_err_code_t 枚举类型定义

⑤再次编译即可成功。通过第 10 章中的烧录方法烧录程序，可看到 OLED 显示屏上显示的温湿度信息。

11.2　项目源代码解析

该项目的源代码将按照图 11.7 所示的结构由上至下解析。这样的编程风格可以用两个词语概括：抽象、去耦合。将程序中的多个功能分开，每个功能作为一个层，每个层为上层提供调用接口，封装下层，层与层之间存在调用关系。

这样做的好处是便于移植和维护。如需要将与 NB-IoT 通信的串口由 UART3 更改为

LUART，只需修改串口驱动层，其他层都不用修改；若要将 DHT11 更换为 DS18B20，只需要修改 DHT11 传感器驱动层即可，极大地提升了开发效率。

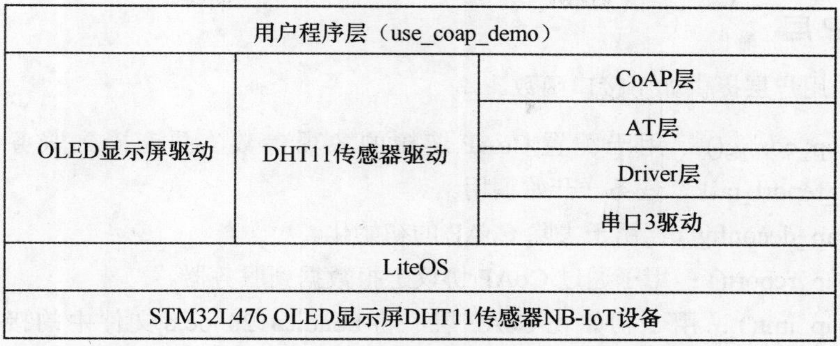

用户程序层（use_coap_demo）		
OLED显示屏驱动	DHT11传感器驱动	CoAP层
		AT层
		Driver层
		串口3驱动
LiteOS		
STM32L476 OLED显示屏DHT11传感器NB-IoT设备		

图 11.7　项目源代码结构

各层所在目录如下。

- 用户程序层：工程目录 /Demo。
- CoAP 层：SDK/iot_link/oc/oc_coap。
- AT 层：SDK/iot_link/at。
- Driver 层：SDK/iot_link/driver。
- 串口 3 驱动层：工程目录 / uart_at。
- OLED 显示屏驱动：工程目录 /Hardware/OLED。
- DHT11 传感器驱动：工程目录 /Hardware/DHT11。

1. 用户程序层

据第 10 章可知 standard_app_demo_main() 函数位于 Demo 中，被 link_main() 函数调用，用于创建用户任务。

在 use_coap_demo.c 文件中通过如下代码创建两个任务："coap_report_task"任务用于向华为云平台上报温湿度信息；"Read_DHT11_task"任务用于读取 DHT11 采集到的温湿度信息并显示到 OLED 显示屏上。

```
int standard_app_demo_main()
{
    osal_task_create("coap_report",coap_report_task, NULL, 0x1000, NULL, 3);
osal_task_create("Read_DHT11",Read_DHT11_task, NULL, 0x500, NULL, 3);
    return 0;
}
```

根据图 11.7，这里不难看出"coap_report_task"任务是调用 CoAP 层的 CoAP 发送接口函数"oc_coap_report()"上报数据，"Read_DHT11_task"任务是调用 DHT11 驱动中的"DHT11_

Read_TempAndHumidity()"接口函数读取温湿度信息，并调用 OLED 驱动中的"OLED_Clear()、OLED_ShowString()"显示数据。

2. CoAP 层

CoAP 层为用户层提供如下接口函数。

- oc_coap_config()：用于配置 CoAP 连接的各项参数，并连接到服务器，该函数在"coap_report_task"任务一开始调用。
- oc_coap_deconfig()：用于去除 CoAP 的初始化。
- oc_coap_report()：用于通过 CoAP 协议上报数据到服务器。
- oc_coap_init()：用于初始化 CoAP 层，将 boudica120_oc.c 文件中的接口函数通过结构体的形式注册到 CoAP 层中，oc_coap_init() 函数在 link_main() 函数中根据"iot_config,h"文件中的"CONFIG_OCCoAP_ENABLE"宏定义是否使能而调用。

当我们调用 oc_coap_report() 函数时，首先调用了 boudica120_oc.c 中的 boudica120_oc_report() 函数，在 boudica120_oc_report() 函数调用 AT 层的 at_command() 函数将数据发出。

boudica120_oc.c 文件是根据 BC95 的 AT 指令手册和考虑 BC28 的兼容性写成的，文件中的函数都是调用 AT 层提供的接口函数给 NB-IoT 设备发送相应指令。

3. AT 层

AT 层为 CoAP 层提供如下接口函数。

- at_oobregister()：用于注册"关键字符串"和对应处理函数到 AT 层中存储，当收到该关键字符串就调用相应处理函数进行处理，如突然收到一条来自服务器的消息，这条消息会以"+NNMI:"开头，后面是数据，通常就将"+NNMI:"字符串注册进 AT 层中，一旦单片机收到 NB-IoT 设备发来的消息中含有该字符串，就调用相应处理函数去处理服务器发来的数据。
- at_command()：用于调用 Driver 层中的 los_dev_write() 函数发送一条 AT 指令给设备，并且能添加"期待的回应"和一个内存地址。该函数在发送完 AT 指令后，会将收到的回应消息存储在传入的地址对应的内存中，如发送 AT 指令给 NB-IoT 设备，期待回复 OK，或者发送 AT+CSQ 指令去查看信号，这时就要将回应信息存到内存中来做判断。
- at_init()：用于初始化 AT 层，在 link_main() 函数中根据"iot_config,h"文件中的"CONFIG_AT_ENABLE"宏定义是否使能而调用。

4. Driver 层

Driver 层为 AT 层提供如下接口函数，直接调用串口收发函数的就是 Driver 层。

- los_driv_register()：用于注册特定设备的读 / 写等函数到 Driver 层中，在这里就是将串口的收发函数注册到 Driver 层中。
- los_dev_write()：用于将数据写入特定设备中，在这里就是将数据通过特定串口发出。
- los_dev_read()：用于读取特定设备中的数据，在这里就是读取特定串口接收到的数据。
- los_driv_init()：用于初始化 Driver 层，在 link_main() 函数中根据"iot_config,h"文件中的"CONFIG_DRIVER_ENABLE"宏定义是否使能而调用。

5. 串口 3 驱动

发送接口函数是直接调用 HAL 库中的发送函数。

接收接口函数在该文件中实现了一个环形链表。当每次串口接收中断发生时，中断处理函数会读取接收到的数据，并将数据存放到这个链表中，调用接收函数时，就读取该链表中的数据。

6. OLED 显示屏驱动

该驱动中的接口函数是直接给用户程序层调用的，其中提供了 OLED 的初始化函数、显示各类数据的函数和字库（用于显示汉字、字母及数字）等。上述两类函数调用了 I2C 协议操作的相关函数。

7. DHT11 传感器驱动

该驱动中的接口函数是直接给用户程序层调用的，其中提供了 DHT11 的初始化函数、温湿度读取函数等。上述两类函数调用了单总线协议操作的相关函数。因为是单总线协议，没有时钟信号线，所以对延时要求精准，如果出现无法使用的情况，一般对延时函数进行检查和调节即可恢复。

11.3　华为云IoT开发实践

本节将带领读者通过华为云中的在线调试功能创建虚拟体验设备接入服务，最终使用真实设备和华为云设备接入服务对接并上报温湿度数据。

11.3.1　云平台开发与在线调试

云平台开发与在线调试的步骤如下。

①打开华为云网站。

②完成账号注册并实名制认证。

③单击"产品"，选择"IoT 物联网"，单击"设备接入 IoTDA"，如图 11.8 所示。单击"立即使用"，如图 11.9 所示。

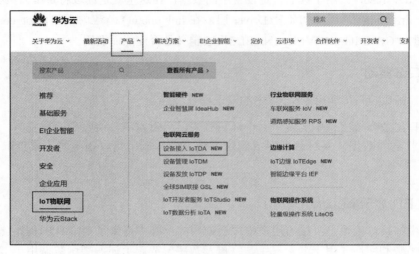

图 11.8　设备接入 IoTDA

图 11.9　设备接入 IoTDA 立即使用

④这时可以看到"总览"界面，如图 11.10 所示。其中"平台接入"分为应用接入（北向开发）和设备接入（南向开发），我们重点关注设备接入中的 CoAP 接入方式。CoAPS 端口采用 DTLS 加密，研发产品时需要使用加密端口，本章为了简化开发流程，采用 CoAP 方式。

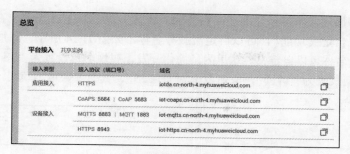

图 11.10 总览

⑤获取接入 IP 地址，通过使用"cmd.exe"程序 ping 域名，获取接入 IP 地址（研发产品时不推荐这样做，因为域名对应的 IP 地址可能会发生变化），如图 11.11 所示，接入 IP 地址为 119.3.250.80。

图 11.11 ping 域名

⑥产品创建，选择左侧"产品"，单击右上角"创建产品"，打开创建产品页面，如图 11.12 所示。

选择"所属资源空间"，一般用 DefalutApp 开头的这个默认空间。产品名称可以自定义填写。协议类型选择"LwM2M/CoAP"，数据格式默认为"二进制码流"，厂商名称可以自定义填写。不选择模型，设备类型可填写"Sensor"，因为这是典型的传感器型物联网产品。最后单击右下角"立即创建"完成产品创建。

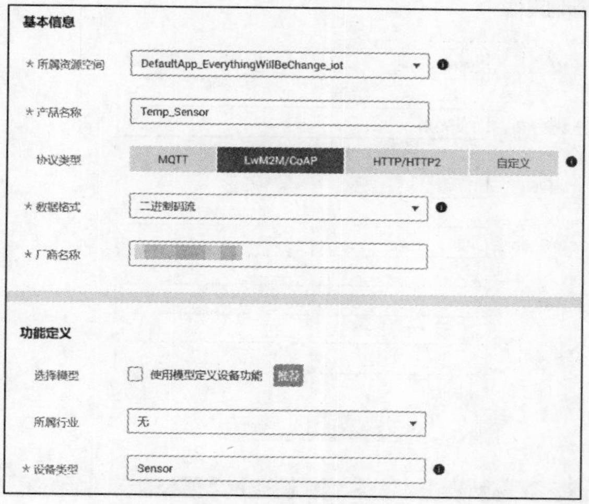

图 11.12 产品创建

⑦添加服务和属性，单击创建的产品右侧的"详情"，如图 11.13 所示。在"功能定义"选项卡中单击右侧"自定义功能"，可以自定义服务名称，如图 11.14 所示，添加一个 Temperature 服务对应的属性，名称可以自定义。这里为了简化开发，属性名称设置为"Temp"，数据类型为"int（整型）"，访问权限为"可读"，取值范围为"0-255"，其余参数可不填写，如图 11.15 所示。

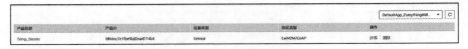

图 11.13　详情

图 11.14　新增服务

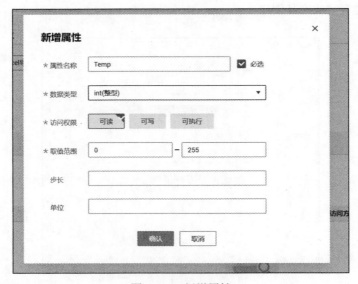

图 11.15　新增属性

⑧开发编解码插件，选择"插件开发"选项卡，单击"图形化开发"，单击左上角"新增消息"，消息名称可以自定义。这里就与服务名称一致，设置为"Temperature"，消息类型为"数据上报"，不添加响应字段，如图 11.16 所示。

图 11.16　新增消息

图 11.17　添加地址域

单击"数据上报字段"右侧的"+"，首先添加一个地址域字段，只需要选中"标记为地址域"即可，如图 11.17 所示。注意这里的偏移值"0-1"，代表这条消息中的第 0 个字节的数据为地址域数据（从 0 开始计数），地址域的作用是当有相同类型的消息时（如两种数据上报的消息），需要添加地址域字段，用于区分不同的消息。

添加温度数据字段如图 11.18 所示，再次单击"+"，数据字段的名字可以自定义，这里使用"Temp"，数据类型为"int8u"，长度为 1，注意这里的偏移值"1-2"，代表这条消息中的第 1 个字节的数据为温度数据（从 0 开始计数）。

单击右侧"产品模型"中的"Temperature"，将展开后的"Temp"属性拖曳到消息体附件，会自动连接，如图 11.19 所示。

连接完成之后分别单击右上角的"保存"和"部署"按钮，即可完成插件的开发。

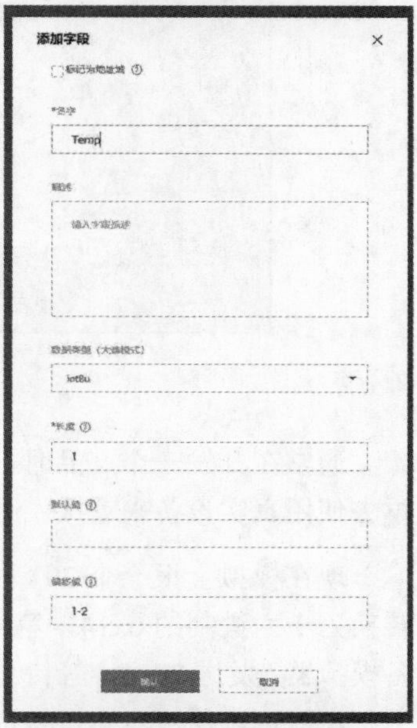

图 11.18　添加温度数据字段

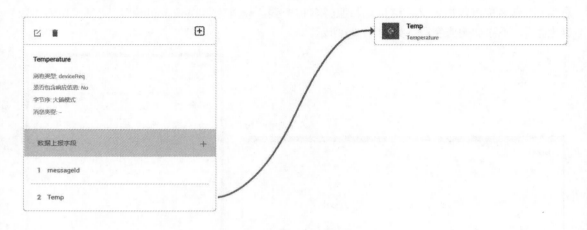

图 11.19　连接消息体和属性

⑨在线调试，返回之前的界面，选择"在线调试"选项卡，并单击"新增测试设备"，选择"虚拟设备"，并单击"确定"，如图 11.20 所示。单击这个虚拟设备的右侧"调试"，进入"在线调试"界面。

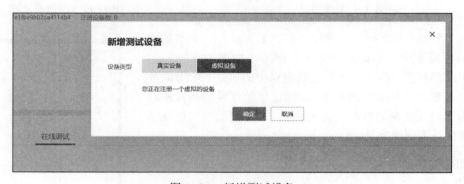

图 11.20　新增测试设备

通常在开发一个产品时，首先会采用虚拟设备来测试与云平台的连接，确保虚拟设备可用，再去使用真实设备来对接。因为真实设备中需要考虑的因素比虚拟设备的多得多。

现在模拟上报一个 20℃的温度值。根据前面定义的属性和开发的插件，首先将十进制的 20 转换为十六进制的 0x14，第一个字节为地址域 0x00，第二个字节为温度值 0x14，所以使用"设备模拟器"发送 0014，等待 2 ~ 3s，可以看到"应用模拟器"中显示 Temp=20，如图 11.21 所示。下一步就可以使用真实设备进行对接。

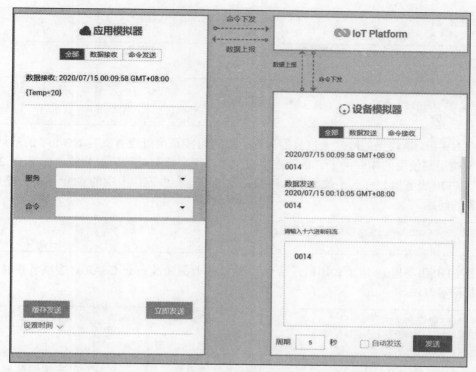

图 11.21　在线调试

11.3.2　NB-IoT设备+USB转TTL直连计算机测试

这里采用 BC28 全网通模组安装移动卡测试，因为电信版的 BC95 模组无法连接到华为云平台，所以它无法使用。

使用 USB 转 TTL 与 BC28 相连接，如图 11.22 所示。注意：USB 转 TTL 的 RX 对应 BC28 的 TX，USB 转 TTL 的 TX 对应 BC28 的 RX。

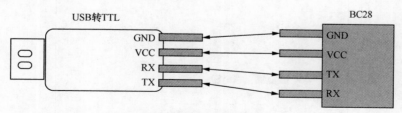

图 11.22　USB 转 TTL 与 BC28 接线

使用串口助手将 USB 转 TTL 的串口打开，波特率默认为 9600，数据位为 8，校验位为 0，停止位为 1。

```
串口助手发送 AT
串口助手收到  OK
```

说明 NB-IoT 模块与计算机通信正常。

```
串口助手发送 AT+CSQ
串口助手收到 +CSQ:99,99
             OK
```

说明 NB-IoT 模块无信号。无信号的原因一般有可能是附近没有支持 NB-IoT 的基站信号、没有插入能正常使用的物联网卡、自动连接被关闭（现在就是这种情况）等。如果 BC28 在之前连接过 CDP 服务器，那么不关闭自动连接则一上电就会去连接上次的 CDP 服务，造成无法修改设置的问题。

```
串口助手发送AT+NCDP="119.3.250.80",5683
串口助手收到OK
```

设置 CDP 服务器 IP 地址和端口，这个 IP 地址是前面通过 ping CoAP 对接域名获取的，端口为非加密端口。

```
串口助手发送AT+CGSN=1
串口助手收到+CGSN:867726036363937
             OK
```

读取 BC28 的 IMEI 号，现在需要到云平台注册该设备。因为 NB-IoT 在连接服务器时，会携带自身 IMEI 号作为设备标识码。如果未在平台注册该 IMEI 号，会导致连接失败。进入设备接入 IoTDa 页面，单击选择"设备"，单击右上角"注册设备"，选择之前创建设备的所属资源空间、所属产品，在设备标识码一栏中填入 IMEI 号，设备名称可以自定义填写，密钥不填写则默认不加密，单击"确定"即可，如图 11.23 所示。注册完之后的设备状态为"未激活"，如图 11.24 所示，设备与服务器连接成功后，状态变更为"在线"。

图 11.23　设备注册

状态	设备名称	设备标识码	所属资源空间	所属产品	节点类型	操作
⊖ 未激活	BC28	8677260363937	DefaultApp_EverythingWillBeChang…	Temp_Sensor	直连设备	查看	删除	冻结

图 11.24　设备状态

```
串口助手发送AT+CFUN=1
串口助手收到OK
```

开启射频成功。

```
串口助手发送AT+CGATT=1
串口助手收到OK
```

附着网络成功，可以进行信号测试。

```
串口助手发送AT+CSQ
串口助手收到+CSQ:19,99
        OK
```

信号很强。

```
收到异步消息+QLWEVTIND:0
        +QLWEVTIND:3
```

表示设备已经和服务器连接完成了，这是刷新设备列表，可看到设备状态为"在线"。

现在可以开始使用该设备上报数据了。打开"产品"，选择之前创建的那个产品，单击"在线调试"选项卡，找到刚才注册名称为 BC28 的设备，单击右侧"调试"，如图 11.25 所示。

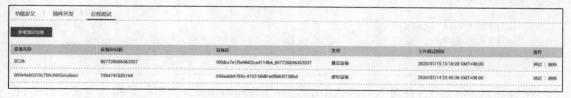

图 11.25　在线调试

模拟上报一个 30℃的温度数据，在数据中添加地址域，并将十进制的 30 转换为十六进制 0x1E，通过 AT 指令发送 001E。

```
串口助手发送AT+ NMGS=2,001E
串口助手收到OK
```

发送成功，在线调试界面中显示 Temp=30，如图 11.26 所示，说明服务器和 BC28 通信成功，可以使用单片机来控制 BC28 通信了。

图 11.26　在线调试结果

11.3.3　BC28+开发板+LiteOS测试

该测试使用杜邦线将 BC28 的 VCC、GND、TX、RX 分别连接到开发板上的 VCC、GND、UART3_RX、UART3_TX 即可。

修改 use_coap_demo 文件，定义一个结构体用于存放需要上报的数据，如代码 11.1 所示。该结构体需要和编解码插件中的消息体一一对应，为了防止编译器优化导致结构体对齐产生多余的空内存，可以采用 #program pack(1) 和 #program pack() 编译器指令修饰结构体。其中 messageId 对应编解码插件中的地址域，Temp 对应编解码插件中的 Temp 温度数据。

代码 11.1　上报数据结构体

```
#pragrom pack(1)
Typedef struct
{
      uint8_t messageId;
      uint8_t Temp;
}Temperature_t
#pragrom pack()
```

在 coap_report_task() 任务入口函数中定义一个 Temperature_t 类型的结构体变量，调用 oc_coap_config() 函数配置和初始化 BC28，在 while(1) 循环中为结构体成员赋值并调用 oc_coap_report() 函数，10s 一次循环上报数据到华为云平台，如代码 11.2 所示。

代码 11.2　循环上报数据

```
while(1)
{
      temperature.messageId = 0x00;
      temperature.Temp      = (uint8_t)dht11_data.temperature;
      oc_coap_report(handle, (uint8_t *)& temperature, sizeof(temperature));
      osal_task_sleep(10*1000);
}
```

调用 oc_coap_config() 函数时，间接调用了 SDK/iot_link/oc/oc_coap/boudica120_oc/boudica120_oc.c 文件中的 boudica120_boot() 函数，通过 AT 指令对 BC28 模块进行初始化，主要工作如代码 11.3 所示。

代码 11.3　boudica120_boot() 函数内部

```
boudica120_reboot();              //重启模块
boudica120_set_echo (0);          //关闭命令回显
boudica120_set_cmee(1);           //打开错误提示
boudica120_set_autoconnect(0);    //关闭自动连接
boudica120_set_bands(bands);      //设置频段
boudica120_set_fun(1);            //打开射频
boudica120_set_apn(apn);
//设置APN，实际上大多数情况不需要设置，模块内部会自动设置
boudica120_set_cdp(server,port);
//设置CDP服务器的IP地址（之前通过ping域名获得）和端口
boudica120_set_cgatt(1);          //开始附着网络
boudica120_set_nnmi(1);           //使能下行数据通知
if(false == boudica120_check_netattach(16)) //判断是否成功附着网络
{
    continue;
}
```

修改 SDK/iot_link/oc/oc_coap/boudica120_oc/boudica120_oc.c 文件，根据模组的型号和物联网的运营商修改 CONFIG_BOUDICA120_BANDS 宏，电信卡设置为 5，移动和联通卡设置为 8，这次采用的是移动卡，如代码 11.4 所示。

代码 11.4　设置频段

```
#ifndef CONFIG_BOUDICA120_BANDS
#define CONFIG_BOUDICA120_BANDS  "8"
#endif
```

编译下载后即可看到串口显示模块初始化，向云平台上报数据，在云平台的应用模拟器中能看到实时上报的温度数据，如图 11.27 所示。

图 11.27　应用模拟器

11.4　项目说明

读者在移植和项目实战过程中遇到的错误可能和本书中讲解时遇到的错误不同，需要针对性地解决，可以根据错误的提示通过搜索引擎查阅资料或者根据自己的经验来修改，一般容易出现的错误和解决方法有以下几种。

① Makefile 中未添加头文件的路径或源文件导致找不到文件，无法生成目标的错误，在 project.mk 中添加相应头文件和源文件即可解决。

②函数或变量重复定义错误，选择删除一个多余的定义即可。

③ NB-IoT 模块注册网络的时候电流消耗比较大，可能是由于开发板电池电量低导致的长时间无法注册网络，重新充电即可。

④由于电信运营商的限制，NB-IoT 设备目前无法使用电信卡连接到华为平台，可以使用支持移动卡或联通卡的 NB-IoT 设备，配合移动卡或联通卡进行学习。

基于移植好 BSP 的平台做项目实际上很简单，工作量并不大，大部分情况比裸机开发还简单。

用 LiteOS SDK 做项目的主要工作量在于：BSP 移植、专有驱动功能调试、业务逻辑这三大块。LiteOS SDK 对做项目最大贡献在于有丰富的功能组件，如 at 组件、CoAP 组件等，而非内核提供的多任务环境。

第**12**章

LiteOS 未来的发展方向

12.1 越来越丰富的支持

目前 LiteOS 只支持 ST 公司和 GD 公司的部分 MCU，但它未来会对越来越多的 MCU 进行支持，包括各类国产 MCU。

LiteOS 将来会添加更多的组件。如 LiteAI 相关的组件，将模型在云端或者 PC 端训练好，对模型进行简化，最终让其可以在资源受限的 MCU 上运行；Sensor Hub 传感器管理框架将不同类型的传感器进行统一管理，通过抽象不同类型的传感器接口，屏蔽其硬件细节，做到"硬件"无关性，提高开发效率，降低开发难度。

IoT Link Studio 插件会越来越好用，因为 VS Code 是一款基于 MIT 协议的开源软件，将来应该会继续基于 VS Code 对 IoT Link Studio 插件进行升级更新，添加更多功能和适配更多操作系统，如 macOS 和一些 Linux 发行版。

会添加更多面向 IoT 场景深度定制优化的通信协议，如 MQTT、LWM2M、CoAP 等。目前内置的通信协议大部分都是直接使用开源社区提供的原生版本，并未针对 IoT 场景进行优化。虽然原生版本的功能组件多，但是在 IoT 场景中部分功能和组件并不会使用，后续会将原生的通信协议针对 IoT 场景进行深度定制，便于在资源受限的 MCU 上运行，甚至会深度定制 TCP/IP 协议栈。

完善与安全和可信相关的组件。对需要传输的数据进行加密和解密，不使用明文传输，这样即使数据被恶意截获，通常也无法获取数据的实际内容；对用户身份进行确认，防止伪节点注册到云平台、上传恶意数据，造成安全隐患；保护启动过程，防止设备启动时被恶意程序引导，保障用户数据和 IoT 设备的安全。这类组件也是针对资源受限的 MCU 进行定制的，可尽可能地减少运行时的资源开销，提高运行效率。

12.2　革新的开发模式

现有模式：设备厂商在研发产品时，需要自行设计硬件板卡，如本书使用的 NB476 开发板 +NB-IoT 模组。通过代码使用 MCU 的串口发送模组厂商提供的 AT 指令对标准模组进行控制，这是目前普遍的 MCU+ 标准模组方式的开发，如图 12.1 所示。但其性价比和效率不高，和 OpenCPU 模式相比增加了一颗 MCU 的成本。

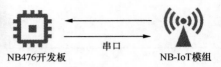

图 12.1　MCU+ 标准模组开发模式

未来模式 1：集成 MCU+ 模组 +LiteOS SDK 的创客化标准板卡（类似 Arduino），板卡上提供标准扩展口，可以安装各类传感器，如图 12.2 所示，并且传感器相关的驱动已经被供应商移植好了。用户需要研发产品和创新应用时，直接购买标准板卡即可，无须自行设计硬件，无须关心底层，可把全部精力都放在产品和应用的逻辑上。

传感器

标准板卡　　通信模块

图 12.2　标准板卡开发模式

未来模式 2：模组内置 SoC 原生支持 LiteOS SDK，设备厂商直接基于模组做 OpenCPU 式二次开发，如图 12.3 所示。如我们使用的 BC95/BC28 是上海移远通信技术有限公司（简称移远公司）基于海思提供的内核为 Cortex-M0 的 boudica120/boudica150 芯片设计的。目前采用 AT 指令的方式使用，芯片内部运行移远公司提供的 AT 程序，后续我们可以购买不带程序的模组。移远公司会提供一份针对模组移植好的 LiteOS SDK，我们拿到以后可以基于 SDK 做一些应用开发，烧录到模组中即可工作。相当于原来的 MCU+ 标准模组的工作都可以让这个模组来完成，可节省一颗 MCU 的成本。

NB-IoT模组

图 12.3　Open CPU 开发模式

12.3　物联网全栈式开发

物联网全栈式开发是指以项目为导向，项目包括设备端、云端应用、客户端应用等至少 3 个环节，如果是以产品为导向则是指单个产品。如一个普通的手表产品不能上网，开发者只用关心手表这一单个设备；如果是智能手表，开发者还需考虑云端应用、手机客户端等多个环节。整体思想上需要以项目为导向，由多人分别负责每个环节，最终对接到一起，这是典型的南北向开发。

设备端基于 LiteOS SDK，云端基于华为云 IoT，客户端基于鸿蒙操作系统应用开发框架，理论上只要是基于鸿蒙操作系统应用开发框架开发的应用，那么它在支持鸿蒙操作系统的任何设备上都能运行，如智慧屏电视、智能手表及智能手机，形成物联网全场景，打通开发模式，如图 12.4 所示。

图 12.4　全场景打通开发模式

从思路层面来看，LiteOS SDK 是为了让 IoT 开发者更简单、快速、低成本地完成 IoT 底层设计，无须关心内存管理效率、TCP/IP 协议栈是否深度优化、常用传感器的驱动如何移植等一系列底层问题，使开发者可将精力聚焦于 IoT 数据链条和业务逻辑的应用开发中的工具。数据链条是指数据如何产生、通过什么方式进行传递、最终传递给谁的链条式咬合关系，如设备端上各类传感器产生的数据通过 NB-IoT 上传到云端，这一部分通过 LiteOS 开发。业务逻辑是指北向开发（应用层开发），如怎样将数据呈现给用户，发现异常数据时如何预警，这一部分采用华为云 IoT 和鸿蒙应用框架开发。

未来在一个项目中，南向开发（感知层的开发）时间比重会越来越小，负责南向开发的工程师需要熟练掌握 LiteOS，能快速移植 LiteOS 和对接业务逻辑；负责北向开发（应用层的开发）的工程师需要熟练掌握鸿蒙应用开发框架、华为云 IoT，能将开发好的应用部署到手机、智慧屏电视、车载多媒体等一系列运行鸿蒙操作系统的设备上。